DAS PORENBETON HANDBUCH

Impressum

Verfasser:	Helmut Weber, Prof. Dr.-Ing. habil. Dr. h. c., Hannover
	Heinz Hullmann, Prof. Dr.-Ing. habil., Hannover
Mitarbeiter:	Wolfgang Willkomm, Dr.-Ing. habil., Hannover
	Horst Runge, Dipl.-Ing. (FH), Hannover
	Sylvia Bronder, Hannover
Technische Beratung:	Georg Flassenberg, Dipl.-Ing., Wiesbaden
	Karl Otto Hartmann, Dipl.-Wirt. Ing., Köln
	Baldur Höck, Dipl.-Ing., Fürstenfeldbruck
	Andreas Kiesewetter, Dr.-Ing., München
	Horst Mandelkow, Dipl.-Ing., München
	Wolfgang Rottau, Dipl.-Ing., Fürstenfeldbruck
	Reinhard Schramm, Dipl.-Ing., Wiesbaden
Gesamtherstellung:	Wetzlardruck GmbH, Wetzlar

Für dieses Handbuch wurden die technischen Hinweise und Anregungen nach bestem Wissen entsprechend dem neuesten Stand der Porenbeton-Anwendungstechnik zum Zeitpunkt der Drucklegung ausgewählt und zusammengestellt.

Da die Verwendung von Bauteilen aus Porenbeton den einschlägigen DIN-Vorschriften bzw. Zulassungsbescheiden unterliegt und diese Änderungen unterworfen sind, bleiben die Angaben ohne Rechtsverbindlichkeit (Datum der Drucklegung).

Die Fotos wurden zur Verfügung gestellt von:
Hebel AG, Fürstenfeldbruck
YTONG AG, München
Institut für Werkstoffwissenschaften III,
Universität Erlangen-Nürnberg

Die Deutsche Bibliothek – CIP-Einheitsaufnahme

Weber, Helmut:
Das Porenbetonhandbuch: planen und bauen mit System /
Helmut Weber. [Verf.: Helmut Weber; Heinz Hullmann.
Mitarb.: Wolfgang Willkomm . . .]. – 2., völlig neu bearb. Aufl.
– Wiesbaden; Berlin: Bauverl., 1995
    ISBN 3-7625-3228-1
NE: Hullmann, Heinz:

2. Auflage 1995
© 1991 Bauverlag GmbH, Wiesbaden und Berlin
ISBN 3-7625-3228-1

Helmut Weber

DAS PORENBETON HANDBUCH

PLANEN UND BAUEN MIT SYSTEM

2., völlig neu bearbeitete Auflage 1995

Bauverlag GmbH · Wiesbaden und Berlin

Rationelles Bauen, energiebewußt, umweltfreundlich, in hoher Qualität und zu wirtschaftlich vertretbaren Kosten – dies ist ein Ziel, das mit jeder neuen Planungs- und Bauaufgabe von neuem angestrebt werden muß.

Erste Voraussetzung für ein rationelles Bauen in diesem umfassenden Sinn sind Materialien und Bausysteme, die den strengen Qualitätsmaßstäben einer industriellen Herstellung genügen.

Zweite Voraussetzung ist die vielfältige Anpassung dieser Materialien und Bausysteme an immer neue Aufgabenstellungen, damit die gesammelte Erfahrung immer wieder mit genutzt und darüber hinaus immer weiter angereichert werden kann.

Dritte Voraussetzung ist schließlich, daß den Planenden und Ausführenden diese gesammelte Erfahrung auch zur Verfügung steht, daß die Informationen dahin fließen, wo sie gebraucht werden.

Porenbeton ist als Baustoff mit besonderen Vorteilen ausgestattet, die es ermöglichen, auch differenzierte und höchste Anforderungen mit homogenen Bauteilen zu erfüllen. Entwicklungsarbeiten verbesserten das Material immer weiter und führten zu Bausystemen, die für viele Aufgabenstellungen durchdachte und erprobte Problemlösungen bieten.

Baustoff und Bauart sind aus dem Wohn- und Wirtschaftsbau, aus Neubau und Altbaumodernisierung nicht mehr wegzudenken. Neue Anwendungsgebiete werden ständig weiter erschlossen.

Das vorliegende Porenbeton-Handbuch beschreibt das gesammelte und bewährte Wissen um Material, Konstruktion und Ausführung. Es soll Studenten an wissenschaftlichen Hochschulen und Fachhochschulen mit Baustoff und Bauart vertraut machen. Es soll Architekten und Bauingenieuren optimale und technisch einwandfreie Lösungen in Planung und Ausführung ermöglichen.

Die Informationen über Produkte, Verfahren und Konstruktionen wurden dankenswerter Weise von der Hebel GmbH Holding, Fürstenfeldbruck, und der YTONG AG, München, zur Verfügung gestellt.

Wiesbaden, im Dezember 1994

BUNDESVERBAND PORENBETONINDUSTRIE E.V.

Bei der Konzeption dieses Handbuches haben wir alle neben der Praxis auch die Ausbildungsstätten im Auge gehabt. So hoffe ich, daß durch diese umfassende Darstellung Architekten, Ingenieure und Studenten Hilfe erhalten, den Baustoff Porenbeton entsprechend seiner hervorragenden Eigenschaften einzusetzen; darum habe ich mich jedenfalls als Hochschullehrer und als Leiter eines Forschungsinstitutes gleichermaßen bemüht.

Gerade in der aktuellen Situation ist die Entscheidung, welchen Baustoff man wählen soll, immer bedeutungsvoller geworden. Eine Vielzahl unterschiedlicher Aspekte muß berücksichtigt werden, die von den Materialeigenschaften über statische und bauphysikalische Bereiche und die konstruktiven Details bis hin zur Ausführung reichen. Besonders kritischen Beobachtern mit ihren berechtigten Fragestellungen gilt es standzuhalten. Doch sowohl für den »tragenden« als auch für den »wärmedämmenden« Baustoff in Verbindung mit seiner großen Umweltfreundlichkeit konnten positive Antworten gegeben werden.

Seit dem Erscheinen der ersten Auflage haben sich wesentliche Planungsgrundlagen geändert. Das betrifft besonders den Wärmeschutz, an den durch die Novellierung der Wärmeschutzverordnung vom Januar 1995 an deutlich höhere Anforderungen zu stellen sind. Dies war der Anlaß, die Neuauflage des Porenbeton-Handbuches auch in anderen Bereichen zu überarbeiten. So wurden die Aussagen zur Umweltverträglichkeit, Modernisierung, Brandschutz und Schallschutz sowie die Projektbeispiele aktualisiert und ergänzt.

Dem Bundesverband Porenbetonindustrie e. V. bin ich sehr dankbar, daß wir mit tatkräftiger Unterstützung der erfahrenen Fachleute aus den beteiligten Unternehmen dieses Buch schreiben und aktualisieren durften. Ich hoffe, daß es Hilfe und Anregung für zeitgemäßes Bauen im Dienste unserer Bauherren sein wird.

Hannover-Herrenhausen, im Dezember 1994

Prof. Dr.-Ing. habil. Dr. h. c. Helmut Weber

Inhalt

1   Vom Baustoff zum Bausystem

Ein Bausystem umfaßt Baustoffe, Bauteile und Ergänzungswerkstoffe sowie deren Herstellungs- und Kombinationsregeln. Von den Eigenschaften eines Baustoffes hängt es ab, wie vielfältig die Bauteile sein können, die aus dem gleichen Baustoff hergestellt werden. Die Bauteile wiederum bestimmen die Anpassungsfähigkeit, Flexibilität und Variabilität des Bausystems, zu welchem sie sich ergänzen. Dabei ist es auch hier das Ideal, mit möglichst wenigen und möglichst einfachen Bauteilen und bei ebenfalls einfacher Montage eine möglichst große Leistungsfähigkeit des Bausystems zu erreichen.

Bausysteme unterliegen besonderen Bedingungen. Erwähnt seien hier einmal die Dimensionen und die Komplexität eines Gebäudes. Zum anderen läßt sich die unumgängliche Baustellenarbeit ungleich schwerer rationalisieren, als das in einer stationären Produktionsstätte der Fall ist. Der Arbeitsplatz auf der Baustelle ist der am schwersten zu organisierende Arbeitsplatz. Die Arbeit selbst erfordert einen beachtlichen körperlichen Einsatz.

Deshalb sind geringe Gewichte, leichte Verarbeitbarkeit und gut abgestimmte Hilfsmittel eine wichtige Voraussetzung für die Humanisierung der Arbeit unter den erschwerten Bedingungen der Baustelle.

Bausysteme sind mehr oder weniger offene Systeme in dem Sinne, daß sie mit anderen Systemen, Elementen oder auch Materialien vielfach kombinierbar sein müssen. Normalerweise kann man davon ausgehen, daß ein offenes Bausystem zusätzliche Kosten dadurch hervorruft, daß die jeweiligen technischen, funktionalen und planerischen Anschlußbedingungen vorgeklärt und entsprechende Bauteile und Materialien vorgehalten werden müssen.

Damit steigen im allgemeinen auch die Herstellungskosten. **Diese Zwänge** gelten jedoch nicht unbedingt für den Porenbeton. Porenbeton ist das Ergebnis systematischer Entwicklungsarbeiten seit den 80er Jahren des vergangenen Jahrhunderts. Er hat sich bewährt und wurde den Anforderungen des heutigen Bauens angepaßt. Er ist ein industriell gefertigter Baustoff mit gleichbleibender Qualität, die in Normen und bauaufsichtlichen Zulassungen beschrieben und festgelegt ist. Dennoch steht eine Vielzahl unterschiedlicher Porenbetonbauteile zur Verfügung. Die wichtigsten Materialeigenschaften des Porenbetons – niedrige Wärmeleitfähigkeit bei hoher Festigkeit – erlauben es z. B., einschalige tragende Außenbauteile herzustellen. Dadurch kann einfach, wirtschaftlich und fehlerfrei gebaut werden. Anschlüsse und Aussparungen sind – insbesondere wegen der leichten Bearbeitbarkeit des Materials – jederzeit mit geringem Aufwand herstellbar.

Ziel rationeller Bauverfahren ist es u. a. auch, die Arbeit auf der Baustelle zu reduzieren und damit die Kosten zu senken. Das Produkt »Gebäude« wird deshalb in transportfähige Einheiten zerlegt, die in stationären Fabriken industriell gefertigt und auf der Baustelle montiert werden. Das führt zur Entwicklung von Bausystemen, Teilsystemen und typisierten Bauteilen. Der Idealfall ist erreicht, wenn sich wenige unterschiedliche Bauteile zu individuellen Gebäuden für verschiedene Nutzungsarten kombinieren und montieren lassen.

Diese ideale Möglichkeit zu umfassender Kombination setzt bei den Bausystemen und ihren Teilen ein Höchstmaß an Flexibilität voraus. **Flexibilität ist die Anpassungsfähigkeit eines Bausystems und seiner Teile an die gestellten Anforderungen.** Industriell hergestellte Bauteile können nur dann problemlos miteinander kombiniert werden, wenn Maße, Anschlüsse und Toleranzen aufeinander abgestimmt sind. Darüber hinaus ergeben sich Bedingungen für die Kombination und die Verträglichkeit der Bauteile untereinander aus funktionalen Anforderungen.

Industriell hergestellte Bauprodukte müssen auch flexibel dem jeweiligen technologischen Stand des Bauens angepaßt werden. Über die reine Lieferung von Produkten hinaus gilt es, Problemlösungen und technisches »Know-how« anzubieten. Bei richtiger Konzeption führen diese zur sinnvollen Synthese zwischen Industrie und Handwerk. Angesichts der vielen anstehenden Modernisierungsmaßnahmen erhält diese Synthese besondere Bedeutung.

Eine weitere, wichtige Entwicklung ist durch die Forderung nach Variabilität der Gebäude eingeleitet worden. **Variabilität bedeutet nachträgliches Verändern eines Gebäudes oder seiner Teile** zur Anpassung an neue Nutzungsfunktionen.

Im Nichtwohnungsbau hat sich aus funktionellen Gründen die Trennung von Tragstruktur und Ausbau weitgehend durchgesetzt. Das führte folgerichtig zu Bauweisen, welche die Forderung nach Variabilität angemessen erfüllen können.

Im Wohnbau dagegen ist die Trennung von Tragsystem und Ausbau nicht so ausgeprägt vorhanden. Hier herrscht der Mauerwerksbau vor. Die für den Mauerwerksbau verwendeten Bauteile erfüllen zweckmäßigerweise gleichzeitig mehrere Funktionen, z. B. statische und bauphysikalische. Dies wird vom Porenbeton in vorbildlicher Weise erfüllt.

Porenbeton ist ein besonders umweltfreundlicher Baustoff. Er wird aus natürlichen Rohstoffen mit geringem Primärenergieeinsatz, geschlossenem Wasserkreislauf und ohne schädliche Emissionen hergestellt. Produktionsbedingt anfallende Baustoffreste werden dem Herstellungsprozeß wieder zugeführt. Auch bei der Nutzung der Gebäude trägt der Porenbeton durch guten Wärmeschutz zu sparsamer Energieverwendung und damit wiederum zum Umweltschutz bei.

Die Bemessung der großformatigen Montagebauteile aus Porenbeton wird in der Regel durch den Hersteller übernommen. Dies bietet nicht nur Gewähr für eine optimale konstruktive und bauphysikalische Auslegung, sondern auch für eine wirtschaftliche Planung.

Es sind die technischen Kriterien – Festigkeit, thermische, akustische und brandschutztechnische Eigenschaften – die den Porenbeton und Bausysteme mit Porenbeton als besonders vorteilhaft kennzeichnen. Hinzu kommen wirtschaftliche Vorteile, wie niedrige Transport-, Montage- und Betriebskosten. Die umweltbezogenen Vorteile des Porenbetons gewinnen in zunehmendem Maße an Bedeutung; kein Abfall bei der Produktion, energiesparende Herstellung, keine Schadstoffe bei Herstellung und Nutzung.

Porenbeton wird immer mehr eingesetzt – nicht nur in Europa. Weltweit, vom Polarkreis bis in die Tropen, sind die Vorteile des Materials und der Bausysteme erkannt, weltweit stehen auch Fertigungseinrichtungen und Anwendungs-know-how zur Verfügung.

1.1   Der Baustoff Porenbeton

Porenbeton gehört zur Gruppe der Leichtbetone. Seine Stärke liegt vor allem darin, daß er massive monolithische Konstruktionen ermöglicht, welche gleichzeitig die Anforderungen an die Tragfähigkeit, den Wärmeschutz, den Schallschutz und den Brandschutz erfüllen. Porenbetonbauteile haben bei geringem Gewicht eine hohe Festigkeit. Sie sind besonders umweltverträglich.

Viele Jahre hindurch wurde z. B. in Normen, Regelwerken und in der Literatur der Begriff »Gasbeton« verwendet, obwohl er das Material nicht exakt beschreibt. Da sich in den Poren nichts anderes als Luft befindet, die Festigkeit und das niedrige Raumgewicht aber auf der Porenstruktur des im Herstellungsprozeß entstehenden Silikates beruht, ist es sinnvoller, den Begriff »Porenbeton« zu verwenden. Hierdurch wird der Baustoff treffender und allgemeingültiger beschrieben.

Dies entspricht auch eher den im Ausland üblichen Bezeichnungen. So wird z. B. in Frankreich Porenbeton als »béton cellulaire« bezeichnet – beide Begriffe entsprechen sich exakt. Im englischsprachigen Bereich hat sich der Begriff »autoclaved aerated concrete« durchgesetzt, der den Herstellungsprozeß mit Dampfhärtung und Luftporenbildung beschreibt.

In dem vorliegenden Handbuch wird durchgängig der Begriff »Porenbeton« verwendet. Lediglich bei Zitaten aus Literatur, Normen und Regelwerken, in denen dieser Begriff noch nicht eingeführt ist, wird der dort verwendete Begriff »Gasbeton« ebenfalls benutzt. Beide Begriffe beschreiben den gleichen Baustoff und werden daher synonym angewandt.

1.1.1   Porenbeton – Idee und Entwicklung

Gegen Ende des 19. Jahrhunderts wurde versucht, künstliche Bausteine in großen Mengen und mit gleichbleibender Qualität aus den natürlichen Rohstoffen Quarzsand und Kalk herzustellen. Nach ersten Versuchen von *Zernikow* – er »kochte« Kalk-Sand-Mörtel in hochgespanntem Wasserdampf und erreichte damit allerdings nur geringe Festigkeiten – entwickelte *W. Michaelis* für Prüfzwecke das Verfahren, wasserarmen Kalk-Sand-Mörtel in hochgespanntem Wasserdampf zu hartem und wasserfestem Calciumhydrosilikat zu machen. Für dieses Verfahren wurde ihm 1880 das Patent DRP 14195 erteilt. Dies ist die Basis für die Herstellung aller dampfgehärteten Baustoffe.

Der nächste wichtige Schritt auf dem Weg zum heutigen Porenbeton ist die Porenbildung, das Aufblähen des Materials vor der Erhärtung. Ein erstes Patent wurde 1889 an *E. Hoffmann* erteilt, der die Reaktion von verdünnter Salzsäure mit Kalksteinmehl benutzte, um Zement- und Gipsmörtel mit Luftporen herzustellen. Im Jahre 1914 erhielten *J. W. Aylsworth* und *F. A. Dyer* ein Patent für ein neues Verfahren. Bei der Reaktion von Kalk, Wasser und Metallpulver (0,1 bis 0,5 % Aluminiumpulver oder 2 bis 3 % Zinkpulver) wird gasförmiger Wasserstoff frei. Dieser bläht den Mörtel gleichmäßig auf wie die Hefe einen Kuchenteig. Weitere Methoden zum Aufblähen wurden ebenfalls untersucht, erlangten aber keine Produktionsreife.

J. A. Eriksson produzierte erstmals im Jahre 1924 Porenbeton und kombinierte im Jahre 1927 das Verfahren von Aylsworth und Dyer (Porosierung mit Hilfe von Metallpulver) mit der Dampfdruckhärtung und schuf so den modernen Porenbeton.

Nach seinem Verfahren wird ein feinverteiltes, inniges Gemisch von Kalk und Quarzsand unter Zusatz eines Metallpulvers angemacht. Das Gemisch wird nach Beendigung des Aufquellens und Abbindens durch die Einwirkung hochgespannten Wasserdampfes gehärtet. In Anlehnung an dieses Verfahren wurde 1933 auch ein Leichtstein aus Portlandzement und Quarzmehl entwickelt.

Schließlich bedurfte es noch eines dritten wesentlichen Schrittes zum modernen Porenbeton: der Serienfertigung auch großformatiger und dann stahlbewehrter Bauteile mit hoher Qualität. U. a. wurde 1945 in Deutschland das Verfahren entwickelt, das eben standfeste Material mit Hilfe straff gespannter Stahldrähte zuzuschneiden. Man konnte so bei minimalen Materialverlusten eine besonders hohe Maßgenauigkeit erreichen. Hinzu kamen weitere Verfahren und auch zusätzliche Fertigungseinrichtungen für alle Arbeitsschritte. Sie reichen von der Dosierung über das Einbringen der Bewehrung bis hin zur endgültigen Formgebung der Bauteilränder. Alle zusammen kennzeichnen den Herstellungsprozeß der Porenbetonbauteile.

1.1.2   Herstellung

Bauteile aus Porenbeton werden stationär in industriellen Verfahren hergestellt. Durch exakte Einhaltung gleicher Herstellungsbedingungen und durch regelmäßige Eigen- und Fremdüberwachung (entsprechend den technischen

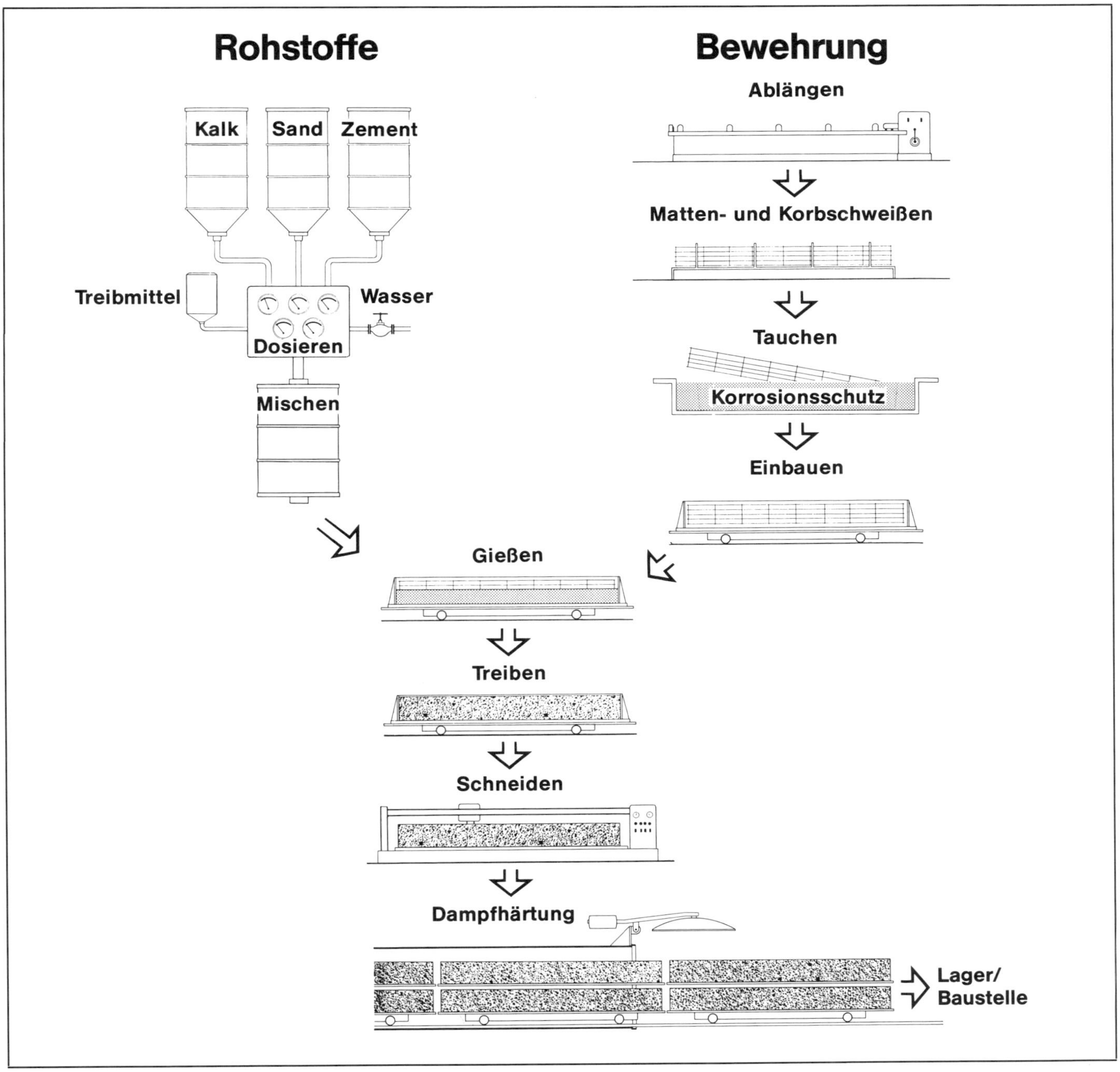

Rohstoffe

Kalk **Sand** **Zement**

Treibmittel **Wasser**

Dosieren

Mischen

Bewehrung

Ablängen

Matten- und Korbschweißen

Tauchen

Korrosionsschutz

Einbauen

Gießen

Treiben

Schneiden

Dampfhärtung

Lager/ Baustelle

Abb. 1.1.2-1
Schematischer Ablauf einer Fertigung von Porenbetonbauteilen

Baubestimmungen) wird eine hohe Zuverlässigkeit in bezug auf die Materialeigenschaften garantiert.

Die wichtigsten Arbeitsgänge in diesen Herstellungsprozessen sind

- die Aufbereitung, Dosierung und Mischung der Rohmaterialien,
- die Herstellung und der Einbau der korrosionsgeschützten Bewehrung,
- das Gießen, Treiben, Ansteifen und Schneiden des Rohblocks (»Kuchen«),

- die Dampfhärtung,
- ggf. die Weiterbearbeitung der gehärteten Porenbetonbauteile in nachgeschalteten Arbeitsgängen.

Nach Abschluß dieser Arbeitsgänge sind die Bauteile versand- und einbaufertig. Sie können, entsprechend kommissioniert, unmittelbar zur Baustelle transportiert oder auf Abruf im Werk zwischengelagert werden.

Abb. 1.1.2-2
Quarzhaltiger Sand wird in großen Mühlen zementfein oder zu Schlämmen gemahlen

Die erforderlichen **Rohstoffe** für den Porenbeton sind quarzhaltiger Sand oder andere quarzhaltige Zuschlagstoffe, ggf. Zusatzstoffe, Bindemittel, Treibmittel und Wasser. Der **Sand** muß weitgehend frei von Verunreinigungen sein. So können z. B. Sande, die Meersalz enthalten, nicht bzw. nur nach einer Wäsche verarbeitet werden. Andere Beimischungen können besondere Rezepturen notwendig machen. Außer quarzhaltigem Sand werden auch Flugaschen eingesetzt. Dabei ist der Siliciumdioxid-Anteil eine wichtige Komponente für die Verwendbarkeit. Der Sand wird in großen Mühlen zementfein oder zu Schlämmen gemahlen. Als **Bindemittel** verwendet man gemahlenen Branntkalk und/oder Zement (Portlandzement, aber auch andere Zementsorten). Bei bestimmten Rezepturen werden zusätzlich geringe Anteile von Gips oder Anhydrit beigegeben. Feines Pulver oder eine feinteilige Paste von Aluminium wird als **Porosierungsmittel** eingesetzt. Die feingemahlenen Grundstoffe werden dosiert, in einem Mischer zu einer wäßrigen Suspension gemischt und in Gießformen gefüllt. Das Wasser löscht unter Wärmeentwicklung den Kalk. Es ist sauberes Wasser erforderlich. Das Aluminium reagiert in der Mischung mit dem alkalischen Wasser. Dabei wird gasförmiger Wasserstoff frei, der die Poren im Porenbeton bildet und ohne Rückstände entweicht. Die Makroporen haben einen Durchmesser von ca. 0,5 bis 1,5 mm. Die hochdruckfesten Porenwände sind im wesentlichen Kalzium-Silikathydrate, die dem in der Natur vorkommenden Mineral Tobermorit entsprechen.

Zum Beispiel können Porenbeton-Rezepturen für unterschiedliche Rohdichten Anteile entsprechend Tab. 1.1.2-3 aufweisen.

Für bewehrte Bauteile werden **Bewehrungskörbe** in einem angegliederten Prozeß hergestellt. Der Stahldraht wird von Rollen gezogen, gerichtet und abgelängt. Er wird durch Punktschweißungen zu Matten verbunden und ggf. zu Körben gebogen oder zusammengefügt.

Der Bewehrungsstahl erhält einen zusätzlichen Korrosionsschutz, da der Porenbeton im Vergleich zu normalem Beton allein wegen seiner hohen Porosität keinen ausreichenden Schutz bietet. Der Korrosionsschutz wird üblicherweise in einem Tauchbad aufgebracht. Als Rostschutz kommen organische (z. B. Bitumen mit einer Beimischung von Quarz zur Erhöhung der Haftung) und anorganische Materialien (z. B. Zementschlämme mit Beimischungen zur Erhöhung der Geschmeidigkeit) in Frage. Dieser Korrosionsschutz hat den Vorteil, daß er auch gegen aggressive Umwelteinflüsse wie z. B. in SO_2- oder HCl-haltiger Atmosphäre beständig ist.

Die fertigen und korrosionsgeschützten Bewehrungskörbe werden vor oder nach dem Gießen in die Formen eingebracht. Sie werden sehr exakt eingebaut, da der Inhalt einer Form später in Bauteile getrennt wird und die Bewehrung im fertigen Bauelement genau an der richtigen Stelle liegen und die gewünschte Betondeckung aufweisen muß.

Das Rohstoffgemisch wird **in Formen gegossen**. Anschließend **treibt** der entstehende gasförmige Wasserstoff die Mischung auf, bis sie schließlich die Form ganz ausfüllt. Der standfeste Rohblock (»Kuchen«) wird nach dem Entfernen der Form geschnitten. Das **Schneiden** selbst geschieht automatisch und sehr exakt mit Hilfe straff

gespannter Stahldrähte in einer Schneidanlage – sowohl horizontal als auch vertikal – so daß die Rohblöcke je nach Bedarf zu Steinen oder bewehrten Bauteilen geteilt werden. Die beim Schneiden anfallenden Materialreste werden nach entsprechender Aufbereitung wieder den Rohmaterialien beigemischt. Dieses unmittelbare Recycling macht die Porenbeton-Herstellung praktisch abfallfrei und damit in besonderem Maße umweltfreundlich.

Zur **Dampfhärtung** wird der fertig geschnittene Rohblock mit dem Formenwagen oder auf speziellen Rosten in Härtekesseln (Autoklaven) gefahren und darin für ca. 6 bis 12 Stunden einer Sattdampf-Atmosphäre von 190 °C bei einem Druck von 12 bar ausgesetzt. Der Porenbeton hat nach dieser Dampfhärtung seine endgültigen Eigenschaften. Dampf und Kondensat werden nach Abschluß des Härtungsprozesses in einen nächsten Autoklaven oder in einen Speicher geleitet, so daß er für eine weitere Verwendung zur Verfügung steht. Dadurch wird gleichzeitig Energie eingespart und eine Belastung der Umwelt mit heißem Abdampf oder Abwasser ausgeschlossen.

Als **nachgeschalteter Arbeitsgang**, im Anschluß an die Dampfhärtung, erfolgt die Trennung der noch auf dem Formboden befindlichen Bauteile mit einem Greifer. Bausteine werden auf Paletten gestapelt und in Schrumpffolien verpackt. Sie sind so während der Zwischenlagerung und des Transportes geschützt. Bewehrte, großformatige Bauteile werden in der Regel für ein bestimmtes Objekt hergestellt und unmittelbar zur Baustelle transportiert oder bis zum Abruf zwischengelagert.

Das Herstellen von Aussparungen und besonderen Profilierungen ebenso wie die Kennzeichnung der Bauteile erfolgt vor bzw. auch nach der Autoklavierung.

Zur **Gütesicherung** werden alle Porenbetonbauteile in werkseigenen Laboratorien ständig kontrolliert (Eigenüberwachung). Hierzu kommt eine regelmäßige Güteüberwachung durch amtliche Stellen (Fremdüberwachung). Geprüft werden u. a. die Qualität der Rohstoffe sowie Rohdichte, Druckfestigkeit, Nachschwinden, Rostschutz

Tab. 1.1.2-3 **Beispiele für die Rezeptur von Porenbeton**

Rohstoffe [kg/m³]	Rohdichte [kg/m³]		
	500	500	600
quarzhaltiger Sand	350	330	420
Kalk	100	35	110
Zement	25	90	30
Aluminiumpulver	0,5	0,5	0,4
Wasser	330	330	440
Anhydrit	–	20	–

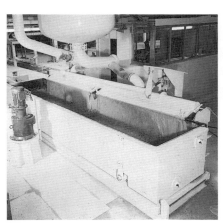

Abb. 1.1.2-4
**Die Mischung aus Quarzsand, Binde-
mittel, Treibmittel und Wasser wird in
Formen gegossen, in denen sich die
Porenbildung vollzieht. Das Abbinden
beginnt, erfolgt aber im wesentlichen bei
der anschließenden Dampfhärtung.**

Abb. 1.1.2-5
**Vor der Dampfhärtung wird der
standfeste Rohblock mit Hilfe von
Stahldrähten in einer Schneidanlage
horizontal und vertikal geschnitten.**

Abb. 1.1.2-6
**In Autoklaven wird der Porenbeton in
gesättigtem Dampf bei einem Druck von
ca. 12 bar in ca. 6 bis 12 Stunden
gehärtet.**

Abb. 1.1.2-7
**Nach der Dampfhärtung werden die
bereits vorher geschnittenen Bauteile
vom Formboden genommen.**

des Bewehrungsstahls und die
Maßhaltigkeit der Bauteile. Bei Montagebauteilen werden außerdem die statischen Eigenschaften überwacht. Die
Bauteile werden entsprechend den
technischen Baubestimmungen durch
Prägung, Stempelung oder Farben
gekennzeichnet.

1.1.3 Eigenschaften

Die Kombination vieler erwünschter
Eigenschaften macht den Porenbeton
sowohl im Wohnbau als auch im Wirtschaftsbau zu einem technisch und
wirtschaftlich besonders interessanten
Material. Dies wird deutlich, wenn man
bedenkt, daß Porenbeton in bezug auf
fast alle konstruktiven und bauphysikalischen Anforderungen im Bauwesen

eine »Hauptrolle« spielen kann, denn
sowohl im Wohnbau als auch im Wirtschaftsbau können Außenwände,
Dächer und Decken komplett aus
Porenbeton erstellt werden.

Auf ergänzende Baustoffe, die sonst
häufig für den Wärme-, Brand- oder
Schallschutz erforderlich werden, kann
weitgehend verzichtet werden – ein
wesentlicher Vorteil sowohl für die Wirtschaftlichkeit als auch für eine sichere,
fehlerfreie Bauausführung.

Die **Rohdichte** des Porenbetons liegt
zwischen *0,30* und *1,00 kg/dm³*. **Die
Kombination von niedriger Rohdichte und hoher Festigkeit ist das
hervorstechendste Merkmal von
Porenbeton.** Daraus ergeben sich
wichtige Vorteile in der Anwendung.

Die Rohdichte ist vom Porenvolumen
und vom Feststoffgehalt abhängig und
wird während der Herstellung stufenlos
durch die Dosierung von Treibmittel und
Bindemittel gesteuert. Bei Porenbeton
mit einer Rohdichte von *0,5 kg/dm³*
beträgt das Porenvolumen 80 %, der
Feststoffanteil also 20 %.

Der **Elastizitätsmodul** für Porenbeton
ist abhängig von der jeweiligen Rohdichte und liegt bei Werten zwischen
1200 und *2500 MN/m²*.

Das **Schwindmaß** darf nach DIN 4164
0,5 mm/m nicht überschreiten. Es liegt
bei Porenbeton unter *0,2 mm/m* und
damit deutlich günstiger als es nach der
Norm zulässig ist.

Porenbetonbauteile werden in unterschiedlichen **Festigkeitsklassen** hergestellt.

Die Mittelwerte der **Druckfestigkeit**
liegen zwischen *2,5* und *10,0 N/mm²*.
Dadurch wird es möglich, Porenbetonbauteile auch mit tragender Funktion
bei bis zu neungeschossigen Gebäuden einzusetzen.

Die **Zugfestigkeit** von Porenbeton
beträgt etwa 10 % der jeweiligen Wür-
feldruckfestigkeit.

Die **Biegezugfestigkeit** beträgt ein
Fünftel der jeweiligen Würfeldruckfe-
stigkeit, also *0,5* bis *2,00 N/mm²*.

Ein nach den Anforderungen der Wärmeschutzverordnung ausreichender

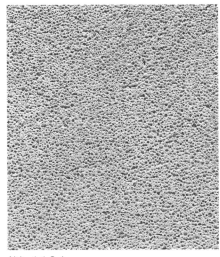

Abb. 1.1.3-1
**Porenstruktur in natürlicher Größe – eine
geschlossenzellige Struktur mit dünnen
Zellwänden.**

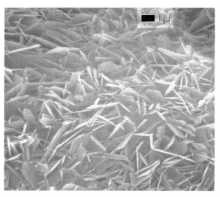 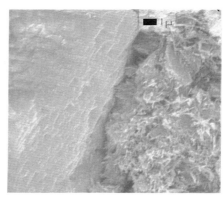

Abb. 1.1.3-2
Rasterelektronenmikroskopaufnahmen der Porenstruktur. Die Balken zeigen die Vergrößerung in μ-Meter.

Wärmeschutz kann beim Porenbeton aufgrund seiner niedrigen **Wärmeleit-fähigkeit** (λ_R liegt derzeit zwischen *0,12* und *0,29 W/(m · K)* in Abhängig-keit von der Gebäudenutzung und Geometrie schon mit Wanddicken ≥ 175 mm erreicht werden. Wenn die gleichen Anforderungen erfüllt werden sollen, ist bei anderen Materialien hin-gegen bereits eine mehrschichtige Bauweise notwendig.

Die **spezifische Wärmekapazität** be-trägt bei hygroskopischer Ausgleichs-feuchte *1.00 kJ/kg · K.*

Tab. 1.1.3-3 **Grunddaten für unbewehrte Porenbetonbauteile**

	1	2	3	4	5	6	7
Zeile	Porenbetonprodukte	Herstellung und Anwendung	Fertigkeits-klasse	Mindestdruckfestigkeit (Steinfestigkeit)		Rohdichte	
				Mittelwert	kleinster Einzelwert	Klasse	Mittelwert
				[N/mm²]	[N/mm²]		[kg/dm³]
1	Plansteine Blocksteine	DIN 4165	2	2,5	2,0	0,35 0,40 0,45 0,50	≥ 0,30 bis 0,35 > 0,35 bis 0,40 > 0,40 bis 0,45 > 0,45 bis 0,50
2			4	5,0	4,0	0,55 0,60 0,65 0,70 0,80	> 0,50 bis 0,55 > 0,55 bis 0,60 > 0,60 bis 0,65 > 0,65 bis 0,70 > 0,70 bis 0,80
3			6	7,5	6,0	0,65 0,70 0,80	> 0,60 bis 0,65 > 0,65 bis 0,70 > 0,70 bis 0,80
4			8	10,0	8,0	0,80 0,90 1,00	> 0,70 bis 0,80 > 0,80 bis 0,90 > 0,90 bis 1,00
5	Planbauplatten Bauplatten	DIN 4166	–	–	–	0,35 0,40 0,45 0,50 0,55 0,60 0,65 0,70 0,80 0,90 1,00	≥ 0,30 bis 0,35 > 0,35 bis 0,40 > 0,40 bis 0,45 > 0,45 bis 0,50 > 0,50 bis 0,55 > 0,55 bis 0,60 > 0,60 bis 0,65 > 0,65 bis 0,70 > 0,70 bis 0,80 > 0,80 bis 0,90 > 0,90 bis 1,00
6	Planelemente	Zulassung	2	2,5	2,0	0,40 0,50	≥ 0,30 bis 0,40 > 0,40 bis 0,50
			4	5,0	4,0	0,60 0,70 0,80	≥ 0,50 bis 0,60 > 0,60 bis 0,70 > 0,70 bis 0,80
			6	7,5	6,0	0,70 0,80	> 0,60 bis 0,70 > 0,70 bis 0,80

Tab. 1.1.3-4 **Grunddaten für bewehrte Porenbetonbauteile**

	1	2	3	4	5	6	7	8
Zeile	Porenbetonprodukte	Herstellung und Anwendung	Fertigkeits-klasse	Mindestdruckfestigkeit		Rohdichte		
				Mittelwert	kleinster Einzelwert	Klasse	Mittelwert	Einzelwert
				[N/mm²]	[N/mm²]		[kg/dm³]	[kg/dm³]
1	Dach- und Deckenplatten	DIN 4223 und Zulassung	3,3	3,5	3,3	0,50 0,60	– –	max. 0,50 max. 0,60
2			4,4	5,0	4,4	0,60 0,70	– –	max. 0,60 max. 0,70
3	Wandplatten bewehrt	Zulassung	3,3	3,5	3,3	0,50 0,60	≥ 0,40 bis 0,50 > 0,50 bis 0,60	– –
			4,4	5,0	4,4	0,60 0,70	> 0,50 bis 0,60 > 0,60 bis 0,70	– –
4	Geschoßhohe Wandtafeln, bewehrt und unbewehrt	Zulassung	3,3	3,5	3,3	0,50 0,60	≥0,40 bis 0,50 > 0,50 bis 0,60	– –
			4,4	5,0	4,4	0,70	> 0,60 bis 0,70	–
			6,6[1]	7,5	6,6	0,80	> 0,70 bis 0,80	–
5	Stürze	Zulassung	4,4	5,0	4,4	0,70	–	max. 0,70

[1]) Nur für unbewehrte geschoßhohe Wandtafeln.

Die **thermische Ausdehnung** beträgt in einem Temperaturbereich von 20 bis 100 °C ca. *0,008 mm/(m · K)* und ist damit etwas geringer als bei Schwerbeton.

Die **Wasserdampf-Diffusionswiderstandszahl** von Porenbeton ist aufgrund der porösen Struktur niedrig und liegt bei Werten zwischen $\mu = 5$ bis $\mu = 10$.

Die **Wärmespeicherung** der Bauteile eines Gebäudes dient der Stabilisierung der Raumtemperatur. Wandkonstruktionen aus Porenbeton liegen in bezug auf ihr Wärmespeicherungsvermögen zwischen den Extremen des Leichtbaus (z. B. Holztafelbauweise mit ca. *50 kJ/m² · K*) und des Massivbaus (z. B. Mauerwerk oder Stahlbeton mit ca. *250 kJ/m² · K*). Der entsprechende Wert für eine Porenbetonwand beträgt ca. *90 kJ/m² · K*. Das Temperaturamplitudenverhältnis bei einer Außenwand ($TAV = \Delta\delta_{oi}/\Delta\delta_a$), also das Verhältnis zwischen der inneren und der äußeren Temperaturamplitude, ist eine Kennzahl, in welche sowohl die Wärmedämmung als auch die Wärmespeicherung eingeht. Sie liegt bei Porenbeton ebenfalls im mittleren Bereich zwischen den Extremen.

Wichtiger als im Außenwandbereich ist die Anwendung wärmespeichernder Bauteile im Innern, weil dann besonders gut die temperaturstabilisierenden Eigenschaften genutzt werden können.

Das **Feuchtigkeitsverhalten** von Baumaterialien und Bauteilen hat eine große Bedeutung sowohl für die Wärmedämmung als auch für das Raumklima und nicht zuletzt für die Sicherheit vor Bauschäden. Die kapillare Wasseraufnahme erfolgt bei Porenbeton über die Mikroporen. Die Mikroporen ermöglichen die Kapillarleitung des Wassers und die Wasserdampfdiffusion im Porenbeton, bestimmen also sein Saugverhalten und auch seine Austrocknungsgeschwindigkeit. Daß Porenbeton bei hoher Luftfeuchte Wasser aufnimmt, bei trockener Luft aber wieder abgibt, beruht ebenfalls auf dem Vorhandensein der Mikroporen. Sie sorgen für die Wasserdampfsorption, d. h. den Feuchtigkeitsausgleich im Wechselspiel mit der jeweils in der Luft vorhandenen Feuchtigkeit.

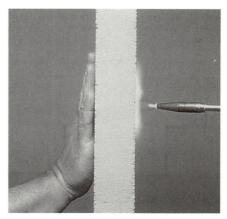

Abb. 1.1.3-5
Porenbeton ist nichtbrennbar und hat eine geringe Wärmeleitfähigkeit.

Ein Schutz gegen Feuchtigkeit durch Regen kann durch Putz bzw. Beschichtung leicht erreicht werden (s. Kap. 2.4.3 Oberflächen). Frostschäden können sicher vermieden werden. Andererseits hat der Baustoff Porenbeton eine niedrige Wasserdampf-Diffusionswiderstandszahl. Er ist also in der Lage, Luftfeuchtigkeit aus dem Raum aufzunehmen und wieder abzugeben – eine wichtige Voraussetzung für ein gesundes Raumklima. Auf diese bauphysikalischen Zusammenhänge wird im Kapitel 2.2.2 (Feuchteschutz) noch ausführlich eingegangen.

Die **Frostwiderstandsfähigkeit** von Porenbeton hängt von seinem Feuchtigkeitsgehalt ab. Porenbeton muß bei der Lagerung durch Abdeckung, im eingebauten Zustand durch geeignete Putze oder Beschichtungen vor Durchfeuchtung und damit vor Frostschäden geschützt werden.

Porenbeton ist ein **nichtbrennbarer Baustoff**, der auch keinerlei brennbare Bestandteile enthält. Das bedeutet, daß er für alle Feuerwiderstandsklassen eingesetzt werden kann und daß auch Brandwände und Komplextrennwände in wirtschaftlichen Dicken problemlos ausführbar sind. Dabei hat Porenbeton den Vorteil, daß aufgrund seiner geringen Wärmeleitfähigkeit auch die Temperaturerhöhung auf der dem Feuer abgewandten Seite gering bleibt. Entsprechend ist auch die Feuerwiderstandsdauer bei gleicher Plattendicke deutlich höher als bei Normalbeton. So würde z. B. die Anforderung an eine Brandwand, daß die Temperaturerhöhung nach 90 Minuten nicht größer als 140 K sein darf, bereits bei einer Wanddicke von 6 cm erfüllt. Eine Temperaturerhöhung auf der dem Feuer abgewandten Seite ist bei einer Brandwand aus Porenbeton-Plansteinen in einschaliger Ausführung bei der zulässigen Mindestdicke von 240 mm praktisch nicht feststellbar.

Bauteile und Bauteiloberflächen haben in bezug auf den **Schallschutz** in Gebäuden eine doppelte Funktion:

- die Schalldämmung bewirkt, daß der Schall nicht oder deutlich vermindert in angrenzende Räume übertragen wird.
- die Absorption von Schall durch die Oberfläche des Bauteils bewirkt, daß wenig Schall reflektiert und dadurch der Schallpegel im Raum gesenkt wird. Dies hat besonders in gewerblich genutzten Gebäuden eine große Bedeutung.

Für beide Funktionen weist Porenbeton sehr günstige Werte auf. Die Schalldämmung ist bei einschaligen biegesteifen Wänden nach dem »Berger'schen Gesetz« abhängig von deren flächenbezogener Masse. Messungen haben ergeben, daß sich Porenbeton hier günstiger verhält als vergleichbare Baustoffe. Bei der Bestimmung des Schalldämm-Maßes kann daher ein um 2 dB günstigerer Wert angenommen werden als bei anderen Baustoffen mit gleicher flächenbezogener Masse (DIN 4109, Beiblatt 1, Tab. 1). Dieser »Bonus« hat besonders im modernen Wohnungsbau eine große Bedeutung.

Der Schallabsorptionsgrad einer Porenbetonoberfläche, die nicht behandelt oder mit einem porösen Anstrich versehen ist, liegt um das 5- bis 10-fache höher als der einer glatten Wand. Ausführliche Hinweise auf die schallschutztechnisch richtige Dimensionierung werden im Kap. 2.2.4 »Schallschutz« gegeben, Hinweise auf Konstruktionen im Kap. 2.3.

Mehrere der o. g. Eigenschaften haben einen Einfluß auf die **Behaglichkeit** und darauf, daß die raumklimatischen Bedingungen für die **Gesundheit** und die Leistungsfähigkeit des Menschen förderlich sind. Hier sind besonders die Wärmedämmfähigkeit, das Wärmespeichervermögen und das Feuchtigkeitsverhalten zu nennen. Auch die akustischen Eigenschaften haben besonders unter extremen Bedingungen einen wichtigen Einfluß auf das Wohlbefinden des Menschen.

In jüngster Zeit wurden weitere Faktoren untersucht, die ebenfalls einen Einfluß auf die Gesundheit oder das Wohlbefinden von Personen haben, die dem entsprechenden Raumklima ausgesetzt sind. Hierzu gehören sowohl Luftverunreinigungen und Schadstoff-Emissionen als auch Belastungen durch Strahlung (Radioaktive Strahlung der Baumaterialien, Radon-Emissionen). Dazu im einzelnen:

- Porenbeton gibt im eingebauten Zustand auch ohne Oberflächenbehandlung weder feste (staub- oder faserförmige) noch gasförmige Emissionen ab.
- Eine geringfügige natürliche radioaktive Strahlung tritt bei allen Baustoffen auf. Sie liegt im Mittel für Radium (Ra-226) zwischen ca. 11 Bq/kg (Kalksandstein, Beton) und 518 Bq/kg (Industriegips aus Phosphorit). Porenbeton weist mit ca. 20 Bq/kg einen Wert auf, der deutlich im unteren Bereich und damit auch unter dem vieler anderer Baumaterialien liegt.

- Ähnliches gilt für Thorium (Th-232), für welches die Mittelwerte zwischen ca. 7 Bq/kg (Kalksandstein) und ca. 104 Bq/kg (Hüttenbims) liegen. Auch hier liegt Porenbeton mit ca. 15 Bq/kg im unteren Bereich. Für beide Radionuklide wird ein Grenzwert von ≤ 130 Bq/kg empfohlen.
- Die spezifische Aktivität von Kalium (K-40) hat nur einen untergeordneten Einfluß auf die Strahlenexposition durch Baustoffe, so daß hierfür kein Grenzwert angegeben wird.
- Die Exhalationsrate von Porenbeton für Radon (Rn-222) liegt bei ca. 1.0 Bq/($m^2 \cdot$ h), wobei ein oberer Grenzwert von 5.5 Bq/($m^2 \cdot$ h) empfohlen wird.

Für alle genannten Werte ist zu berücksichtigen, daß für die Strahlungsbelastung des Menschen die Summe der in einem Raum auftretenden Strahlungen von Bedeutung ist.

Eine Beeinflussung elektrischer und elektromagnetischer Felder durch das Material Porenbeton findet nicht statt.

Aufgrund vielfältiger **Wechselwirkungen** müssen oft bei Baumaterialien erwünschte Eigenschaften im einen Bereich mit Nachteilen in anderen Bereichen bezahlt werden. Dies ist der Grund dafür, weshalb im modernen Bauen häufig Verbundkonstruktionen eingesetzt werden müssen, in welchen unterschiedlichen Materialien die Funktionen zugewiesen werden, die sie am besten erfüllen.

Porenbeton kann aufgrund seiner Eigenschaften viele Funktionen gleichzeitig übernehmen. Das Beispiel der Außenwand macht es besonders deutlich: Lastabtragung, Wärmeschutz, Brandschutz und Schallschutz werden durch ein einziges Material übernommen, den Porenbeton. Er zeichnet sich zudem noch durch besonders gute Umweltverträglichkeit aus. Ähnliche Vorteile ergeben sich für Porenbeton als Dach- oder auch Deckenbauteile.

Aus dieser Koppelung von Eigenschaften entstehen auch wirtschaftliche Vorteile sowohl bei der Erstellung als auch bei der Nutzung von Gebäuden. Diese Aspekte werden im Kapitel 1.3.4 »Wirtschaftliche Aspekte« ausführlich erläutert.

1.2 **Umweltverträglichkeit**

Der Mensch greift in die natürlichen Zusammenhänge der Umwelt ein. Dies geschieht umso mehr, je mehr Menschen sich in dieser Umwelt befinden und je höher deren Zivilisation und Lebensstandard ist. Und es wird leider erst dann deutlich, wenn Schwellenwerte erreicht werden, bei denen der Eingriff in die Umwelt zu irreparablen Schäden führt bzw. geführt hat.

Solche Schäden sind in den vergangenen Jahren vermehrt sichtbar geworden. Sie haben ihre Ursache zu einem wesentlichen Teil in Verbrennungsprozessen, die zur Energiebereitstellung im Verkehr, in der Industrie und zur Beheizung von Gebäuden erforderlich sind. Die wichtigsten Produkte dieser Verbrennungsprozesse sind SO_2, CO_2 und NO_x.

- Schwefeldioxid (SO_2), als Gas in die Atmosphäre abgegeben, verursacht sauren Regen, der den Baumbestand direkt (an Laub und Nadeln) und indirekt (über das belastete Wasser im Boden) schwächt; Kälte im Winter oder Trockenheit im Sommer können dann dazu führen, daß der geschwächte Baum abstirbt.
- Kohlendioxid (CO_2) beeinflußt das Weltklima durch den Treibhauseffekt; das Gas sorgt dafür, daß die kurzwellige Sonnenstrahlung die Erdoberfläche erreicht, die langwellige Abstrahlung der Erdoberfläche aber zurückgehalten wird; dadurch entstehen Klimaveränderungen mit unvorhersehbaren Folgen.
- Stickoxide (NO_x) tragen zur Zerstörung der vor schädlicher UV-Strahlung schützenden Ozonschicht bei; die daraus entstehenden Folgen für die Umwelt und für den Menschen direkt sind bekannt.

Damit sind nur die wichtigsten der schädlichen Verbrennungsprodukte benannt. Diese zu reduzieren bedarf großer Anstrengungen. Das Bauwesen muß daran einen wesentlichen Anteil haben, denn immerhin wird etwa ein Drittel des gesamten Energieaufwandes in Mitteleuropa für die Beheizung von Gebäuden eingesetzt. Dieser Anteil kann nur durch eine drastisch energiesparende Bauweise reduziert werden, wie sie z. B. bei den sogenannten Niedrigenergiehäusern realisiert wird. Hinzu kommt der Energieaufwand für die Errichtung von Gebäuden einschließlich der Herstellung der Baumaterialien, der ebenfalls reduziert werden kann, z. B. durch eine nach energetischen Gesichtspunkten durchgeführte Auswahl der Baumaterialien.

Schließlich ist auch die Umweltbelastung durch die Rohstoffgewinnung und bei der Herstellung der Baumaterialien sowie bei Abbruch und Deponierung ganz erheblich. Ein ressourcenorientiertes oder ökologisches Bauen berücksichtigt diese Zusammenhänge. Es hat einerseits eine möglichst rationale und schonende Verwendung der Ressourcen Material und Energie zum Ziel, andererseits aber auch eine möglichst geringe Belastung von Luft, Wasser und Boden – beides gleichermaßen bei Herstellung, Nutzung und Rückbau.

Die wichtigsten Wechselwirkungen in diesem Zusammenhang sind als Idealkreislauf zwischen recyclinggerechtem Konstruieren, Werterhaltung und Recycling in Abb. 1.2-1 dargestellt. Hierin ist der Teilbereich eines recyclinggerechten Konstruierens deutlich zu erkennen, der im Hinblick auf die zukünftige Abfallvermeidung zunehmend an Bedeutung gewinnt.

Wie beim Energieverbrauch, so hat das Bauwesen auch in bezug auf das Abfallaufkommen ein besonders hohes Einsparungspotential. Das gesamte jährliche Abfallvolumen der Bundesrepublik beträgt nach Kohler ca. 400 Mio. Mg/a (Megagramm/Jahr). Hieran haben die Baureststoffe mit 285 Mio. Mg/a einen sehr hohen Anteil. In Abb. 1.2-2 ist die Aufteilung dieser Baureststoffe dargestellt. Jeder Gruppe sind beispielhaft einige der in ihr enthaltenen Materialien zugeordnet.

Alle diese Gesichtspunkte, nämlich

- der **Primärenergieaufwand** bei der Herstellung, der Nutzung und dem Rückbau von Gebäuden,
- das **Abfallaufkommen** bei Herstellung und Rückbau sowie dessen Wiederverwertbarkeit,
- die **Emissionen** bei der Produktion der Materialien, der Herstellung der Gebäude, deren Nutzung und Rückbau,

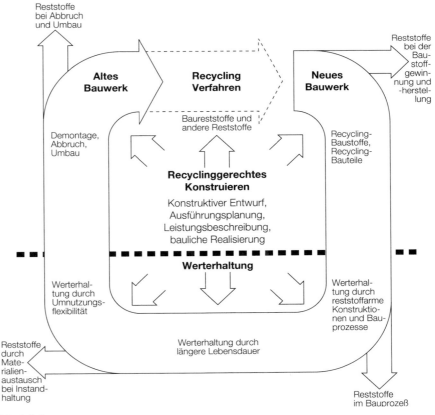

Abb. 1.2-1
Recyclinggerechtes Konstruieren und Werterhaltung in einem Idealkreislauf

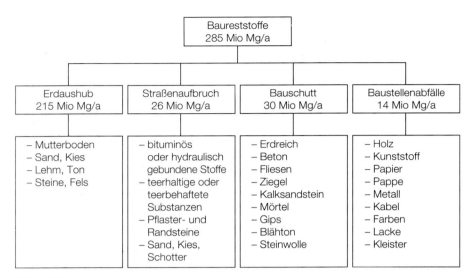

Abb. 1.2-2
Jährliche Mengen und Beispiele für die Zusammensetzung der Baureststoffe
(nach Kohler, G.: Kreislaufwirtschaft Baureststoffe)

bestimmen die Auswahl von Baustoffen und Konstruktionen. Dabei ist es erforderlich, alle Gesichtspunkte ganzheitlich zu berücksichtigen. Dies kann durchaus bei unterschiedlichen Bauaufgaben unter Berücksichtigung weiterer Randbedingungen (wie z. B. der geplanten Lebensdauer des Gebäudes) zu unterschiedlichen Ergebnissen führen.

1.2.1 Rohstoffe

Für die Beurteilung der Umweltverträglichkeit von Rohstoffen müssen verschiedene Kriterien berücksichtigt werden. Zum einen spielt die Schadstoffbelastung der Materialien selbst eine Rolle, insbesondere die darin enthaltenen Spuren radioaktiver Elemente. Sowohl natürliche als auch künstlich gewonnene Rohstoffe enthalten einen bestimmten Anteil an ionisierender Strahlung, der sich bei hoher Konzentration schädlich auf die Gesundheit des Menschen auswirken kann. Andererseits muß sowohl für den Abbau der natürlichen Rohstoffvorkommen als auch den Transport zu den weiterverarbeitenden Produktionsstätten ein oft nicht unerheblicher Teil an Energie aufgewendet werden. Abbau- und Transportvorgänge belasten die Umwelt zudem durch Lärm und Schadstoffemissionen und stellen in jedem Fall einen Eingriff in die Natur und deren ökologisches Gleichgewicht dar. Ziel muß es deshalb sein, durch sparsamen Rohstoffeinsatz die Verfügbarkeit natürlicher Vorkommen zu verlängern und diese unter geringst-

möglichen Belastungen für die Umwelt zu fördern. Einen bedeutenden Beitrag zur Schonung natürlicher Ressourcen kann die Wiederverwertung von Baumaterialien leisten.

Für die Herstellung von Porenbeton stellt sich die **Rohstoffsituation** unproblematisch dar. Kalk- und Zementrohstoffe sind ebenso wie Sand, Wasser und Bauxit (als Rohstoffbasis für das in geringen Mengen als porenbildender Zusatz genutzte Aluminium) in ausreichendem Maße vorhanden. Anteilmäßig werden Sand zu ca. *65–75 Gew.-%* und – je nach Produkt – Kalk und Zement (Bindemittel) zu ca. *25–35 Gew.-%* verarbeitet. Der Zusatz von Aluminiumpulver oder -paste erfolgt in einer sehr geringen Dosierung von *0.05 bis 0,1 Gew.-%* (s. a. Abb. 1.2.1-1).

Da die Produktionsstandorte für Porenbeton in Abhängigkeit von den natürlichen **Sandvorkommen** ausgewählt werden, sind die Transportwege und damit Umweltbelastungen für den Hauptrohstoff auf ein Minimum beschränkt. Die natürliche radioaktive Belastung aller Ausgangsstoffe ist gering (s. a. Abb. 1.2.1-2) und liegt erheblich unter den gesetzlich festgelegten Grenzwerten. Die Schwankungsbreite ergibt sich aus der Art des verwendeten Zementes.

Zement wird im wesentlichen aus Kalk, Ton und Mergel gewonnen und setzt sich chemisch aus den Oxiden von Silicium, Calcium, Aluminium und

Eisen zusammen. Die Zementherstellung ist ein relativ energieintensiver Prozeß. Den größten Anteil daran hat der Brennprozeß selbst. Aber auch für das Betreiben der Rohmaterial- und Klinkermahlanlagen müssen, je nach Beschaffenheit des Rohmaterials und der geforderten Zementqualität, ebenso wie für den Drehofen einschließlich Kühler erhebliche Mengen an elektrischer Energie aufgewendet werden. Insgesamt beläuft sich der Elektroenergieverbrauch auf *80 bis 120 kWh pro Tonne* Zement. Es versteht sich daher von selbst, daß die Verwendung von Zement so sparsam wie möglich erfolgen sollte.

Noch höher ist der Primärenergiegehalt des **Branntkalkes**, der ebenfalls weitestgehend durch den notwendigen Brennprozeß des Rohmaterials Kalkstein zustande kommt. Chemisch gesehen ist Branntkalk Calciumoxid (CaO) mit Spuren von Silicium- und Metalloxiden.

Für die Herstellung von Porenbeton ist nur eine sehr geringe Menge *(max. 0,1 Gew.-%)* **Aluminiumpulver** oder **-paste** notwendig. Es handelt sich hierbei um chemisch gebundenes Aluminium, das aus einem Recyclingprodukt, nämlich Stanzabfällen, hergestellt wird. Aufgrund des sehr geringen Gewichtsanteils ist der Primärenergieeinsatz für die Herstellung des Aluminiumpulvers bzw. der -paste vernachlässigbar. Der Vollständigkeit halber soll jedoch an dieser

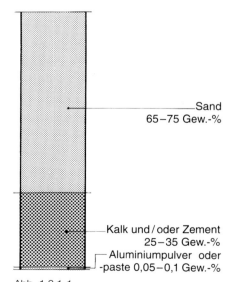

Abb. 1.2.1-1
Prozentualer Anteil der Rohstoffe für die Herstellung von Porenbeton
(ohne Wasser)

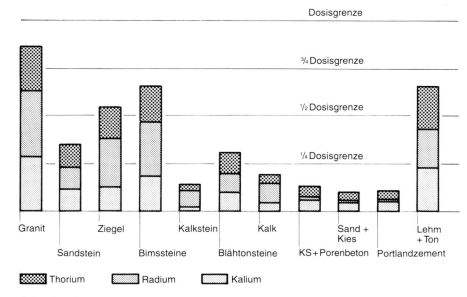

Dosisgrenze

³/₄ Dosisgrenze

½ Dosisgrenze

¼ Dosisgrenze

Granit — Sandstein — Ziegel — Bimssteine — Kalkstein — Blähtonsteine — Kalk — Sand + Kies — KS + Porenbeton — Portlandzement — Lehm + Ton

▨ Thorium   ▨ Radium   ▨ Kalium

Abb. 1.2-1-2
Natürliche Radioaktivität verschiedener Baustoffe
Die „Dosisgrenze" ergibt sich aus der Summenformel. Danach wird eine zusätzliche Strahlenexposition durch radioaktive Stoffe in Baumaterialien auf 150 mrem/a begrenzt, wenn folgende Bedingung eingehalten wird:

$$\frac{a_{Ra}}{370} + \frac{a_{Th}}{259} + \frac{a_K}{4810} \leqq 1$$

Darin ist a die spezifische Aktivität der Radionukleide Radium 226, Thorium 232 und Kalium 40 in Becquerel [Bq]

Stelle auf den sehr energieintensiven Produktionsprozeß von Aluminium hingewiesen werden. Die Herstellung von Hütten-Aluminium erfordert einen Energieeinsatz von über *70 000 kWh pro Tonne.*

Die Probleme der Reinhaltung von **Wasser** sind bekannt. Eine Aufbereitung des Frischwassers für den Produktionsprozeß von Porenbeton ist nicht notwendig. Durch Mehrfachnutzung des Betriebswassers wird jedoch die Entstehung von Abwässern bei der Produktion von Porenbeton praktisch vermieden.

Die Betrachtung aller Einflußfaktoren zeigt, daß Porenbeton in besonderem Maße aus umweltfreundlich gewonnenen und in ausreichender Menge zur Verfügung stehenden Rohstoffen hergestellt wird.

1.2.2 Herstellung und Verarbeitung

Sowohl bei der Herstellung als auch der Verarbeitung des Porenbetons können Belastungen der Umwelt, soweit es technisch und ökonomisch sinnvoll ist, praktisch ausgeschlossen werden. Der Vergleich mit vielen anderen Baumaterialien macht dies deutlich.

Der **Primärenergiebedarf** liegt im Vergleich zu dem anderer Wandbaustoffe mit ca. *300 kWh/m³* (Rohdichteklasse 0,4) im unteren Bereich. Daran ist die Rohstoffgewinnung mit ca. 60 % beteiligt, während der eigentliche Produktionsprozeß ungefähr 40 % ausmacht. Die Energie wird hier hauptsächlich zur Dampferzeugung für den Produktionsschritt der Härtung in Autoklaven benötigt. Bei *8–12 bar* und *170–200 °C* werden die Bauteile aus Porenbeton in Abhängigkeit von der gewünschten Festigkeitsklasse ca. *6–10 Stunden* dampfgehärtet. Die Dampferzeugung erfolgt heute überwiegend unter Einsatz von Erdgas, um die Schadstoffemissionen der Abgase so gering wie möglich zu halten (s. a. Abb. 1.2.2-1). Hierzu trägt auch die Mehrfachnutzung des Wasserdampfes bei. Im Vergleich

zu anderen wärmedämmenden mineralischen Baustoffen weist Porenbeton, nach Bimsbetonsteinen, den niedrigsten Primärenergieverbrauch auf (Abb. 1.2.2-2). Durch den Prozeß des Treibens, der durch Zugabe geringer Mengen Aluminium-Pulver oder -Paste initiiert wird, entstehen aus **1 m³ Rohstoff etwa 5 m³ Porenbeton**. So wird mit geringem Rohstoffeinsatz ein Produkt erzeugt, das geringes Gewicht, gute Dämmeigenschaften und dennoch hohe Tragfähigkeit miteinander verbindet (s. a. Kap. 1.1.2 »Herstellung«).

Der Reduzierung von Schadstoffemissionen bei der Baustoffherstellung sowie bei der späteren Nutzung des Gebäudes kommt eine gleich große Bedeutung wie der Energieeinsparung zu. Beides bedeutet Entlastung der Umwelt und Schonung der Ressourcen. Durch die energiesparende Herstellung und die hohen Wärmedämmeigenschaften trägt der Porenbeton sowohl bei der Herstellung als auch bei der späteren Nutzung zur Energieeinsparung bei. Betrachtet man den Gesamtenergieverbrauch für Herstellung und spätere Nutzung eines Gebäudes, so beträgt der Anteil der Energie für die Herstellung ca. 3–4 %.

Die Standorte der Porenbeton-Werke werden so ausgewählt, daß die Rohstoffe, insbesondere der Sand, in unmittelbarer Nähe gewonnen werden. Lärm- und Schadstoffemissionen aus dem Transport der Rohstoffe werden dadurch gering gehalten.

Zement und Kalk werden in einem Brennprozeß hergestellt. Durch das Treiben wird der Porenbeton auf das Fünffache des Rohstoffvolumens gebracht. So werden auch Zement und Kalk besonders rationell genutzt, was sich wiederum auf die Emissions-Bilanz des Porenbetons günstig auswirkt.

Zum Herstellungsprozeß von Porenbeton gehört die Härtung im Autoklaven in einer Sattdampf-Atmosphäre unter Druck (s. a. Kap. 1.1.2 »Herstellung«). Hierbei wird der Einsatz des Erdgases dadurch möglichst gering gehalten, daß ein großer Teil des Dampfes mehrfach genutzt und nur ein geringerer Teil jeweils neu erzeugt wird (s. Abb. 1.2.2-1). Auch das entstehende Kondensat wird wieder verwendet: Zusammen mit Frischwasser wird es für den Prozeß genutzt und dem Rohstoffgemisch bei-

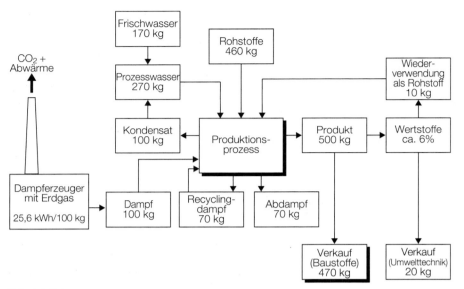

Abb. 1.2.2-1
Vereinfachter Rohstoff- und Energiekreislauf bei der Porenbetonproduktion für ρ = 0,5 t/m³

Tagesleistung pro Arbeitskraft ist erheblich, das durch körperlichen Einsatz zu bewegende Gewicht nimmt ab und die Anzahl der Bückbewegungen wird drastisch reduziert (siehe Tabelle 1.2.2-3).

Zu ähnlichen Ergebnissen kommt man auch bei anderen Porenbetonbausystemen, z. B. den Montagebauteilen.

Porenbeton ist mehrfach in einem **Materialkreislauf** eingebunden mit dem Ziel, die Abfallmenge möglichst gering zu halten. Bereits bei der Produktion im Werk entstehen Restmengen – vor und auch nach der Dampfhärtung. Diese Restmengen werden entweder aufbereitet und wieder in die Produktion zurückgeführt oder aber in weiterverarbeiteter Form z. B. als Granulat im Gebäude (z. B. als Schüttung zwischen Deckenbalken) oder in Form umwelttechnischer Produkte wie Ölbinder, Abdeckmaterial oder Katzenstreu genutzt.

gegeben. Durch eine konsequente Mehrfachnutzung des Betriebswassers wird es möglich, daß aus der Porenbetonproduktion keine Abwässer anfallen.

Die Verpackungseinheiten für Porenbeton-Bauteile werden für einen optimalen Transport ausgelegt. So kann aufgrund des geringen Gewichtes des Porenbetons pro LKW mehr Mauerwerksmaterial transportiert werden als bei anderen Steinarten. Entladegeräte auf den LKW's reduzieren den Baustellentransport. Diese Geräte können bei kleinen Baustellen auch die Bereitstellung bis in das 2. Geschoß übernehmen. So ist gewährleistet, daß jeder Stein nur einmal von Hand bewegt wird: durch den Maurer beim Versetzen. Auch durch diese Transportorganisation werden der Energieaufwand und damit die Schadstoffemissionen reduziert.

Die Verarbeitung von Porenbetonsteinen hat nicht nur technische und ökonomische Aspekte. Es ist ebenso erforderlich, die große und häufig gesundheitsschädliche **körperliche Belastung auf der Baustelle** zu reduzieren, den Arbeitsplatz humaner zu machen. Hierzu tragen die Porenbeton-Bausysteme ganz wesentlich bei.

Vom Mauerstein im Einhandformat führte die Entwicklung aus Gründen der Rationalisierung zu größeren Formaten.

Nach einer Bau-BG-Richtlinie ist das Verarbeitungsgewicht bei Zweihandsteinen auf 25 kg begrenzt. Beim Versetzen von großformatigen Planelementen, z. B. 1000 x d x 625 mm entfällt diese Begrenzung, da diese mit einem Minikran versetzt werden. Dieses trotz der Großformate sehr anpassungsfähige Verfahren (aus den Planelementen können leicht mit einer Bandsäge Paßstücke zugeschnitten werden) verbindet die Rationalisierung mit einer Humanisierung der Arbeit. Die

Ähnlich werden sortenreine Porenbetonreste von Baustellen durch die Porenbetonwerke zusammen mit den Verpackungen zurückgenommen und aufbereitet, damit sie dann der Produktion wieder zugeführt bzw. in anderen Anwendungsbereichen eingesetzt werden können.

Porenbeton aus abgerissenen oder rückgebauten Gebäuden kann – vorausgesetzt, daß beim Abbruch auf eine sorgfältige Trennung der Materialien ge-

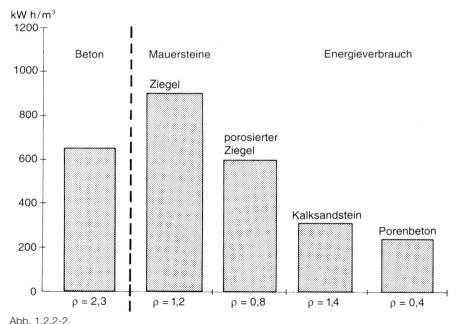

Abb. 1.2.2-2
Kumulierter Primärenergieverbrauch bei der Baustoffherstellung für wichtige Wandbaustoffe

Tab. 1.2.2-3
Leistung und Belastung von Maurern bei unterschiedlichen Steinformaten (Wanddicke 24/25 cm)

	Einhandstein 12/1,4	Porenbeton-Planstein PP 4/0,6 N + F	Planelement
Steinformat	3 DF	16 DF	l/b/h = 100/24/62,5
Arbeitszeitrichtwerte AHR-Tabellen [Std./m³]	4,68	2,40	1,75[1]
Ist-Zeit bei Mehrlohn-Faktor 1,30 [Std./m³]	3,60	1,85	1,35
Tagesleistung pro Maurer bei 7,8 Std./Tag [m³]	2,17	4,22	5,78
Prozentualer Vergleich 3 DF = 100 %	**100**	**195**	**268**
Gewichte [kg/m³]	1600	780	780
Täglich durch körperlichen Einsatz bewegtes Gewicht pro Maurer [t]	3,47	3,29	0,50[2]
Prozentualer Vergleich 3 DF = 100 %	**100**	**95**	**14**
Bückbewegungen pro Maurer [Steine + Mörtel] pro Tag	543	270	145
Prozentualer Vergleich 3 DF = 100 %	**100**	**50**	**27**

[1] Nach Zeitnahmen des IFA-Leonberg unter Baustellenbedingungen
[2] Durch den Einsatz des Minikrans reduziert sich das durch den Maurer selbst zu bewegende Gewicht auf 0,5 t, obwohl tatsächlich 4,5 t bewegt werden.

achtet wurde – als rein mineralisches Produkt problemlos deponiert werden (s. a. Kap. 1.2.4 »Abbruch und Wiederverwendung«).

Um ein wirtschaftliches und umweltentlastendes Baustoff-Recycling zu ermöglichen wird es erforderlich, an einer entscheidenden Schlüsselstelle einzugreifen, dem sogenannten **»Recyclinggerechten Konstruieren«**. Ein späteres Recycling setzt voraus, daß innerhalb der Konstruktion keine umfangreichen Verbindungen heterogener Baustoffe vorgenommen wurden bzw. daß solche Verbindungen leicht lösbar sind. Mehrschichtkonstruktionen, die bei ihrer Zerlegung umwelt- und gesundheitsgefährdende Stoffe abgeben können, können mit Porenbeton vermieden werden.

Recyclinggerechtes Konstruieren umfaßt außerdem einen weiteren Aspekt, nämlich den Einsatz von Konstruktionen, die für den Einsatz von Recycling-

Baustoffen geeignet sind. Diese Recycling-Baustoffe haben häufig unterschiedliche Materialeigenschaften und erfordern deswegen besondere Konstruktionen oder einen besonderen Schichtaufbau. Beide Aspekte können mit Hilfe von Porenbeton realisiert werden. Aufgrund seiner positiven Materialeigenschaften ist Porenbeton für monolithische Konstruktionen prädestiniert. Das bedeutet, daß auch das Abbruchmaterial leicht separiert werden kann. Für die Verwendung von Porenbeton-Granulat, das beim Recycling gewonnen wird, gibt es im Gebäude Einsatzbereiche überall da, wo Schüttungen benötigt werden. Ein solcher Einsatz ergibt sich z. B. bei der Modernisierung von Holzbalkendecken (s. a. Kap. 1.4.3 »Modernisierung«) zur Verbesserung des Trittschallschutzes.

1.2.3 Nutzung des Gebäudes

Porenbeton ist nicht allein nur ein umweltfreundlicher Baustoff. Durch seine guten wärmedämmenden Eigenschaften beeinflußt er auch positiv die **Energiebilanz** von Gebäuden während ihrer Nutzung. Der größte Teil des Energieverbrauches – bis zu 80 % in den privaten Haushalten – entfällt in Mitteleuropa noch immer auf die Raumheizung. Dieser Anteil wird maßgeblich durch den Wärmeschutz der an die beheizten Räume angrenzenden Außenbauteile Wand und Fenster, ggf. auch Fußboden und Dach, bestimmt. Dabei gilt: je besser die Wärmedämmung der Hüllkonstruktion des Gebäudes ist, desto geringer ist der hierdurch stattfindende Wärmedurchgang. Bei gleichbleibenden Innenraumtemperaturen kann folglich die Heizung gedrosselt werden, der Heizenergieverbrauch sinkt. In welchem Maße er sinkt, das hängt u. a. von der Wandstärke der Porenbetonaußenwand und dem Porenanteil sowie von dem Nutzerverhalten ab. Ein hoher Porenanteil bedingt einen geringen Wärmedurchgang. Für eine einschalige, 36,5 cm dicke Wand, beidseitig verputzt, kann dieser bei einer Rohdichteklasse 0,4 des Porenbetons mit ungefähr $0,3\ W/(m^2\ K)$ angenommen werden. Damit ist eine Größenordnung erreicht, die bei energiesparenden Bauweisen für Außenwände angestrebt wird, ohne daß auf teure, mehrschalige Wandkonstruktionen zurückgegriffen werden muß. Bei angepaßter Wärmedämmung der anderen Außenbauteile, insbesondere jedoch der Fenster, können so die Heizwärmeverluste und folglich der spezifische Energieverbrauch bis in die Größenordnung des Niedrigenergiehauses gesenkt werden. Damit verringern sich nicht nur die Betriebskosten für die Heizung, auch die Umwelt wird entsprechend weniger mit Schadstoffen belastet.

Der geringe Wärmedurchgang durch Außenwände aus Porenbeton bedingt zudem relativ hohe raumseitige Oberflächentemperaturen, die zu einer größeren thermischen **Behaglichkeit** im Raum führen. Angemessene Behaglichkeit ist ein wichtiges Kriterium für ein gesundes Raumklima. Die Behaglichkeit hängt u. a. von der Raumlufttemperatur und der Raumluftfeuchte ab, wird aber auch nachhaltig durch die

Oberflächentemperaturen der Raumumschließungsflächen, also der Wände, Fenster, der Decke und des Bodens beeinflußt. Durch Oberflächentemperaturen, die nur wenig unter denen der Lufttemperatur im Innenraum liegen, wird das von schlecht gedämmten Gebäuden her bekannte Gefühl der »Kältestrahlung« in Außenwandnähe vermieden. Deshalb ist es möglich, die Raumlufttemperatur in diesem Fall auch um 1 oder 2 K zu senken, ohne daß dies als unangenehm empfunden wird (s. a. Abb. 1.2.3-1). Beachtenswert ist, daß eine Raumtemperaturabsenkung um 1 K eine Senkung des Heizenergiebedarfs um etwa 5 % bewirkt.

Jedoch nicht allein das Raumklima wird positiv beeinflußt. Bedingt durch das gute Wärmedämmverhalten des Porenbetons werden Wärmebrückenverluste verringert.

Dies wirkt sich wiederum positiv auf den Heizenergieverbrauch aus. Bei normaler Nutzung des Gebäudes mit ausreichender Beheizung und Lüftung kann aufgrund der höheren Innenoberflächentemperaturen einer Porenbeton-Außenwand die sonst evtl. für diese Wärmebrückenbereiche bestehende Gefahr einer Feuchte- und Schimmelbildung vermieden werden.

Bei kurzzeitiger Erhöhung der **Raumluftfeuchte**, hervorgerufen z. B. durch Kochen oder Waschen, aber auch durch schwere körperliche Arbeit, ist der Baustoff Porenbeton auch in Verbindung mit dem Putz in der Lage, Feuchtigkeit zu absorbieren und bei sinkender relativer Luftfeuchtigkeit wieder an die Raumluft abzugeben. Dies wirkt sich regulierend auf das Raumklima und die Behaglichkeit aus (s. a. Abb. 1.2.3-2). Die bauphysikalischen Zusammenhänge werden im Kapitel 3.2.2 (Feuchteschutz) ausführlich dargestellt.

Neben der Raumluftfeuchte hat auch der Schadstoffgehalt in der Luft einen entscheidenden Einfluß auf die Raumluftqualität. Die Gesamtschadstoffkonzentration in einem Raum ist u. a. abhängig vom Schadstoffausstoß (z. B. Rauchen) der darin lebenden Menschen, der Einrichtungsgegenstände, der verwendeten Baumaterialien und deren Beschichtungen sowie der technischen Ausrüstung. Eine zu

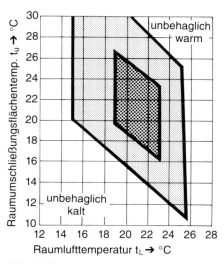

Abb. 1.2.3-1
Behaglichkeitsbereich in Abhängigkeit von der raumseitigen Oberflächentemperatur der Umschließungsflächen und der Raumlufttemperatur

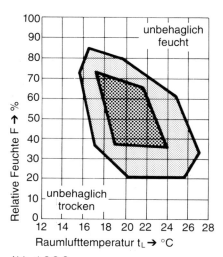

Abb. 1.2.3-2
Behaglichkeitsbereich in Abhängigkeit von der Feuchte und Temperatur der Raumluft

hohe Schadstoffkonzentration kann sich schädigend auf die Gesundheit des Menschen auswirken. Wirksamste Gegenmaßnahme ist eine regelmäßige Lüftung mehrmals am Tage. Da Porenbeton im eingebauten Zustand weder staub- oder faserförmige noch gasförmige Schadstoffe an die Raumluft abgibt, ist – soweit keine anderen Einrichtungsgegenstände einen negativen Einfluß ausüben – eine gute Raumluftqualität gewährleistet. Auch im Falle eines Brandes gehen vom Porenbeton keine zusätzlichen gesundheitlichen Risiken – etwa durch Freisetzung giftiger Gase oder brennbarer Substanzen – aus.

1.2.4 Abbruch und Wiederverwendung

In die Betrachtung der Wechselwirkungen zwischen dem Baustoff Porenbeton und seiner Umwelt, bezogen auf das Kriterium der Umweltverträglichkeit, müssen in jedem Fall auch die Prozesse Abbruch, Recycling und Deponierung einbezogen werden.

Porenbeton selbst hat als mineralischer Baustoff eine nahezu **unbegrenzte Lebensdauer.** Diese kann sich verringern, wenn ein kombinierter Einsatz mit kurzlebigeren Materialien erfolgt, wie es bei der Errichtung von Gebäuden in der Regel gegeben ist. Die Nutzungsdauer eines Gebäudes wird durch verschiedene Faktoren beeinflußt. Hier spielt u. a. die sehr unterschiedliche Lebensdauer

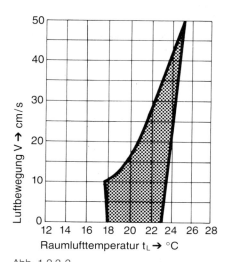

Abb. 1.2.3-3
Behaglichkeitsbereich in Abhängigkeit von der Luftbewegung und der Raumlufttemperatur

der einzelnen Bauteile sowie die Gebäudenutzung eine Rolle. Während z. B. Rohrinstallationen für Wasser und Abwasser, Bodenbeläge, Heizungsanlagen oder Elektroinstallationen – also Materialien und Bauteile, die dem Innenausbau und der Gebäudetechnik zugeordnet werden können – überwiegend eine vergleichsweise geringe Lebensdauer aufweisen und während der gesamten Zeitspanne der Gebäudenutzung mehrmals ausgetauscht werden müssen (s. a. Abb. 1.2.4-1), trifft dies für Rohbauteile im allgemeinen nicht zu, vorausgesetzt, daß keine gravierenden Konstruktions- oder Ausführungsfehler gemacht wurden. Wird das Gebäude regelmäßig instandgehal-

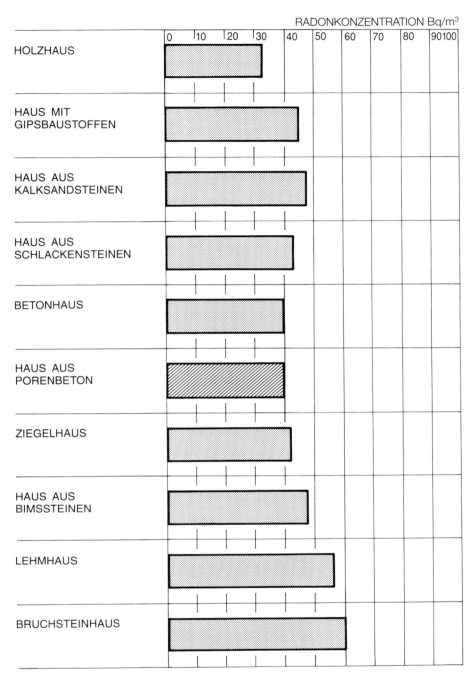

RADONKONZENTRATION Bq/m³

HOLZHAUS

HAUS MIT GIPSBAUSTOFFEN

HAUS AUS KALKSANDSTEINEN

HAUS AUS SCHLACKENSTEINEN

BETONHAUS

HAUS AUS PORENBETON

ZIEGELHAUS

HAUS AUS BIMSSTEINEN

LEHMHAUS

BRUCHSTEINHAUS

Abb. 1.2.3-4
Radonkonzentrationen in Gebäuden aus verschiedenen Baustoffen, gemessen pro Kubikmeter Raumluft. Die Radonkonzentration kann durch entsprechende Entlüftung gesenkt werden.

eine möglichst langjährige, unveränderte Nutzung von Porenbetonbauteilen in Gebäuden bzw. nach erfolgtem Abriß deren Zuführung zum Recycling mit dem vorrangigen Ziel der Aufbereitung zu neuen Baustoffen.

Abbruch und Rückbau von Gebäuden bzw. Bauteilen aus Porenbeton sind gesundheitlich unbedenklich. Der dabei entstehende Staub enthält keine lungengängigen und schwer löslichen Fasern oder andere Schadstoffe.

Zur Minderung der Staubbelastung bei Abbrucharbeiten bzw. bei der Zwischenlagerung von Bauschutt auf dem Abrißgelände ist ein Besprühen mit Wasser möglich. Hierdurch kann der Staub wirksam gebunden werden. Für die rein mineralischen Baustoffabfälle kommt anschließend entweder eine Wiederaufbereitung oder aber die Einlagerung in einer Deponie in Frage. Welcher Möglichkeit der Vorzug gegeben wird, hängt letztendlich von deren Wirtschaftlichkeit ab. Die Wirtschaftlichkeitsgrenzen für die **Aufbereitung** von Abbruchbaustoffen sind regional äußerst unterschiedlich. Sie hängen sowohl von den Deponiegebühren als auch von Baustoffkosten, Transportentfernungen für Altmaterial und ggf. neue Baustoffe sowie einer Vielzahl örtlicher Besonderheiten ab. Nicht unberücksichtigt bleiben darf weiterhin der für die Aufbereitung notwendige Energieeinsatz und die Verschleißintensität der entsprechenden Aufbereitungsverfahren.

Abbruchmaterialien aus Porenbeton können mechanisch zerkleinert und zu Granulat verarbeitet werden. Dieser Prozeß wird auch als Downcycling bezeichnet, da aus einem hochwertigen Ausgangsmaterial ein Produkt mit veränderten und in der Regel eingeschränkten Eigenschaften entsteht. Für Downcycling-Produkte aus Porenbeton stehen dabei wärme- und feuchtetechnische Eigenschaften im Vordergrund. Die Granulate finden z. B. als Wärmedämmschüttungen oder Substrate für Gründächer Anwendung.

Der Bauschutt kann aber auch unproblematisch deponiert werden. Eine Endlagerung birgt keine umweltgefährdenden Risiken in sich.

Betrachtet man **zusammenfassend** die Umweltverträglichkeit des Poren-

ten bzw. -gesetzt, dann können z. B. Wände Jahrzehnte oder gar Jahrhunderte ohne Einschränkung ihrer Funktionsfähigkeit überdauern, wie es durch eine Vielzahl historischer Gebäude belegt ist.

Anders sieht es mit der Gebäudenutzung aus. Diese kann sich in kurzen Zeitabständen ändern und eine Anpassung der vorhandenen Gebäudesubstanz an neue Anforderungen (Umbauten) oder

gar Abriß und Neubau erforderlich machen. Bei der Entscheidungsfindung zum Umfang der geplanten Änderungen sollte man bedenken, daß die ökologische Rentabilität der im Gebäude eingesetzten Materialien und Bauteile dann am größten ist, wenn die Grenzen ihrer natürlichen Lebensdauer erreicht werden. Wünschenswert ist, auch in Anbetracht erschöpfter oder wirtschaftlich nicht mehr erschließbarer Rohstoffreserven und steigender Deponieprobleme,

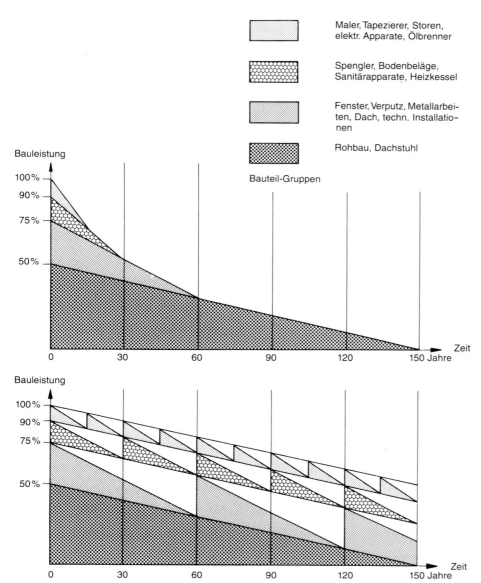

Maler, Tapezierer, Storen, elektr. Apparate, Ölbrenner

Spengler, Bodenbeläge, Sanitärapparate, Heizkessel

Fenster, Verputz, Metallarbeiten, Dach, techn. Installationen

Rohbau, Dachstuhl

Bauteil-Gruppen

Abb. 1.2.4-1
Spezifische Lebensdauer von Bauteilgruppen, laufende Erneuerung- und Instandhaltungszyklen und Kostenaufwand während der Gesamtlebensdauer des Bauwerks

betons über den gesamten Wertstoffkreislauf – Gewinnung der Rohstoffe, Herstellung, Verarbeitung, Gebäudenutzung, Downcycling, Entsorgung – dann kann dieser Baustoff als ökologisch unbedenklich bezeichnet werden. Wünschenswert ist eine lange Nutzung von Porenbetonbauteilen im eingebauten Zustand, damit der Vorteil der Langlebigkeit des mineralischen Baustoffes voll zum Tragen kommen kann.

1.3 Bauteile aus Porenbeton

Der Herstellungsprozeß für Porenbeton führt zwangsläufig zu einer industriellen Bauteilproduktion. Zu Beginn der technischen Entwicklung des Porenbetons orientierte man sich am Mauerstein. Der Mauerstein aus Porenbeton konnte aber bereits aufgrund der geringen Rohdichte größer sein als der herkömmliche Mauerstein. Bald folgte man aber auch dem Bedürfnis, größere Bauteile aus Porenbeton herzustellen. So konnten für viele Anwendungsbereiche Bauteile entwickelt werden, die aus einem industriellen Herstellungsprozeß stammen und eine besonders ratio-

nelle Errichtung von Gebäuden durch schnelle Montage mit leichten Hilfsmitteln ermöglichen.

Wir geben in den folgenden Kapiteln einen Überblick über die zur Verfügung stehenden Bauteile und ihre Funktion im Rahmen der Porenbeton-Bausysteme.

1.3.1 Unbewehrte Bauteile

Kleine Bauteile, insbesondere solche, die im eingebauten Zustand im wesentlichen Druckkräfte aufzunehmenhaben, werden ohne Bewehrung hergestellt. Größere und empfindlichere Bauteile erhalten zusätzlich eine Transportbewehrung. In bezug auf ihr Tragverhalten gelten auch diese Bauteile mit reiner Transportbewehrung noch als unbewehrt. Neben den funktionalen Unterscheidungsmerkmalen, die den Einsatzbereich beschreiben, kann bei den unbewehrten Bauteilen aus Porenbeton auch die Fügetechnik unterschieden werden:

- Mauertechnik, bei welcher die Lagerfugen und die Stoßfugen konventionell mit einer Mörteldicke von ca. 10 mm ausgeführt werden.
- Dünnbettechnik, bei welcher Plansteine mit besonders geringen Toleranzen (±1,0 mm) in einen 1,0...3,0 mm dicken Dünnbettmörtel versetzt werden.
- Trockenmontage, wie sie bei Stoßfugen mit Nut und Feder ausgeführt wird oder wie sie bei besonders geringen Toleranzen auch mit genuteten Steinen und besonderen, eingelegten Kunststoffprofilen möglich ist.

Plansteine nach DIN 4165 werden nach DIN 1053 verarbeitet. Die Vorteile des Materials – äußerst geringe Toleranzen, exakte Oberflächen, geringe Wärmeleitung – können voll genutzt werden. Die Wände sind praktisch fugenlos, haben eine sehr gute Wärmedämmung (z. B. $k = 0,31 \ W/(m^2 \cdot K)$) bei einer Wanddicke von 365 mm und Verwendung von Plansteinen W der Rohdichteklasse 0,4. Die Druckfestigkeit von Plansteinmauerwerk ist höher als die von anderem Mauerwerk aus Steinen gleicher Festigkeitsklasse.

Planelemente nach Zulassung werden mit leichten Hebezeugen versetzt.

Abb. 1.3.1-1
Die Dünnbettechnik erlaubt, bei Fugendicken von 1 bis 3 mm, ein besonders homogenes Mauerwerk mit sehr guter Wärmedämmung und Festigkeit

Plansteine und Planbauplatten
Länge: bis 749 mm
Höhe: bis 249 mm
Dicken/Breiten: 50; 75; 100; 125;
                150; 175; 200; 240;
                250; 300; 365; 375 mm
Sonderformate auf Anfrage

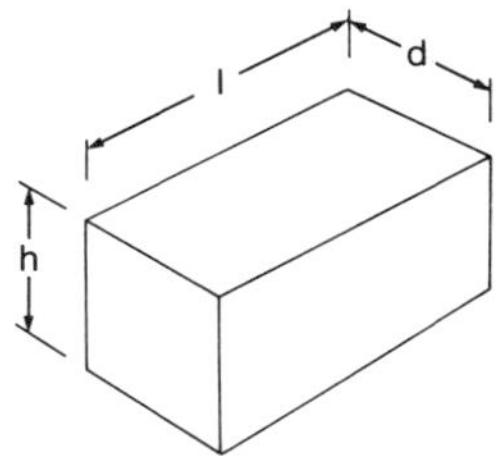

Plansteine mit Nut und Feder
Länge: bis 749 mm
Höhe: bis 249 mm
Dicken/Breiten: 75; 100; 125; 150;
                175; 200; 250; 300; 365; 375 mm
Sonderformate auf Anfrage

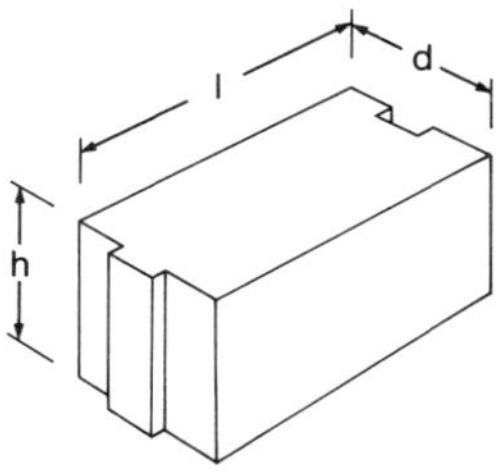

Abb. 1.3.1-2
Porenbeton-Plansteine und -Planbauplatten

Die Elemente sind bis *0,75 m²/Stück* groß und bis zu 375 mm dick.

Auch **Planbauplatten** für nichttragende, leichte Trennwände werden nach der Dünnbettechnik versetzt. Bei geringen Wanddicken gestatten größere Abmessungen noch ein Versetzen von Hand (bis *0,62 m²/Stück*).

Blocksteine nach DIN 4165 sind Mauersteine und werden nach DIN 1053 T 1 bis T 3 (Mauerwerk, Berechnung und Ausführung) vermauert. Sie haben Toleranzen und eine Fugenausbildung, welche denen von anderem vergleichbarem Mauerwerk entsprechen.

Lagerfugen werden stets vermörtelt. Die Stoßfugen im Blockstein-Mauer-

werk können alternativ ausgebildet sein als

• normal vermörtelte Stoßfuge, max. 10 mm breit,
• Stoßfuge mit Mörteltasche, wobei die Steine knirsch aneinander gestoßen und nach dem Versetzen der Steine die Mörteltaschen verfüllt werden,
• Stoßfuge mit Nut und Feder, wobei die Steine knirsch aneinander gestoßen werden und eine Vermörtelung entfällt.

Besonders bei Außenwänden empfiehlt sich die Anwendung von Leichtmörtel, damit nicht die Fugen zur Wärmebrücke werden und sich möglicherweise durch den Putz an der Wand abzeichnen.

Bauplatten nach DIN 4166 werden für nichttragendes Mauerwerk eingesetzt. Die geringeren Dicken erlauben größere Abmessungen und damit eine noch rationellere Herstellung des Mauerwerks.

Größere Bauteile, die, nur mit einer Transportbewegung versehen, hergestellt werden, sind geschoßhohe tragende **Wandtafeln**. Die Abmessungen reichen bis zu 3500 mm in der Höhe, bis zu 1500 mm in der Breite und bis zu 300 mm in der Dicke. Mehrere Tafeln können zu raumgroßen Elementen verbunden werden. Sie können für tragende Wände eingesetzt werden und sind entsprechend der bauaufsichtlichen Zulassung belastbar. Müssen zusätzlich horizontale Lasten aufgenommen werden, so sind die Bauteile den stati-

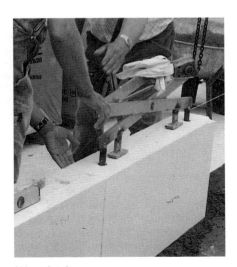

Abb. 1.3.1-3
Großformatige Planelemente können in Dünnbettverfahren mit leichten Hebezeugen versetzt werden

Blocksteine und Bauplatten
Länge: bis 615 mm
Höhe: bis 240 mm
Dicken/Breiten: 50; 75; 100; 115;
                125; 150; 175; 200;
                240; 300; 365; 375 mm
Sonderformate auf Anfrage

Blocksteine mit Nut und Feder
Länge: bis 624 mm
Höhe: bis 240 mm
Dicken/Breiten: 75; 100 115; 125;
                150; 175; 200; 240;
                300; 365; 375 mm
Sonderformate und Steine mit Mörteltasche auf Anfrage

Abb. 1.3.1-4
Porenbeton-Blocksteine werden in üblicher Mauerwerkstechnik verarbeitet, die Stoßfugen sind vermörtelt, mit Mörtel vergossen oder mit Nut und Feder bzw. glatt gestoßen. Die beiden letzten Ausführungsformen benötigen keine Vermörtelung der Stoßfugen.

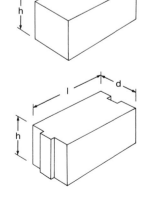

schen Erfordernissen entsprechend zu bewehren. Auch bei den geschoßhohen tragenden Wandtafeln gibt es drei Methoden, den Stoß (die vertikale Fuge) zu schließen:

- der Stoß mit Vergußnut, bei welchem die Tafeln knirsch gestoßen versetzt werden; die Längsnut wird anschließend mit Mörtel vergossen,
- der Stoß mit Nut und Feder, bei dem die Wandtafeln auf der Baustelle knirsch versetzt werden; er muß mit Dünnbettmörtel verarbeitet werden,
- der mit Kunstharzkleber verklebte Stoß, wie er z. B. angewendet wird, um werkseitig raumgroße Wandelemente herzustellen.

Mit Hilfe des Pfannengusses können auch Wandtafeln bis zu einer Höhe von

2800 mm und einer Breite von 6000 mm ausgeführt werden.

Ergänzend werden auch **Sonderbauteile** hergestellt mit dem Ziel, für das gesamte Gebäude gleichbleibende bauphysikalische Eigenschaften zu schaffen. Unbewehrte Sonderbauteile sind z. B.:

- U-Schalen bzw. Sturzschalen als Schalungssteine zur Herstellung von Ringankern, Ringbalken, Fenster- und Türstürzen sowie von senkrechten Schlitzen und Aussteifungssäulen im Porenbetonmauerwerk,
- Mehrzwecksteine, mit welchen flexibel anpaßbar die gleichen Funktionen erfüllt werden können wie mit U-Schalen,

- Verblendschalen, die je nach Bedarf aus dünnwandigen Trennwandplatten auf das gewünschte Format zugeschnitten werden können. Sie werden z. B. bei Decken oder Ringankern aus normalem Beton zum Zweck einer besseren Wärmedämmung eingesetzt.
- Steine mit Sonderhöhen für Wandhöhen, die vom Raster abweichen.

1.3.2 **Bewehrte Bauteile (Montagebauteile)**

Auf Biegung beanspruchte Bauteile müssen in der Lage sein, Zugkräfte aufzunehmen. Hierzu werden Porenbetonbauteile mit einer Bewehrung versehen, die wie beim Stahlbeton diese Funktion übernimmt. Die Bewehrung besteht bei Porenbeton aus punktgeschweißten und speziell korrosionsgeschützten Betonstahlmatten oder -körben, die entsprechend der Beanspruchung des Bauteils dimensioniert werden.

Liegend oder stehend angeordnete bewehrte Wandplatten werden in der Regel zur Ausfachung von Skelettbauten aus Stahl, Stahlbeton oder auch aus Holz eingesetzt. Sie können vor, zwischen oder hinter der Skelettkonstruktion montiert werden. Neben den bauphysikalischen Funktionen übernehmen sie die Ableitung der Eigen- und Windlasten auf die Tragkonstruktion und die Überbrückung von Wandöffnungen (Fenster, Türen, Tore). Sie werden in Abmessungen bis 7500 mm Länge, 750 mm Breite und 300 mm Dicke hergestellt. Die horizontalen Fugen sind entweder als glatter Stoß oder aber mit Nut und Feder ausgebildet, die Stirnseiten können ebenfalls einen glatten Stoß erhalten, oder aber mit einer Nut zum späteren Verguß mit Mörtel ausgestattet sein.

Andere Querschnitte bzw. Profilierungen eröffnen zusätzliche Gestaltungsmöglichkeiten für die Fassade. So kann z. B. durch Wandbauteile mit trapezförmigem Querschnitt, ggf. im Zusammenhang mit Sonderbauteilen, einer Fassade räumliche Tiefe und eine übergreifende plastische Form gegeben werden.

Geschoßhohe tragende bewehrte Wandtafeln übernehmen neben den

Abb. 1.3.1-5
Porenbeton-Wandtafeln, einsetzbar für Außen- und Innenwände

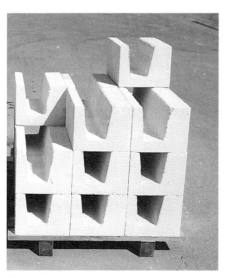

Abb. 1.3.1-6
U-Schalen und Mehrzweckstein zur Herstellung von Ringankern, Stürzen, senkrechten Schlitzen und Aussteifungen in Porenbetonmauerwerk

Abb. 1.3.2-1
Liegend angeordnete Wandplatten bei Skelettbauten

Glatte Längs-
seite bzw.
Stirnseite

Stirnseiten
bzw. Längs-
seiten

Nut und Feder
an den Längsseiten

Abb. 1.3.2-2
Längs- und Stirnseitenprofilierung von Wandplatten (schematisch)

vertikalen auch horizontale Lasten, z. B. aus dem Erddruck, wenn sie als Kellerwand eingesetzt werden. Sie werden in Mörtel versetzt und in den senkrechten Fugen knirsch gestoßen. Die Verbindung der Tafeln untereinander in den vertikalen Fugen erfolgt bei Nut und Feder mit Dünnbettmörtel, bei Vergußnuten durch einen Verguß mit Zementmörtel.

Die Abmessungen entsprechen denen unbewehrter Wandtafeln.

Decken- und Dachplatten aus Porenbeton werden entsprechend der Belastung bewehrt. Die maximalen Abmessungen liegen bei 7500 mm in der Länge und 750 mm in der Breite. Diese Bauteile aus Porenbeton erlauben Auskragungen – ähnlich wie Betonkonstruktionen. Die Maße möglicher Auskragungen sind in der jeweiligen Zulassung festgelegt. Im Normalfall ist

Abb. 1.3.2-3
Porenbeton-Wandplatten mit trapezförmigem Querschnitt

Abb. 1.3.2-4
Geschoßhohe, tragende bewehrte Wandtafeln als Kellerwand zur Aufnahme des Erddrucks

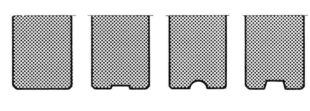

Glatte
Längsseite

Nuten an den
Längsseiten
bzw. Nuten
an den
Stirnseiten

Nut und Feder
an den Längsseiten

Abb. 1.3.2-5
Längs- und Stirnseitenprofilierung von Wandtafeln (schematisch)

Abb. 1.3.2-6
Porenbeton-Dach oder -Deckenplatten werden mit besonderen Hebevorrichtungen trocken verlegt. Sie können bei entsprechender Ausbildung der Auflager und der Fugen auch zur Scheibe verbunden und zur Aussteifung des Gebäudes herangezogen werden

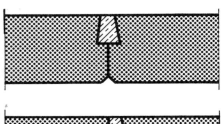

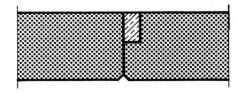

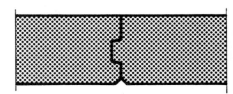

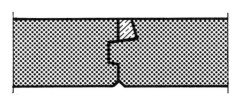

Abb. 1.3.2-7
Ausführungsmöglichkeiten für Vergußnut- und Nut- und Federausbildungen der Plattenlängsränder von Dachplatten (schematisch)

das Vergießen der Fugen und Anschlüsse ausreichend, so daß der Einbau weitgehend trocken erfolgen kann. Die Fugen können mit einer Nut- und Feder-Verbindung, mit einer Vergußnut oder auch mit einer Kombination aus beiden Verbindungstechniken ausgestattet sein. Außerdem ist es möglich, die Porenbetonbauteile so miteinander und mit der Unterkonstruktion zu verbinden, daß die Decke bzw. das Dach als Scheibe zur Aussteifung des Gebäudes herangezogen werden kann. Hierzu ist eine entsprechende Dimensionierung, die Verankerung und ggf. auch die Anordnung einer Überbetonschicht erforderlich.

Bewehrte Sonderbauteile ergänzen die Palette der Porenbetonbauteile in der Form, daß praktisch alle Rohbaufunktionen des Gebäudes durch den Baustoff Porenbeton erfüllt werden können und daß dadurch homogene Baukonstruktionen ermöglicht werden. Solche Sonderbauteile sind z. B.:

- Stürze, die für unterschiedliche Wandarten (z. B. aus Block- oder Plansteinen) und Wanddicken eingesetzt werden können und die neben geringem Gewicht und hoher Tragfähigkeit den Vorteil bieten, daß der Putzgrund mit dem des anschließenden Porenbetonmauerwerkes gleich und auch in diesen Bereichen die Homogenität garantiert ist. Selbst Bogenstürze in unterschiedlichen Formen und für unterschiedliche Stützweiten sind lieferbar.

- Treppenstufen als Blockstufen, aus welchen unterschiedlichste Treppenformen im Rohbau hergestellt werden können. Wie die Form sind auch die Laufbreiten und die Steigungshöhen für den jeweiligen Anwendungsbereich anpaßbar.

Abb. 1.3.2-8
Fertigsturz- und Treppenstufen als Beispiele für bewehrte Sonderbauteile aus Porenbeton

1.4 **Porenbeton-Bausysteme**

Gebäude sollten möglichst konsequent aus einem einheitlichen Baustoff erstellt werden. Dafür spricht, daß sich dadurch viele konstruktive und bauphysikalische Schwachstellen vermeiden lassen, die bei der Kombination unterschiedlicher Materialien nur zu häufig sind. Dafür spricht auch, daß sich die Bauteile aus dem gleichen Baustoff einfacher zu einem Bausystem kombinieren lassen. Porenbeton-Bausysteme wurden für die Anwendungsschwerpunkte »Wohnbau«, »Wirtschaftsbau« und »Ausbau« (Modernisierung) entwickelt. Dabei sind viele der Komponenten in beiden Systemen einsetzbar. Darüber hinaus sind die Porenbeton-Bausysteme sogenannte »offene« Systeme, flexibel anpaßbar, nicht nur an die unterschiedlichsten funktionellen Anforderungen, sondern auch kombinierbar mit unterschiedlichen Konstruktionen z. B. aus Stahl, Stahlbeton oder Holz. Das gilt nicht nur für die konstruktive, sondern auch für die bauphysikalische und maßliche Anpassungsfähigkeit an unterschiedliche Randbedingungen.

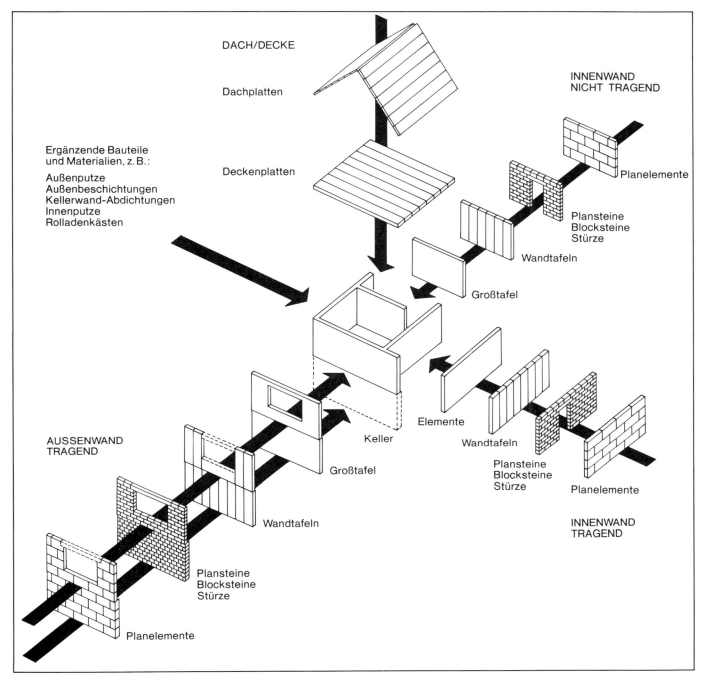

Abb. 1.4.1-1
Porenbeton-Bausysteme und ihre Komponenten

1.4.1 **Wohnbausysteme**

Porenbeton-Bausysteme für den Wohnbau sind dadurch gekennzeichnet, daß der Baustoff Porenbeton neben der Lastabtragung und der Aussteifung des Gebäudes auch die bauphysikalischen Funktionen des Wärmeschutzes, des Brandschutzes und des Schallschutzes übernimmt. Der gesamte Rohbau kann aus Porenbetonbauteilen erstellt werden. Befestigungsmittel und Oberflächenmaterialien sind darauf abgestimmt, Einbauteile wie Fenster, Türen etc. sind in bezug auf Maße und Anschlüsse problemlos integrierbar.

Für die Ausführung von **Kellerwänden** kommen die folgenden Bauteile in Frage:

- Porenbeton-Blocksteine, die außen geputzt und entsprechend der Beanspruchung gegen Feuchtigkeit abgedichtet werden,
- Porenbeton-Plansteine oder Planelemente, bei denen auf den Außenputz verzichtet werden kann, da aufgrund der geringen Toleranzen und der ebenen Oberfläche der Untergrund für den Dichtungsaufbau ausreicht.
- Porenbeton-Wandtafeln, auf welche eine Feuchtigkeitssperre ebenfalls unmittelbar aufgebracht werden kann, da eine ausreichend glatte Oberfläche vorhanden ist,
- Raumgroße Wandelemente, die bereits im Werk aus einzelnen Wandta-

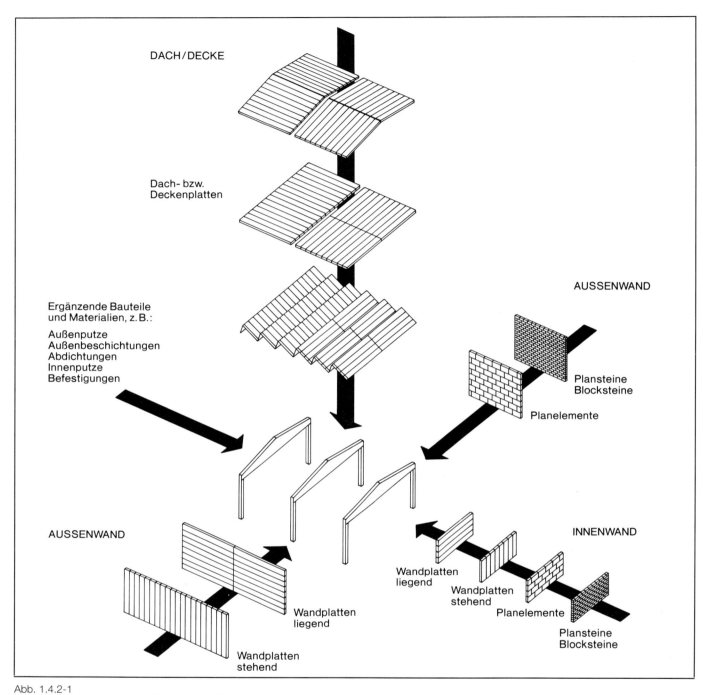

Abb. 1.4.2-1
Porenbeton-Bausysteme mit tragender Skelettkonstruktion und ihre Komponenten

feln hergestellt und mit den jeweils erforderlichen Einbauteilen komplett ausgerüstet werden.

Damit stehen Konstruktionen mit sehr unterschiedlichen Vorfertigungsgraden zur Verfügung, die jeweils entsprechend den Notwendigkeiten und Randbedingungen des Bauvorhabens eingesetzt werden können. Selbstverständlich ist es auch möglich, die Kelleraußenwände eines Porenbetonhauses in Beton oder Stahlbeton aus-

zuführen, wenn dies gewünscht oder erforderlich ist.

Die **Außenwände** können aus Blocksteinen, Plansteinen, Wandtafeln oder Elementen ausgeführt werden. Das Bausystem wird ergänzt durch:

• Außenputze, meist als einlagige Fertigputze (die ebenen Oberflächen bieten hierfür günstige Voraussetzungen), aber auch als Strukturputze,

• Zweischaliges Mauerwerk, mit Luftschicht oder Putzschicht (ehemals Schalenfuge),
• hinterlüftete Vorsatzschalen aus anderen Materialien, wie z. B. Faserzementplatten, Schiefer, Metall oder Holz,
• Außenbeschichtung als farbiger, diffusionsoffener Witterungsschutz.

Weitere Bauteile, die der jeweiligen Ausführung der Außenwand angepaßt sind, ergänzen das System. Es sind z. B.:

- Fertigstürze oder Stürze, die an Ort und Stelle mit Hilfe von U-Schalen hergestellt werden können,
- tragende oder nichttragende Rolladenkästen für unterschiedliche Öffnungsbreiten.

Innenwände – tragende und nichttragende – können ebenfalls aus Blocksteinen, Plansteinen, Bauplatten, Wandtafeln oder Elementen hergestellt werden. Zur Ausführung der Oberflächen kann gewählt werden zwischen Putzen, Beschichtungen und Verfliesungen.

Decken werden aus bewehrten Porenbeton-Deckenplatten hergestellt. Sie erfüllen innerhalb eines Wohnhauses im Zusammenhang mit den übrigen Bauteilen wesentliche Funktionen wie:

- Lastabtragung entsprechend der Bemessung für unterschiedliche Stützweiten und Belastungen,
- Aussteifung des Gebäudes als Deckenscheibe,
- Brandschutz als feuerbeständiges Bauteil,
- Schallschutz durch die Kombination mit schwimmendem Estrich und ggf. auch einer Unterdecke,
- Wärmeschutz bei einer Anordnung über Durchfahrten oder unbeheizten Räumen sowie als Kellerdecke und als Dachdecke.

Dächer aus bewehrten Porenbeton-Dachplatten werden ebenfalls im System hergestellt. Mit Porenbeton-Dachplatten können sowohl flache als auch geneigte Dächer ausgeführt werden. So sind auch Auskragungen und Gaubenkonstruktionen mit gleichen Bauteilen (und damit gleichem Material und gleichen bauphysikalischen Eigenschaften) möglich. Auch hier sind die Bausysteme offen für unterschiedliche Konstruktionen (z. B. Flachdach, geneigtes Dach, Sheddach) und Dachaufbauten (z. B. unbelüftetes (Warm-)Dach, belüftetes (Kalt-)Dach). Die massive Ausführung des Daches bringt wesentliche Vorteile in bezug auf den sommerlichen Wärmeschutz (Dämpfung der Temperaturamplituden) und den Schallschutz, was besonders in Bereichen mit hohem Außenlärmpegel wichtig ist.

Neben den eigentlichen Porenbetonbauteilen und -elementen gehören zu den Bausystemen **ergänzende Bauteile, Materialien, Werkzeuge und Arbeiten**. Alle diese Ergänzungen sind für ein in sich abgestimmtes System erforderlich. Dies gilt besonders, wenn es sich nicht um ein geschlossenes, sondern um ein nach vielen Seiten hin offenes System handelt, das auch die Möglichkeiten zum Anschluß an andere Systeme und Komponenten ermöglicht.

1.4.2 **Wirtschafts-bausysteme**

Im Wirtschaftsbau kommt es bei der Erstellung von Hallen- und Geschoßbauten auf die Vielseitigkeit und die Anpassungsfähigkeit des Bausystems an. Das gleiche gilt nicht nur für den jeweiligen Neubau von Betriebs- und Verwaltungsgebäuden, sondern in besonderem Maße auch für die immer wieder erforderlichen Anpassungen der vorhandenen Gebäude an neue Nutzungsarten. Die Erfüllung verschiedener Funktionen wie Lastabtragung, Wärmeschutz, Wärmespeicherung, Brandschutz und Schallschutz mit demselben Material macht Porenbeton-Bausysteme für den Wirtschaftsbau besonders geeignet.

Außenwände können in Porenbeton-Bausystemen für den Wirtschaftsbau sowohl ausfachend – die übliche Lösung bei Skelettbauten – als auch tragend erstellt werden. Für ausfachende Außenwände kommen in Frage:

- liegende Porenbeton-Wandplatten,
- stehende Porenbeton-Wandplatten.

Beide Arten sind auch mit nicht rechteckigem (z. B. trapezförmigem) Querschnitt oder mit profilierter Oberfläche einsetzbar.

Selbstverständlich kann die Ausfachung auch durch Porenbetonmauerwerk erfolgen:

- Porenbeton-Plansteine zur Verarbeitung mit Dünnbettmörtel,
- Porenbeton-Planelemente ebenfalls zur Verarbeitung mit Dünnbettmörtel,
- Porenbeton-Blocksteine, in konventioneller Mauerwerkstechnik verarbeitet,

- Porenbeton-Wandelemente, die in unterschiedlichen Dicken wandgroß vorgefertigt werden können.

Für die genannten Ausführungsarten kommen wiederum unterschiedliche Oberflächen in Frage: Beschichtungen oder Bekleidungen bzw. Putze bei Mauerwerk. Dadurch kann eine große Vielfalt bei der Konzeption der Außenwand genutzt werden – jeweils abgestimmt auf die übrigen Teile des Gebäudes.

Für **Innenwände** werden bei Porenbeton-Bausystemen für den Wirtschaftsbau eingesetzt:

- Porenbeton-Plansteine,
- Porenbeton-Planelemente,
- Porenbeton-Planbauplatten,
- Porenbeton-Blocksteine,
- Porenbeton-Bauplatten,
- Porenbeton-Wandplatten, stehend,
- Porenbeton-Wandplatten, liegend.

Dabei ist wiederum zu unterscheiden zwischen Innenwänden, die lediglich eine tragende Konstruktion ausfachen (ein Einsatzbereich für Wandplatten in liegender Anordnung) und solchen, die gleichzeitig eine tragende oder aussteifende Funktion mit übernehmen. Bei Ausführung der Oberflächen kann auch hier, wie bei den Wohnbausystemen, frei gewählt werden zwischen Putzen, Beschichtungen und Verfliesungen.

Decken können mit bewehrten Porenbeton-Deckplatten ausgeführt werden, die als Fertigteile bereits bei der Montage nahezu ihre volle Tragfähigkeit besitzen. Sie werden einfach verlegt und verankert. Lediglich die Fugen und die Verankerungen müssen mit Zementmörtel vergossen werden, so daß der Einbau ohne Schalung und weitgehend trocken möglich ist. Die Decken können bei entsprechender Ausführung (Fugenbewehrung, Ringanker) auch Horizontalkräfte aufnehmen, so daß sie als Scheiben auch zur Aussteifung des Gebäudes eingesetzt werden können. Besonders im Wirtschaftsbau ist es wichtig, daß Porenbeton-Decken aufgrund der Materialeigenschaften des Porenbetons sehr gute Kennwerte in bezug auf Wärme-, Schall- und Brandschutz aufweisen. Die Anforderungen werden so bereits im Rahmen der üblichen Dimensionierung ohne zusätzliche Maßnahmen erfüllt.

Dächer im Wirtschaftsbau können als Flachdächer oder geneigte Dächer (z. B. Sheddächer) aus Porenbeton-Dachplatten hergestellt werden. Wie die Deckenplatten sind sie entsprechend der Belastung bewehrt. Sie weisen aufgrund der Materialeigenschaften des Porenbetons bereits ohne zusätzliche Maßnahmen sehr gute Werte in bezug auf den Wärme-, Schall- und Brandschutz auf. Auch Porenbeton-Dächer können bei entsprechender Dimensionierung als Scheiben zur Aussteifung des Gebäudes eingesetzt werden.

Gerade im Wirtschaftsbau ist es wichtig, daß die Bausysteme aus Porenbeton durch **ergänzende Bauteile, Materialien, Werkzeuge und Arbeiten** als offene Systeme für die sehr unterschiedlichen Anforderungen anpaßbar sind.

1.4.3 Modernisierung

Modernisierungsmaßnahmen haben besonders im Wohnbau eine große Bedeutung. In vielen Fällen steht gerade in gut erschlossenen innerstädtischen Bereichen genügend Bausubstanz zur Verfügung, deren baulicher Zustand allerdings verbessert werden muß, damit er den heutigen Anforderungen der Nutzer gerecht werden kann. Das gilt für »alte« Gebäude, also Gebäude, die mehr als fünfzig, oft auch mehr als hundert Jahre alt sind und die zum Teil unter Denkmalschutz stehen. Es gilt aber in besonderem Maße für Gebäude aus den fünfziger und frühen sechziger Jahren, Gebäude also die maximal 40 Jahre alt sind. Häufig handelt es sich auch um Einfamilienhäuser, die z. B. nach einem Wechsel des Nutzers modernisiert, erweitert oder verändert werden.

Die Gründe für Modernisierungsmaßnahmen liegen überwiegend in der notwendigen Verbesserung des technischen Standards dieser Gebäude. Das gilt für Wärme- und Schallschutz, Sanitär- und Elektroinstallationen. Häufig sind es aber auch Nutzungsänderungen (Vergrößerung, Verkleinerung oder andere Anordnung von Wohneinheiten, Einliegerwohnungen, Praxen oder Büroräume), die dann auch eine Änderung der Konstruktion und der Haustechnik nach sich ziehen.

In anderen Bereichen des Bauwesens, insbesondere in denen des Wirtschaftsbaues, ist es meistens die Änderung der Nutzung, welche mehr oder weniger umfangreiche Arbeiten zur Modernisierung des Gebäudes notwendig macht.

Porenbeton-Bausysteme können aufgrund der Materialeigenschaften von Porenbeton sehr flexibel der jeweiligen Aufgabenstellung angepaßt werden. Diese Anpaßbarkeit ist bei Modernisierungsarbeiten noch wesentlich wichtiger als bei Neubauten. Porenbeton wird bei Modernisierungen aus den folgenden Gründen besonders gern eingesetzt.

- Das geringe Eigengewicht des Porenbetons erfordert in der Regel keine Verstärkung der vorhandenen alten Tragkonstruktion.
- Das geringe Materialgewicht erlaubt einen leichten Transport.
- Leichte Bearbeitbarkeit erlaubt gute Anpassungsmöglichkeiten an komplizierte Grundrisse und Formen.
- Der Aufwand bei Folgearbeiten (Schlitzen, Bohren, Fliesen etc.) ist gering.
- Ebene, glatte Materialoberflächen machen ein Verputzen überflüssig, Spachteln genügt.
- Besondere Mörtel, z. B. Kartuschen, erleichtern die Ausführung auch von Arbeiten mit geringem Umfang.

Veränderungen an der vorhandenen Bausubstanz werden bei nahezu jeder Modernisierungsmaßnahme erforderlich. Öffnungen für Fenster und Türen z. B. werden geschlossen oder neu angelegt, tragende oder nicht tragende Wandstücke sind neu aufzuführen und an bestehende Bauteile anzuschließen. Gerade für solche Anpassungsarbeiten ist Porenbeton in besonderem Maße geeignet:

- Die Plan- oder Blocksteine stehen in abgestuften Rohdichteklassen zwischen *0,40 und 0,80* und in Festigkeitsklassen von *2 bis 6 N/mm²* zur Verfügung. Dadurch kann jeweils das Material eingesetzt werden, das die erforderliche Tragfähigkeit besitzt.
- Der eingesetzte Porenbeton wird üblicherweise bei gleicher Tragfähigkeit eine geringere Rohdichte und damit auch geringere Wärmeleitfähigkeit haben als das anschließende Alt-Mauerwerk. Dies hilft, Wärmebrücken zu vermeiden.

- Der Porenbeton kann z. B. mit Säge, Schleifbrett, Fräse, Hobel, Kratzer oder Bohrer so leicht bearbeitet werden, daß er beliebig genau an die anschließenden Bauteile angepaßt werden kann.

In Altbauten findet man häufig Außenwände oder auch tragende Innenwände vor, deren Innenflächen so uneben sind, daß sie durch Verputzen allein nicht begradigt werden können. Hier bietet sich ein **»Hintermauern« mit Porenbeton-Planbauplatten** an (s. Abb. 1.4.3-1). Diese Ausführung bringt dann einen mehrfachen Effekt:

- es wird eine exakt ebene Oberfläche erstellt, die als Basis für Verspachtelung, Innenputz oder Verfliesung dienen kann,
- Löcher (z. B. für Schalter, Steckdosen und Durchbrüche) können mit geeignetem Werkzeug leicht hergestellt werden,
- der Wärmeschutz der Außenwand wird je nach der Dicke der Hintermauerung wesentlich verbessert, so daß sich weitere Wärmeschutzmaßnahmen häufig erübrigen,
- das geringe Gewicht der Porenbeton-Hintermauerung macht normalerweise keine zusätzlichen Maßnahmen für die Lastabtragung erforderlich,
- die Hintermauerung kann mühelos millimetergenau erstellt und mit der gleichen Genauigkeit auch an vorhandene Bauteile angepaßt werden – evtl. auch als Selbsthilfemaßnahme,

Abb. 1.4.3-1
Bei vorhandenen, aber schadhaften Wänden kann durch Hintermauerung bzw. Bekleidung mit Porenbeton-Planbauplatten gleichzeitig eine exakte ebene Oberfläche hergestellt und Wärmeschutz verbessert werden

- Sonderbauteile, wie z. B. Stürze ermöglichen es, im Material einheitlich zu bleiben – dies kommt einer einfachen Handhabung zugute und verhindert Bauschäden.

Zur **Ausfachung von Fachwerk** bieten sich Porenbetonbauteile geradezu an (s. Abb. 1.4.3-2). Ein Vergleich der Wärmeleitfähigkeit von Holz und Porenbeton zeigt, daß diese nahezu identisch sind. Der Porenbeton übernimmt, wie bei anderen Außenwänden auch, die Funktion der Wärmedämmung und des Feuchtigkeitsausgleichs. Die Gefache weichen häufig aus statischen oder architektonischen Gründen von der Rechteckform ab. Oft sind sie auch durch Setzungen oder Belastungen verformt. Die leichte Bearbeitbarkeit des Porenbetons ermöglicht dabei eine ideale Anpassung an Schrägen und Lotabweichungen. Er kann dazu auch unabhängig von der Dicke des jeweiligen Fachwerks dimensioniert werden. Das Fachwerk bleibt dann außen sichtbar. Porenbetonmauerwerk kann auch mit einer zusätzlichen inneren Wärmedämmung kombiniert werden. Das Detail wird man in der Regel so konzipieren, daß das Fachwerk außen sichtbar bleibt und der Porenbeton durch eine Putzschicht abgedeckt wird. Auch die Kombination von Porenbetonausfachung, Wärmedämmschicht und Porenbetoninnenschale ist möglich. Aufgrund von Untersuchungen am Fraunhofer Institut, Holzkirchen, erfüllen diese Ausfachungsvarianten alle Anforderungen des Wärme- und Feuchtigkeitsschutzes für die Renovierung oder den Neubau von Fachwerkbauten.

Verbundelemente aus Dämmstoff und Porenbeton (sog. Thermopanzer) eignen sich besonders zur nachträglichen Wärmedämmung von Außenwänden, wenn auf die Stabilität und Stoßfestigkeit der Außenschale besonderer Wert gelegt werden muß (s. Abb. 1.4.3-3).

Die Verbundelemente werden am Fußpunkt auf ein Sockelprofil aufgesetzt. Die Verbindung zum tragenden Mauerwerk wird mit Ansetzmörtel hergestellt. Zusätzlich werden die Elemente durch Tellerdübel gesichert. Die Porenbeton-Außenfläche wird dann z. B. durch einen Silikat-Außenputz mit Gewebeeinlage abgedeckt (Detail s. Abb. 2.3.7-7). Wichtig sind bei dieser Materialkombination weitere Eigenschaften:

Abb. 1.4.3-2
Das Anpassen von Porenbetonsteinen an vorhandene Strukturen – hier in altes Fachwerk – geschieht mit einfachen Hilfsmitteln, aber mit großer Genauigkeit

- die gesamte Konstruktion besteht aus nichtbrennbaren Materialien (Baustoffklasse A1 nach DIN 4102, Teil 4)
- sie ist diffusionsoffen, was zu einem besonders guten Feuchtigkeitsverhalten der Außenwand führt
- sie verbessert den Schallschutz der Außenwand ganz erheblich (bis zu 13 dB).

Es handelt sich also um eine Modernisierungsmaßnahme, in der die Vorzüge eines mehrschaligen Mauerwerks mit denen eines Wärmedämmverbundsystems kombiniert sind.

Für **Innenwände** – gleichgültig, ob es sich um tragende oder nichttragende Wände handelt – wird gerade bei Modernisierungsmaßnahmen gerne

Porenbeton eingesetzt (s. Abb. 1.4.3-4). Die Vorteile, insbesondere der Plansteine und der Planbauplatten, werden hier besonders wirksam:

- die Erstellung der Innenwände erfolgt durch den Einsatz von Dünnbettmörtel nahezu ohne Feuchtigkeit,
- die geringen Toleranzen erlauben es, lediglich einen Dünnspachtel aufzubringen und auf Null abzuziehen – auch hierdurch wird extrem wenig Feuchtigkeit in das Gebäude gebracht,
- die geringen Gewichte der Porenbetonbauteile bewirken einerseits, daß die zulässigen Lasten für das Gebäude leicht eingehalten werden

können – sie erlauben andererseits aber auch kurze Ausführungszeiten und einen Schutz vor körperlicher Überbeanspruchung für die Ausführenden.

Schließlich gelten bei Modernisierungsmaßnahmen auch die Materialvorteile im Schallschutz: nach DIN 4109 Bbl. 1 kann das bewertete Schalldämmaß bei Wänden aus Porenbeton mit einer flächenbezogenen Masse von ≤ 250 kg/m^2 um 2 dB höher angesetzt werden, als es sich aus der Masse allein ergeben würde (s. auch Tabl. 2.2.4-1).

Im Rahmen von Modernisierungsmaßnahmen werden oft **Verkleidungen**

von **Installationen** gefordert. Auch hier sind die geringen Fertigungstoleranzen und das geringe Gewicht von Vorteil für eine präzise und schnelle Herstellung dieser Bauteile. In den meisten Fällen werden für diesen Einsatzbereich Planbauplatten mit einer Dicke von 50 mm ausreichend sein. Aber auch Winkelsteine und U-Schalen kommen hierfür in Frage. Die leichte Bearbeitbarkeit erlaubt beliebige Anpassungen an die vorhandenen Bauteile und an die Installationen (s. Abb. 1.4.3-5).

Fliesen können im Dünnbettverfahren aufgebracht werden, da die Oberflächen hierfür ausreichend exakt sind. Durchbrüche können problemlos ausgeführt und Befestigungselemente leicht angebracht werden.

Auch für den Ersatz oder die Neukonstruktion von **Treppen** bei Modernisierungen läßt sich Porenbeton vorteilhaft einsetzen (s. Abb. 1.4.3-6). Alte Treppen werden häufig ersetzt, wenn die Stufen ausgetreten sind und die Lärmbelästigung (z. B. bei Holztreppen) beseitigt werden soll. Neue Treppen können z. B. bei der Aufstockung bisher eingeschossiger Gebäude notwendig werden. Treppenstufen aus Porenbeton werden als bewerte Sonderbauteile auch für geometrisch komplizierte Treppenformen exakt vorgefertigt. Sie können von zwei Mann verlegt werden. Der Belag kann dann beliebig ausgewählt werden. Der Vorteil liegt auch hier in der Homogenität des Materials Porenbeton, der Genauigkeit seiner Vorfertigung, insbesondere aber auch in seinem geringen Gewicht, das den Transport und die Montage auf engen Modernisierungs-Baustellen erleichtert.

Decken sind – speziell in der Form der Holzbalkendecke – häufig das Bauteil, das am dringendsten einer technischen Verbesserung im Rahmen eines Modernisierungsvorhabens bedarf. Mangelhafter Wärme- und Schallschutz, zu geringe Tragfähigkeit für eine veränderte Nutzung, möglicherweise auch Schäden an den Holzbalken, besonders an den Auflagern im Mauerwerk, können Anlaß für eine Sanierung oder den Einbau einer neuen Decke sein.

Wenn es bei gut erhaltenen und ausreichend tragfähigen Holzbalken darauf ankommt, den Wärme- und Schallschutz der Decke zu verbessern, dann

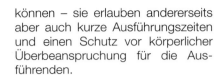

Abb. 1.4.3-3
Die Kombination von Porenbeton und Dämmstoff verbindet die Vorzüge von Wärmedämmverbundsystemen mit denen mehrschaligen Mauerwerks

Abb. 1.4.3-4
Trennwände, nichttragend oder auch tragend werden wegen des geringen Gewichtes und des einfach, fast trockenen Einbaus gern bei Modernisierungen eingesetzt

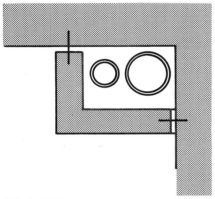

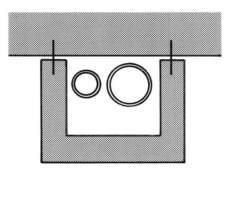

Abb. 1.4.3-5
Verkleidung von Installationen mit Bauplatten, Winkelsteinen und U-Schalen aus Porenbeton

Abb. 1.4.3-6
Massivtreppe aus bewehrten Porenbeton-Bauteilen. Die Stufen können mit Holz, Keramik, Naturstein oder auch Teppich belegt werden.

kann der konstruktive Aufbau verändert werden. Hierzu werden bis auf die Balken alle Teile der Decke entfernt. Zwischen den Balken werden auf Kanthölzern Füllkörper aus Porenbeton-Bauplatten eingelegt. Die Kanthölzer sind im unteren Bereich seitlich an den Balken angebracht. Oberhalb der Füllkörper kann bis zur Oberkante der Balken zusätzlich noch eine Schicht Mineralwolle eingesetzt werden. Oberhalb der Balken wird dann z. B. auf Spanplatten der Fußbodenbelag verlegt, während nach unten z. B. Putz auf Putzträger oder auch eine Holzverschalung angebracht werden kann. Für die akustische Wirksamkeit dieser Konstruktion ist es wichtig, daß sowohl die Füllkörper als auch der Fußboden gegen Körperschall gedämmt eingebracht werden. Hierzu dienen Mineralfaser- oder Filzstreifen an allen Auflagern sowie an den Wand-Anschlüssen (Abb. 1.4.3-7). Anstatt der Füllkörper kann auch eine Schüttung aus Porenbeton-Granulat in den Balken-Zwischenraum eingebracht werden. Dies ist vor allem dann eine günstige Alternative, wenn die Balkenlage große Unregelmäßigkeiten aufweist.

In den Fällen, in denen die Tragfähigkeit der vorhandenen Balkenlage für die neue Nutzung nicht ausreicht, kann sie dennoch erhalten werden, wenn in der gleichen Ebene oder auch darüber ein neues Tragsystem eingebaut wird. Zwischen die vorhandenen Holzbalken werden Stahlträger so eingezogen, daß zwischen ihnen eine Spannweite von z. B. 2500 mm entsteht. Die Oberkante der Stahlträger liegt dann oberhalb der vorhandenen Balken oder auch oberhalb des vorhandenen Fußbodens. Die Porenbeton-Deckenplatten mit einer Dicke von 100 mm, einer maximalen Länge von 2500 mm und einer maximalen Breite von 625 mm (Mindestbreite: 200 mm) können dann von Hand oder mit einfachen Montagehilfen auf den Stahlträgern verlegt werden. Nach dem Verlegen werden die Fugen vergossen und ein Estrich (z. B. Fließestrich) unmittelbar auf die Deckenplatten aufgebracht (Abb. 1.4.3-8). Zu beachten ist, daß durch die jetzt größere Konstruktionshöhe der Decke die lichte Raumhöhe reduziert wird.

Mit dieser Maßnahme kann nicht nur die Tragfähigkeit der Decken erhöht werden. Es entsteht gleichzeitig eine zweischalige Deckenkonstruktion mit erheblich verbessertem Schallschutz.

Eine dritte Möglichkeit ist, die vorhandene Decke völlig zu entfernen und eine neue massige Decke aus Porenbeton-Deckenplatten einzubringen. Man wird sich hierzu z. B. bei der Aufstockung eines Gebäudes entscheiden. Die Deckenplatten werden auf das bestehende Mauerwerk aufgelegt, wie bei einem Neubau untereinander verbunden und durch einen Ringanker gehalten. In diesem Fall ist es auch möglich, entsprechende Hebezeuge einzusetzen und dadurch eine rationelle Montage auszuführen. Die konstruktiven Einzelheiten sind im Kapitel 2.3.3 ausführlich dargestellt. Auch hier bieten die Porenbeton-Bauteile zusätzlich den Vorteil des geringen Gewichtes und des guten Wärmeschutzes.

Die **Aufstockung von Gebäuden** ist gleichermaßen eine Neubau- und eine Modernisierungsmaßnahme. Einerseits werden durch die Aufstockung Mängel des bestehenden Gebäudes beseitigt – so z. B. ein schadhaftes Flachdach –,

Holzdielen
Zusätzliche Wärmedämmung
Alter Holzbalken
Dämmstreifen, Mineralfaser
oder Filz, zur Trittschalldämmung
Porenbeton-Füllkörper

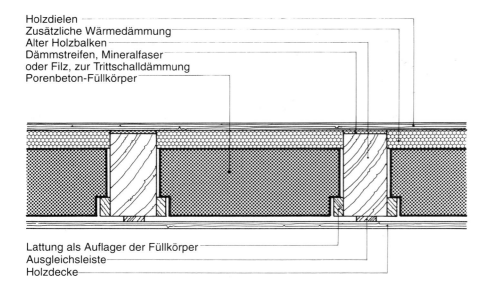

Lattung als Auflager der Füllkörper
Ausgleichsleiste
Holzdecke

Holzdielen
Zusätzliche Wärmedämmung
Alter Holzbalken
Dämmstreifen, Mineralfaser
oder Filz, zur Trittschalldämmung
Porenbeton-Füllkörper

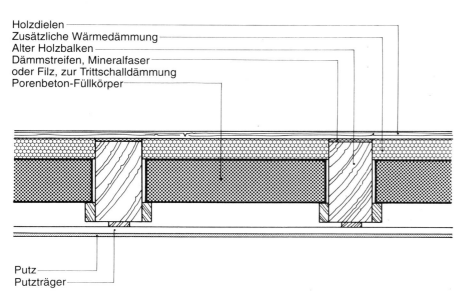

Putz
Putzträger

Abb. 1.4.3-7
Holzbalkendecke, akustisch und thermisch verbessert durch Füllkörper aus Porenbeton

andererseits wird neuer Raum geschaffen und das Gebäude so stark verändert, daß viele baurechtliche, konstruktive, haustechnische und gestalterische Aspekte berücksichtigt werden müssen.

Die **baurechtlichen Bedingungen**, wie sie in der jeweiligen Landesbauordnung und in der Regel auch im Bebauungsplan festgelegt sind, müssen eingehalten werden. Nur in begründeten Sonderfällen wird hier eine Ausnahmegenehmigung erteilt werden können. Die wichtigsten dieser baurechtlichen Bedingungen sind:

- **Abstandsflächen** zur Grundstücksgrenze bzw. zur benachbarten Bebauung; die Abstandsflächen haben ihre Begründung vor allem in der Sicherstellung einer ausreichenden Belichtung und im Brandschutz; sie sind damit unmittelbar von der Höhe des Gebäudes abhängig; bei Aufstockungen ist ihre Einhaltung besonders wichtig.
- **Geschoßflächenzahl** (GFZ); durch eine Aufstockung verändert sich die Bruttogeschoßfläche des Gebäudes und damit das Verhältnis der Bruttogeschoßfläche zur Grundstücksfläche (GFZ), es ist zu prüfen, ob sie

dennoch in dem zulässigen Rahmen bleibt.
- **Grundflächenzahl** (GRZ); die Grundfläche eines Gebäudes und damit die Grundflächenzahl wird durch eine Aufstockung nicht verändert.
- **Geschoßzahl:** die maximal zulässige Anzahl von Vollgeschossen wird im Bebauungsplan festgelegt und hat Einfluß auf viele Anforderungen bauaufsichtlicher Art; bei Aufstockungen ändert sich die Zahl der Vollgeschosse, wenn das zusätzlich errichtete Geschoß über mindestens $2/3$ seiner Grundfläche die für Aufenthaltsräume erforderliche lichte Raumhöhe hat.
- **Mindestraumhöhe** z. B. für Aufenthaltsräume in Vollgeschossen 2,50 m, in Dachgeschossen 2,30 m.
- **weitere Festlegungen** können entsprechend den Vorgaben des jeweiligen Bebauungsplanes First- oder Traufhöhen, die Dachneigung und ggf. auch Einzelheiten der Gestaltung der Außenwand betreffen.

Aus diesen baurechtlichen Bedingungen ergibt sich, wie bei einem Neubau auch, der mögliche Umfang der Aufstockung.

Eine wesentliche Randbedingung für eine Aufstockung ist die **Standsicherheit** des Gebäudes. Eigenlasten und Verkehrslasten aus der Aufstockung müssen sicher über die vorhandene Bausubstanz oder, falls diese nicht ausreichend tragfähig ist, über geeignete Verstärkungen abgetragen werden. Aufgrund des relativ geringen Gewichts – etwa ein Drittel des Normalbetongewichtes – treten jedoch i. d. R. keine statischen Probleme auf. Ein Nachweis der Standsicherheit wird mit dem Bauantrag erstellt.

Grundsätzlich gibt es zwei Möglichkeiten, das Haus aufzustocken. Im ersten Fall wird der Raum unter dem Dach durch einen Kniestock erhöht und dadurch vergrößert. Dazu muß das alte Dach abgetragen und durch ein neues ersetzt werden (Abb. 1.4.3-9). Im anderen Fall kann ein komplettes neues Stockwerk auf das alte gesetzt werden (Abb. 1.4.3-10). Bei beiden Möglichkeiten wird ein neues Dach aufgebracht. Hier bietet das Porenbeton-Massivdach eine gute bauphysikalische und technische Lösung. Nach Erstellen der Giebelwände können die Porenbeton-

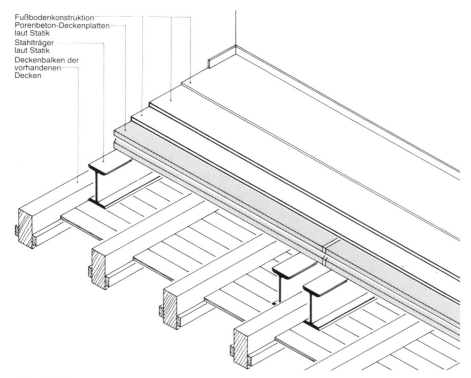

Fußbodenkonstruktion
Porenbeton-Deckenplatten laut Statik
Stahlträger laut Statik
Deckenbalken der vorhandenen Decken

Abb. 1.4.3-8
Sanierung einer Holzbalkendecke durch Porenbeton-Deckenplatten mit eigenem Tragsystem aus Stahlträgern

Dachplatten montiert und die Ringanker erstellt werden. Grundsätzlich sind auf Porenbeton-Dachplatten alle üblichen Eindeckungen möglich.

Die neu errichteten Bauteile müssen den Anforderungen der Wärmeschutzverordnung (s. Kap. 2.2.1) genügen. Der geschaffene Wohnraum macht einen zusätzlichen Wärmebedarf erforderlich. Im Rahmen der Aufstockung sollte unter Berücksichtigung der neuen Heizanlagenverordnung die Chance genutzt werden, den Wirkungsgrad der bestehenden Heizanlage zu überprüfen bzw., wenn nötig, zu verbessern.

In bezug auf die **Gestaltung** läßt der Einsatz von Porenbeton bei Aufstockungen die größtmögliche Freiheit. Eine Anpassung an die vorgefundene Bausubstanz, wie sie bei charaktervollen älteren Gebäuden wünschenswert erscheinen mag, ist ebenso möglich, wie ein Erscheinungsbild, das dem neuen Teil mit dem Bestehenden ein unverwechselbar neues Gesicht gibt. Viele Beispiele aus der Praxis geben ein Zeugnis für diese Freiheit.

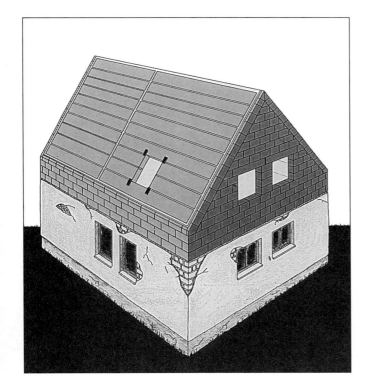

Abb. 1.4.3-9
Bauteile aus Porenbeton für Kniestock, Giebel und Dachfläche bewirken guten Schall- und Wärmeschutz – insbesondere auch unter sommerlichen Klimabedingungen ergibt sich ein angenehmes Raumklima

Abb. 1.4.3-10
Aufstockung mit Porenbeton-Plansteinen und -Deckenplatten

2 Bauen mit Porenbeton

2.1 Bemessung

Allgemeine Grundlage für die Bemessung von Gebäuden und Gebäudeteilen sind unabhängig vom Material die jeweiligen Landesbauordnungen, die einheitlichen technischen Baubestimmungen (ETB) sowie die Zulassungen.

Auf die Besonderheiten, die sich aus den günstigen Materialeigenschaften von Porenbeton ergeben – insbesondere die hohe Tragfähigkeit bei geringem Gewicht – wird im folgenden jeweils besonders hingewiesen.

2.1.1 Gesetze, Zulassungen, Normen

Die **Landesbauordnungen** der einzelnen Bundesländer sind Rechtsgrundlage für die Erteilung der allgemeinen bauaufsichtlichen Zulassungen und darüber hinaus Rahmenbedingungen für die Errichtung, Veränderung und Unterhaltung von Bauteilen, Baukonstruktionen und baulichen Anlagen.

Die **Zulassungsbescheide** werden durch das Deutsche Institut für Bautechnik, Berlin, jeweils einzelnen Herstellern erteilt, auch wenn es sich um gleiche Bauteile handelt. Die jeweils aktuellen Zulassungsbescheide stellen die Porenbetonhersteller zur Verfügung. Es bestehen Zulassungen für:

- Bewehrte Dachplatten aus dampfgehärtetem Porenbeton der Festigkeitsklassen 3,3 und 4,4
- Bewehrte Dachplatten aus dampfgehärtetem Porenbeton der Festigkeitsklassen 3,3 und 4,4 mit Nut- und Feder-Verbindung ohne Vermörtelung
- Dachscheiben aus bewehrten Dachplatten aus dampfgehärtetem Porenbeton der Festigkeitsklassen 3,3 und 4,4
- Bewehrte Deckenplatten aus dampfgehärtetem Porenbeton der Festigkeitsklassen 3,3 und 4,4
- Bewehrte Wandplatten aus dampfgehärtetem Porenbeton der Festigkeitsklassen 3,3 und 4,4
- Nagellaschenverbindung (Zug- und Hakenlaschen) zur punktförmigen Befestigung von bewehrten Wandplatten aus dampfgehärtetem Porenbeton der Festigkeitsklassen 3,3 und 4,4
- Geschoßhohe tragende Wandtafeln aus unbewehrtem oder bewehrtem dampfgehärtetem Porenbeton
- Mauerwerk aus Planelementen
- Mauerwerk aus Planelementen W
- Bewehrte Stürze aus dampfgehärtetem Porenbeton der Festigkeitsklasse 4,4 ohne Schrägbewehrung

Die im Anhang aufgeführten **Normen** sind für die Herstellung von Porenbetonbauteilen, ihre Bemessung und für die Ausführung von Gebäuden zu beachten. Angesichts der Vielfalt möglicher Bauausführungen können im Einzelfall weitere Normen hinzukommen, die ebenfalls anzuwenden sind.

2.1.2 Lastannahmen

Lastannahmen für Bauten sind in DIN 1055 als Rechenwerte festgelegt. Abweichende Annahmen müssen durch das Prüfzeugnis einer anerkannten Materialprüfanstalt bestätigt werden.

Eigenlasten für tragende und nichttragende Bauteile und Baustoffe sind der DIN 1055 Teil 1 zu entnehmen. In Ergänzung dazu sind die Eigenlasten für Porenbetonbauteile in den Tabellen 2.1.2-1 und 2.1.2-3 aufgelistet.

Lotrechte und waagerechte Verkehrslasten sind in DIN 1055 T 3 in Tabellen aufgeführt.

Windlasten auf vertikale, geneigte und horizontale Flächen werden aus dem Staudruck (s. Tab. 2.1.2-4) und einem Beiwert c_p (s. Tab. 2.1.2-5 bis 2.1.2-8) berechnet:

$$w = c_p \cdot q \ [kN/m^2]$$

Dabei kann die Windlast w als Druck und als Sog auftreten.

In der Norm sind die Verhältnisse an der Attika nicht geregelt, daher wurden die

Tab. 2.1.2-1 **Rechenwerte für Eigenlasten von Porenbeton-Dach-, -Decken- und -Wandplatten**

Festigkeitsklasse	3,3	3,3 / 4,4	4,4	Dimensionen
Rohdichteklasse	0,5	0,6	0,7	–
Rechenwert für Eigenlasten nach DIN 1055	6,2	7,2	8,4	[kN/m³]
Dicken	100 125 150 175 200 225 240 250 300	100 125 150 175 200 225 240 250 300	100 125 150 175 200 225 240 250 300	[mm]
Eigenlast	0,62 0,78 0,93 1,09 1,24 1,40 1,49 1,55 1,86	0,70 0,90 1,08 1,26 1,44 1,62 1,73 1,80 2,16	0,64 1,05 1,26 1,47 1,68 1,89 2,02 2,10 2,52	[kN/m²]

Tab. 2.1.2-2 **Rechenwerte für Eigenlasten von Porenbeton-Wandtafeln und Elementen**

	3,3	3,3 / 4,4	4,4	6,6	Dimensionen
Festigkeitsklasse	3,3	3,3 / 4,4	4,4	6,6	Dimensionen
Rohdichteklasse	0,5	0,6	0,7	0,8	–
Rechenwert für Eigenlasten nach Zul. unbewehrt nach Zul. bewehrt	6,0 6,2	7,0 7,2	8,0 8,4	9,0 –	[kN/m³]
Dicken	100 125 150 175 200 225 240 250 300	100 125 150 175 200 225 240 250 300	100 125 150 175 200 225 240 250 300	auf Anfrage	[mm]
Eigenlast unbewehrt Eigenlast bewehrt	0,60 0,75 0,90 1,05 1,20 1,35 1,44 1,50 1,80 0,62 0,78 0,93 1,09 1,24 1,40 1,49 1,55 1,86	0,70 0,88 1,05 1,23 1,40 1,58 1,68 1,75 2,10 0,72 0,90 1,08 1,26 1,44 1,62 1,73 1,80 2,16	0,80 1,00 1,20 1,40 1,60 1,80 1,92 2,00 2,40 0,84 1,05 1,26 1,47 1,68 1,89 2,02 2,10 1,52		[kN/m²] [kN/m²]

folgenden Werte in Anlehnung an die Norm und aufgrund von Versuchsergebnissen der Aerodynamischen Untersuchungsstelle für bauliche Anlagen der Landesgewerbeanstalt Bayern, München, ermittelt. Für den gesamten Attikabereich, unabhängig vom Rand- oder Eckbereich und unabhängig vom Verhältnis h/a oder b/a, also für beliebige Gebäude, sind c_p-Beiwerte entsprechend Abb. 2.1.2-5 und Tab.

2.1.2-6 anzusetzen. Für die Bemessung von Porenbeton-Dachplatten und für den ggf. erforderlichen Abhebenachweis wird, wie bei Wandplatten, zwischen Druckbeiwerten und Sogbeiwerten unterschieden. Für Teilbereiche, wie Dachränder und Eckbereiche, sind zusätzliche Lasten in Ansatz zu bringen. Auch für Bauwerke, die auf einer oder mehreren Seiten offen sind oder geöffnet werden können,

gelten besondere Annahmen (s. Abb. 2.1.2-5).

Die **Schneelast** für eine Dachfläche errechnet sich als

$$S = k_s \cdot S_o \ [kN/m^2]$$

Hiermit bedeuten:

S Schneelast [kN/m²]

k_s Abminderungswert in Abhängigkeit von der Dachneigung gem. Abb. 2.1.2-9

S_o Regelschneelast in Abhängigkeit von der Schneelastzone und der Geländehöhe des Bauwerkstandortes gem. Tab. 2.1.2-10

Sie wird in der Regel als volle Schneelast untersucht. Über die Notwendigkeit, ggf. zusätzliche Untersuchungen anzustellen, finden sich weitere Angaben in DIN 1055.

Tab. 2.1.2-3
Rechenwerte für Eigenlasten von Porenbeton-Plan- und -Blocksteinen, -Planelementen sowie -Stürzen [kN/m³]

Festigkeitsklasse	2				4					6			8	4,4
Rohdichteklasse	0,35	0,40	0,45	0,50	0,55	0,60	0,65	0,70	0,80	0,65	0,70	0,80	0,80	0,70
Plansteine	4,5	5,0	5,5	6,0	6,5	7,0	7,5	8,0	9,0	7,5	8,0	9,0	9,0	–
Blocksteine mit Normalmörtel	–	–	–	7,0	7,5	8,0	8,5	9,0	10,0	8,5	9,0	10,0	10,0	–
mit Leichtmörtel	–	–	–	6,0	6,5	7,0	–	–	–	–	–	–	–	–
Stürze	–	–	–	–	–	–	–	–	–	–	–	–	–	8,4

Tab. 2.1.2-4
Windgeschwindigkeit und Staudruck q in Abhängigkeit von der Höhe über Gelände (nach DIN 1055 T 4).
In Abhängigkeit von örtlichen topographischen Einflüssen können Windgeschwindigkeiten auftreten, die von den in der Tabelle angegebenen Werten abweichen. Ist ein Bauwerk, z.B. auf einer das umliegende Gelände steil und hoch überragenden Erhebung, dem Windangriff besonders stark ausgesetzt, so ist bei der Festsetzung der Windlast mindestens von dem Staudruck $q = 1,1\ kN/m^2$ auszugehen.

Höhe über Gelände m	Windgeschwindigkeit v [m/s]	Staudruck q [kN/m²]
von 0 bis 8	28,3	0,5
über 8 bis 20	35,8	0,8
über 20 bis 100	42,0	1,1
über 100	45,6	1,3

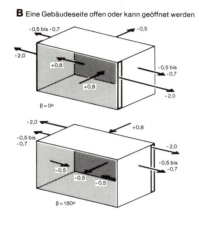

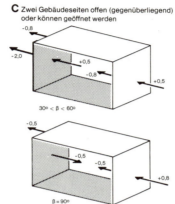

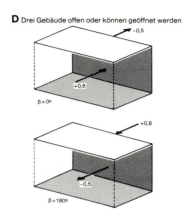

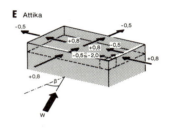

A Allseitig geschlossenes Gebäude

B Eine Gebäudeseite offen oder kann geöffnet werden

C Zwei Gebäudeseiten offen (gegenüberliegend) oder können geöffnet werden

D Drei Gebäude offen oder können geöffnet werden

E Attika

Tab. 2.1.2-6 **Windlastannahmen für Gebäude gem. Abb. 2.1.2-5**

Art des Baukörpers	Verhältnis $h/a^{1)}$	Art der Windrichtung und daraus resultierender Beiwerte C_p für		Zuschlag 25 %²) auf den Druckbeiwert	Errechnete Windbelastung in Abhängigkeit von:			
		Druck (+)	Sog (–)		Wandhöhen h ≤ 8 m		Wandhöhen h > 8 < 20 m	
					$q = 0{,}5$ [kN/m²]	W [kN/m²]	$q = 0{,}8$ [kN/m²]	W [kN/m²]
A	≤ 0,25	+0,8	–0,5¹⁾	1,25 · c_p	1,25 · 0,8 · 0,5	0,50	1,25 · 0,8 · 0,8	0,80
	≥ 0,50	+0,8	–0,7¹⁾	1,25 · c_p	1,25 · 0,8 · 0,5	0,50	1,25 · 0,8 · 0,8	0,80
	beliebig	–	–2,0 im Randbereich³) 1 m ≤ a/8 ≤ 2 m	–	2 · 0,5	1,00	2 · 0,8	1,60
B	≤ 0,25	+0,8	–0,5¹⁾	1,25 · c_p	1,25 · 0,8 · 0,5 + 0,5 · 0,5	0,75	1,25 · 0,8 · 0,8 + 0,5 · 0,8	1,20
	≥ 0,50	+0,8	–0,7¹⁾	1,25 · c_p	1,25 · 0,8 · 0,5 + 0,7 · 0,5	0,85	1,25 · 0,8 · 0,8 + 0,7 · 0,8	1,36
	beliebig	+0,8	–2,0 im Randbereich³) 1 m ≤ a/8 ≤ 2 m	1,25 · c_p	2,0 · 0,5 + 1,25 · 0,8 · 0,5	1,50	2,0 · 0,8 + 1,25 · 0,8 · 0,8	2,40
C	beliebig	0,5	–0,8	1,25 · c_p	1,25 · 0,8 · 0,5 + 0,5 · 0,5	0,75	1,25 · 0,8 · 0,8 + 0,5 · 0,8	1,20
	Die ungünstigere Kombination ist zu wählen:	+0,8	–0,5					
	beliebig	+0,5	–2,0 im Randbereich³) 1 m ≤ a/8 ≤ 2 m	1,25 · c_p	2,0 · 0,5 + 1,25 · 0,5 · 0,5	1,31	2,0 · 0,8 + 1,25 · 0,5 · 0,8	2,10
D	beliebig	+0,8	–0,5	1,25 · c_p	1,25 · 0,8 · 0,5 + 0,5 · 0,5	0,75	1,25 · 0,8 · 0,8 + 0,5 · 0,8	1,20
	beliebig	+0,8	–2,0 im Randbereich³) 1 m ≤ a/8 ≤ 2 m	1,25 · c_p	2,0 · 0,5 + 1,25 · 0,8 · 0,5	1,50	2,0 · 0,8 + 1,25 · 0,8 · 0,8	2,40
E	beliebig	+0,8	–0,5	1,25 · c_p	1,25 · 0,8 · 0,5 + 0,5 · 0,5	0,75	1,25 · 0,8 · 0,8 + 0,5 · 0,8	1,20
	beliebig (Eckbereich)	+0,8	–2,0 im Randbereich³) a/8 bzw. b/8 (keine Begrenzung auf 2 m)	1,25 · c_p	2,0 · 0,5 + 1,25 · 0,8 · 0,5	1,50	2,0 · 0,8 + 1,25 · 0,8 · 0,8	2,40

Abb. 2.1.2-5
Windlastnahmen für Gebäude in Abhängigkeit von der Art des Baukörpers und der Windrichtung. Die Abbildungen verdeutlichen die in Tabelle 2.1.2-6 errechneten Windlasten für verschiedene Baukörper. Die Windangriffsrichtung ist durch ∢ß gegeben

¹⁾ Bei den Sog-Beiwerten darf interpoliert werden, wenn $0{,}5 > h/a > 0{,}25$
²⁾ Für Fassadenelemente; weil Einzugsfläche der Einzelplatten kleiner als 15 % der Wandfläche
³⁾ Im Randbereich ist dem Sog von $c_p = -2{,}0$ ein Druck von $1{,}25 · c_p · q$ zu überlagern.

Tab. 2.1.2-7 **Windlastannahmen für Gebäude mit Sattel-, Pult- und Flachdächern beliebiger Ausführung**

Art des Daches bzw. der Dachneigung		Verhältnis h/a	Art der Windeinwirkung und daraus resultierender Beiwert c_p		Bemerkungen
			Druck (+)	Sog (−)	
$\alpha \leq 25°$	Mittelbereich	> 0,4	–	– 0,8	siehe auch DIN 1055 Teil 4 Tab. 11 Fußnote [3]
$\alpha \leq 25°$	Randbereich		–	– 1,8	
$\alpha \leq 25°$	Eckbereich		–	– 3,2	
α = wie oben	Dachüberstände	beliebig	+ 0,8	wie oben	z.B. 0,8 + 1,8 = 2,6 · q oder 0,8 + 3,2 = 4,0 · q
$25° \leq \alpha_{LUV} \leq 50°$	Mittelbereich	beliebig	$\frac{0,5}{25} \cdot \alpha_{LUV} - 0,2$	– 0,6	Mittelbereich: bei $25° \leq \alpha \leq 40°$ ist entweder Druck oder Sog in Ansatz zu bringen, je nachdem welcher Wert ungünstiger ist.
$25° \leq \alpha \leq 35°$	Randbereich		–	– 1,1	
$25° \leq \alpha \leq 35°$	Eckbereich		–	– 1,8	
α = wie oben	Dachüberstände	beliebig	+ 0,8	wie oben	z.B. 0,8 + 1,1 = 1,9 · q oder 0,8 + 1,8 = 2,6 · q
$\alpha > 50°$		beliebig	+ 0,8	–	siehe auch Bemerkung zu $25° \leq \alpha \leq 40°$ Rand- und Eckbereich: Keine Sogspitzen, siehe aber Mittelbereich $25° \leq \alpha \leq 40°$
$\alpha - 75°$ bis + 40°	Mittelbereich		–	– 0,6	
$\alpha < 35°$	Randbereich		–	– 0,6	
$\alpha < 35°$	Eckbereich		–	– 0,6	
α = wie oben	Dachüberstände	beliebig	+ 0,8	wie oben	z.B. 0,8 + 0,6 = 1,4 · q

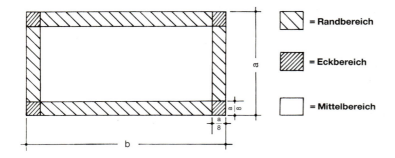

= Randbereich

= Eckbereich

= Mittelbereich

Tab. 2.1.2-8
Windlastannahmen für Gebäude mit Sattel-, Pult- und Flachdächern ≤ 8°.
Genauer Nachweis für Teilbereiche

Art des Daches bzw. der Dachneigung		Verhältnis	Art der Windeinwirkung und daraus resultierender Beiwert c_p		Bemerkungen
		h/a	Druck (+)	Sog (–)	
α ≤ 8°	Randbereich	≤ 0,4	–	– 1,0	Beispiel A genauere Werte für Teilbereiche (Rand- und Eckbereiche) von Flachdächern bei einem Verhältnis b/a < 1,5
		> 0,4	–	– 1,5	
α ≤ 8°	Eckbereich	≤ 0,4	–	– 2,0	
		> 0,4	–	– 2,8	
α = wie oben	Dach-überstände	beliebig	+ 0,8	wie oben	z.B. 0,8 + 1,5 = 2,3 · q oder 0,8 + 2,8 = 3,6 · q
α ≤ 8°	Randbereich	≤ 0,4	–	– 1,0	Beispiel B genauere Werte für Teilbereiche (Rand- und Eckbereiche) von Flachdächern bei einem Verhältnis b/a > 1,5
		> 0,4	–	– 1,7	
α ≤ 8°	Eckbereich	≤ 0,4	–	– 2,5	
		> 0,4	–	– 3,0	
α = wie oben	Dach-überstände	beliebig	+ 0,8	wie oben	z.B. 0,8 + 1,7 = 2,5 · q oder 0,8 + 3,0 = 3,8 · q

Dachgrundriß für Beispiel A
(b/a < 1,5)

Dachgrundriß für Beispiel B
(b/a > 1,5)

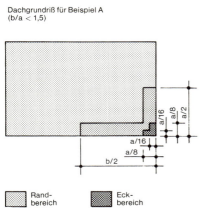
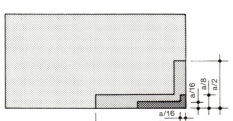

Rand-bereich   Eck-bereich

Tab. 2.1.2-9
Abminderungsbeiwert k_s in Abhängigkeit von der Dachneigung (nach DIN 1055 T 5)

α	0°	1°	2°	3°	4°	5°	6°	7°	8°	9°
0–30°	1,0									
30°	1,00	0,97	0,95	0,92	0,90	0,87	0,85	0,82	0,80	0,77
40°	0,75	0,72	0,70	0,67	0,65	0,62	0,60	0,57	0,55	0,52
50°	0,50	0,47	0,45	0,42	0,40	0,37	0,35	0,32	0,30	0,27
60°	0,25	0,22	0,20	0,17	0,15	0,12	0,10	0,07	0,05	0,02
70–90°	0									

Tab. 2.1.2-10
Regelschneelast S_o in Abhängigkeit von der Schneelastzone und der Geländehöhe des Baustandortes [kN/m²] (nach DIN 1055 T 5)

Geländehöhe des Bauwerk-standortes über NN	Schneelastzone			
m	I	II	III	IV
≤ 200	0,75	0,75	0,75	1,00
300	0,75	0,75	0,75	1,15
400	0,75	0,75	1,00	1,55
500	0,75	0,90	1,25	2,10
600	0,85	1,15	1,60	2,60
700	1,05	1,50	2,00	3,25
800	1,25	1,85	2,55	3,90
900		2,30	3,10	4,65
1000			3,80	5,50
> 1000	Wird im Einzelfalle durch die zuständige Baubehörde im Einvernehmen mit dem Zentralamt des Deutschen Wetterdienstes in Offenbach festgelegt.			

In Berlin beträgt die Regelschneelast $S_o = 0,75$ kN/m²

2.1.3 Mauerwerk

Die Bemessung von Porenbetonmauerwerk erfolgt grundsätzlich auf der Basis der DIN 1053 Teil 1 bis 3, der Stoffnorm für Blocksteine und Plansteine aus Porenbeton (Gasbeton) DIN 4165 sowie der jeweiligen Zulassungen.

Für den Standsicherheitsnachweis kann in der Regel das vereinfachte Verfahren nach DIN 1053 Teil 1 angewendet werden. Die Bedingungen hierfür sind:

- Gebäudehöhe (bzw. Mittel von First- und Traufenhöhe) max. 20 m
- Stützweite der aufliegenden Decken l ≤ 6.0 m oder Begrenzung der Biegemomente aus dem Deckendrehwinkel durch konstruktive Maßnahmen
- Einhaltung der in Tab. 2.1.3-1 aufgeführten Voraussetzungen.

Sind diese Bedingungen nicht erfüllt, so kann der Standsicherheitsnachweis nach DIN 1053 Teil 2 geführt werden.

Als **Spannungsnachweis** wird nach dem vereinfachten Verfahren nachgewiesen, daß die zulässigen Druckspannungen

$$zul. \quad \sigma_D = k \cdot \sigma_o$$

nicht überschritten werden. Darin bedeuten:

k Abminderungsfaktor nach Tab. 2.1.3-2

σ_o Grundwert der zulässigen Druckspannungen nach Tab. 2.1.3-3 bzw. Tab. 2.1.3-4.

Tab. 2.1.3-1
Voraussetzungen für die Anwendung des vereinfachten Verfahrens nach DIN 1053 T 1

Bauteil	Voraussetzungen		
	d [mm]	h_s	p [kN/m²]
Innenwände	≥ 115 < 240	≤ 2,75 m	
	≤ 240	–	≤ 5
einschalige Außenwände	≥ 175[1] < 240	≤ 2,75 m	
	≥ 240	≤ 12 · d	
Tragschale zweischaliger Außenwände und zweischalige Haustrennwände	≥ 115[2] < 175[2]	≤ 2,75 m	≤ 3[3]
	≥ 175 < 240		≤ 5
	≥ 240	≤ 12 · d	

[1] Bei eingeschossigen Garagen und vergleichbaren Bauwerken, die nicht zum dauernden Aufenthalt von Menschen vorgesehen sind, auch d ≥ 115 mm zulässig.
[2] Geschoßanzahl maximal zwei Vollgeschosse zuzüglich ausgebautes Dachgeschoß; aussteifende Querwände im Abstand ≤ 4,5 m bzw. Randabstand von einer Öffnung ≤ 2,0 m.
[3] Einschließlich Zuschlag für nichttragende innere Trennwände.

Mauerwerk aus Porenbeton-Plansteinen weist gegenüber anderem Mauerwerk mit gleicher Steinfestigkeitsklasse deutlich höhere zulässige Druckspannungen auf. Dadurch kann die Dimensionierung der Bauteile noch besser den konstruktiven Erfordernissen angepaßt werden.

Bei ausmittiger Last dürfen sich die Fugen sowohl bei Scheibenbeanspruchung als auch bei Plattenbeanspruchung rechnerisch höchstens bis zum Schwerpunkt des Querschnitts öffnen.

Bei Windscheiben darf die rechnerische Randdehnung aus der Scheibenbeanspruchung auf der Seite der Klaffung den Wert $\varepsilon_R = 10^{-4}$ nicht überschreiten (Elastizitätsmodul hierfür $E = 3000 \cdot \sigma_o$).

Die **Knicksicherheit** ist im vereinfachten Verfahren bereits in dem Faktor k_2 (s. Tab. 2.1.3-2) berücksichtigt unter der Voraussetzung, daß

- in halber Geschoßhöhe nur Biegemomente aus Knotenmomenten und Windlasten auftreten,
- bei einem Versatz der Wandachsen tragender Wände der Querschnitt der dickeren den der dünneren umschreibt.

Tab. 2.1.3-2
Abminderungsfaktor *k* zum Nachweis der zulässigen Druckspannungen nach DIN 1053

Anwendungsbereich		Abminderungsfaktor
k	Wände als Zwischenauflager	$k_1 \cdot k_2$
	Wände als einseitiges Endauflager	kleinster Wert von $k_1 \cdot k_2$ oder $k_1 \cdot k_3$
k_1	Wände Pfeiler und „kurze Wände" – Querschnitt weniger als zwei ungeteilte Steine* oder – Querschnittfläche < 0,10 m² (Querschnitte < 0,04 m² unzulässig als tragende Teile)	1,0 0,8
k_2	$h_k / d \leq 10$ $10 < h_k / d < 25$ (h_k = Knicklänge nach DIN 1053 T 1 Abs. 6.6.2)	1,0 $(25 - h_k / d) / 15$
k_3	$l \leq 4,20$ m 4,20 m $\leq l \leq 6,00$ m (l = Deckenstützweite in m nach DIN 1053 T 1 Abs. 6.1) bei konstruktiven Maßnahmen zur Begrenzung der Traglastminderung infolge Deckendrehwinkel, unabhängig von der Deckenstützweite	1,7 1,7 – l/6 1,0

* Laut Schreiben vom Hessischen Ministerium für Landesentwicklung, Wohnen, Landwirtschaft, Forsten und Naturschutz sind auf der Baustelle getrennte Porenbetonsteine und -elemente als ungeteilte Steine zu betrachten, d. h. es gilt immer $k_1 = 1,0$, sofern auch die Querschnittsfläche $\geq 0,10$ m².

Tab. 2.1.3-3
Zulässige Druckspannungen für Mauerwerk aus Porenbeton-Plansteinen mit Dünnbettmörtel

Steinfestig- keitsklasse	Grundwerte σ_o [MN/m²]
2	0,6
4	1,0
6	1,4
8	1,8

In allen anderen Fällen ist der Knicksicherheitsnachweis nach DIN 1053 T 2 zu führen.

Unter **Einzellasten** kann eine Druckverteilung innerhalb des Mauerwerks unter 60 °C angenommen werden. Der höher beanspruchte Wandbereich darf in höherer Mauerwerksfestigkeit ausgeführt werden, wenn die möglichen Zwängungen aus unterschiedlichem Verformungsverhalten berücksichtigt werden.

Es darf unter den Einzellasten eine gleichmäßig verteilte Auflagerpressung von $1.3 \cdot \sigma_o$ (s. Tab. 2.1.3-3 bzw. 2.1.3-4) angenommen werden, wenn die Mauerwerksspannung in halber Wandhöhe den Wert zu σ_D nicht überschreitet.

Rechtwinklig zur Wandebene auftretende Teilflächenpressungen dürfen ebenfalls den Wert von $1.3 \cdot \sigma_o$ nicht überschreiten. Bei Einzellasten von $F \geq 3$ *kN* ist zusätzlich die Schubspannung in den Lagerfugen der belasteten Steine nachzuweisen.

In tragenden Wänden dürfen **Zugspannungen** senkrecht zur Lagerfuge nicht in Rechnung gestellt werden. Für **Biegezugspannungen** parallel zur Lagerfuge gilt folgende Begrenzung:

$$zul. \; \sigma_Z = 0.4 \cdot \sigma_{ZO} + 0.12 \cdot \sigma_D \leq max. \; \sigma_Z$$

Darin bedeuten:

zul. σ_Z Biegezugspannung parallel zur Lagerfuge

σ_D Druckspannung senkrecht zur Lagerfuge

σ_{ZO} Grundwert der Biegezugspannung lt. Tab. 2.1.3-5

max. σ_Z maximaler Wert der zulässigen Biegezugspannung lt. Tab. 2.1.3-6.

Für einen **Schubnachweis** darf für Rechteckquerschnitte das folgende vereinfachte Verfahren angewendet werden:

$$\tau = \frac{1,5 \cdot Q}{A} \leq zul \; \tau$$

$$zul \; \tau = \sigma_{ZO} + 0,2 \cdot \sigma_{Dm} \leq max \; \tau$$

Darin bedeuten:

Q Querkraft
A überdrückte Querschnittsfläche
σ_{ZO} Grundwert der Biegezugspannung nach Tab. 2.1.3-5
σ_{Dm} mittlere zugehörige Druckspannung rechtwinklig zur Lagerfuge im ungerissenen Querschnitt A
$max \; \tau$ $= 0.014 \cdot \beta_{NSt}$ für Vollsteine ohne Grifföffnungen oder -löcher
β_{NSt} Steinfestigkeitsklasse.

Ein Schubnachweis für die aussteifenden Wände darf in der Regel entfallen, wenn ein Nachweis der räumlichen Steifigkeit nach DIN 1053 nicht erforderlich ist.

In bezug auf ihre **Halterung** durch rechtwinklig zur Wandebene unverschieblich gehaltene Ränder werden zwei-, drei- und vierseitig gehaltene sowie freistehende Wände unterschieden. Die Halterung geschieht durch

Tab. 2.1.3-4
Zulässige Druckspannungen für Mauerwerk aus Porenbeton-Blocksteinen

Steinfestig- keitsklasse	Grundwerte = σ_o [MN/m²] Normalmörtel Gruppe			Leichtmörtel	
	II	IIa	III	LM 21	LM 36
2	0,5	0,5 (0,6)[1]	–	0,5	0,5 (0,6)[1]
4	0,7	0,8	0,9	0,7	0,8
6	0,9	1,0	1,2	0,7	0,9
8	1,0	1,2	1,4	0,8	1,0

[1] Bei Außenwänden mit Dicke ≥ 300 mm

Tab. 2.1.3-5
Grundwerte der Biegezugspannung nach DIN 1053

Mörtel-gruppe	II	IIa	III
σ_{zo}[1] [MN/m²]	0,04	0,09[2]	0,11[3]

[1]) Für Mauerwerk mit unvermörtelten Stoß-fugen sind die Werte σ_{zo} zu halbieren. Als vermörtelt gilt eine Stoßfuge, bei der etwa die halbe Wanddicke oder mehr verfüllt ist.
[2]) Dieser Wert gilt auch für Leichtmörtel LM 21 und LM 36.
[3]) Dieser Wert gilt auch für Dünnbettmörtel.

Tab. 2.1.3-6
Maximale Werte der zulässigen Biegezugspannungen nach DIN 1053

Steinfestig-keitsklasse	2	4	6	8
max. σ_z [MN/m²]	0,01	0,02	0,04	0,05

horizontal gehaltene Deckenscheiben – z. B. Porenbetondeckenscheiben – aussteifende Querwände oder andere ausreichend steife Bauteile. Für **aussteifende Querwände** gilt:

- **Einseitig angeordnete** Querwände müssen aus Baustoffen mit annähernd gleichem Verformungs-verhalten – z. B. Porenbeton/Poren-beton oder Porenbeton/KS – gleich-zeitig im Verband hochgeführt werden. Die zug- und druckfeste Verbindung kann auch durch andere Maßnahmen hergestellt werden.
- **Beidseitig angeordnete** Querwän-de dürfen in ihren Mittelebenen nicht um mehr als die dreifache Dicke der auszusteifenden Wand gegeneinan-der versetzt sein.
- Die **wirksame Länge** der aus-steifenden Wand muß mindestens $^1/_5$ der lichten Geschoßhöhe betragen.
- Die **Dicke** der aussteifenden Wand muß mindestens $^1/_3$ der Dicke der auszusteifenden Wand betragen, mindestens jedoch 115 mm.
- Die **wirksame** Länge der aussteifen-den Wand **bis zu einer Öffnung** muß mindestens $^1/_5$ der lichten Höhe der Öffnung betragen.
- Bei **beidseitig angeordneten Querwänden** darf auf das gleich-zeitige Hochführen verzichtet wer-

den, wenn die Wände im übrigen den Bedingungen für aussteifende Wände entsprechen.

Für die **Knicklänge** h_K von Wänden gelten in Abhängigkeit von der lichten Geschoßhöhe h_s die folgenden Festle-gungen:

- Bei zweiseitig gehaltenen Wänden allgemein:
  $h_K = h_s$
- Bei zweiseitig gehaltenen Wänden zwischen Plattendecken und ande-ren flächig aufgelagerten Massiv-decken unter Berücksichtigung der Einspannung der Wand in den Decken:

$$h_K = \beta \cdot h_s$$

mit folgenden vereinfachten Annah-men:

- für Wanddicke $d \leq 175\ mm$:
  $\beta = 0,75$
- für Wanddicke $175\ mm < d \leq 250\ mm$:
  $\beta = 0,90$
- für Wanddicke $d > 250\ mm$:
  $\beta = 1,00$

Dies gilt unter der Voraussetzung, daß keine größeren horizontalen Lasten rechtwinklig auf die Wände wirken und die Mindestauflagertiefe a der Decken auf den Wänden beträgt:

- für Wanddicken $d \geq 240\ mm$:
  $a \geq 175\ mm$
- für Wanddicken $d < 240\ mm$:
  $a = d$.

Bei drei- und vierseitig gehaltenen Wänden:

$$h_K = \beta \cdot h_s$$

wobei β in Abhängigkeit von b' und b bei lichten Geschoßhöhen $h_s \leq 3,50\ m$ nach Tab. 2.1.3-7 angenommen wird. Im übrigen gilt:

- für $b > 30 \cdot d$ bei vierseitiger Halte-rung und für $b < 15 \cdot d$ bei dreiseitiger Halterung gelten die Bedingungen für zweiseitige Halterung,
- bei Schwächungen der Wand im mittleren Drittel durch vertikale Schlitze oder Nischen gilt für d die Restwanddicke; bei einer Restwand-dicke von weniger als der halben Wanddicke oder als 115 mm ist eine Öffnung anzunehmen.

Ringanker zur Abtragung waagerech-ter Lasten über Außenwänden und Querwänden, die zur Ausstellung die-nen, sind anzuordnen bei

- Bauten mit mehr als zwei Voll-geschossen,
- Bauten mit Länge $\geq$ 18 m,
- Öffnungsbreiten > 60 % der Wand-länge oder großen Öffnungen (Sum-me der Öffnungen > 40 % der Wand-länge bei Öffnungen breiter als $^2/_3$ der Wandhöhe),
- besonderen Baugrundverhältnissen.

Der Ringanker wird in jeder Deckenlage in der Deckenebene oder unmittelbar unter der Decke (z. B. in U-Schalen aus Porenbeton) angeordnet. Er muß eine Zugkraft von 30 kN aufnehmen (Be-wehrung z. B. durch zwei Stäbe mit mindestens 10 mm Durchmesser. Zur konstruktiven Konzeption der Ring-anker s. a. Abb. 2.3.2-1 bis 10 sowie 2.3.3-2 bis 5).

Bei der Ausführung sollte besonders darauf geachtet werden, daß im Bereich des Ringankers eine aus-reichende Wärmedämmung vorhanden ist.

Schlitze und Aussparungen in Wän-den aus Porenbeton dürfen ohne Berücksichtigung bei der Bemessung des Mauerwerks ausgeführt werden, wenn die in Tab. 2.1.3-8 aufgeführten Grenzwerte eingehalten sind. Vertikale Schlitze sind zulässig, wenn die Quer-schnittsschwächung, bezogen auf 1 m Wandlänge nicht mehr als 6 % beträgt und die Wand nicht drei- oder vierseitig gehalten gerechnet ist. Die Restwand-dicken dürfen dabei die Werte in Spalte 8 nicht überschreiten, ein Mindestab-stand entsprechend Spalte 9 der Tab. 2.1.3-8 muß eingehalten werden. Bei Abweichung von diesen Bedingungen müssen Schlitze und Aussparungen bei der Bemessung des Mauerwerks berücksichtigt werden.

Kelleraußenwände dürfen ohne Nachweis auf Erddruck ausgeführt werden, wenn die folgenden Bedingun-gen erfüllt sind:

- lichte Höhe $h_s \leq 2.60\ m$
- Wanddicke $d \geq 240\ mm$
- Kellerdecke als Scheibe wirksam und in der Lage, die aus dem Erd-druck entstehenden Kräfte aufzu-nehmen

Tab. 2.1.3-7
Faktor β zur Bestimmung der Knicklänge von drei- und vierseitig gehaltenen Wänden in Abhängigkeit vom Abstand bzw. Randabstand und der Wanddicke der auszusteifenden Wand.

dreiseitig gehaltene Wand						vierseitig gehaltene Wand			
Wanddicke [mm]			b'	β	b	Wanddicke [mm]			
240	175	115	[m]		[m]	115	175	240	300
			0,65	0,35	2,00				
			0,75	0,40	2,25				
			0,85	0,45	2,50				
			0,95	0,50	2,80				
			1,05	0,55	3,10				
			1,15	0,60	3,40	b ≤ 3,45 m			
			1,25	0,65	3,80				
			1,40	0,70	4,30				
		b' ≤ 1,75	1,60	0,75	4,80		b≤ 5,25 m		
			1,85	0,80	5,60				
	b' ≤ 2,60 m		2,20	0,85	6,60			b ≤ 7,20 m	
			2,80	0,90	8,40				
b' ≤ 3,60 m									b ≤ 9,00 m

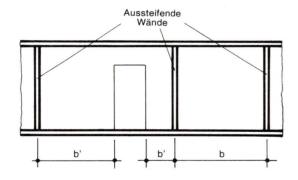

Aussteifende Wände

b'   b'   b

- Verkehrslast im Einflußbereich des Erddrucks $p \leq 5\ kN/m^2$
- Geländeoberfläche nicht ansteigend
- Anschütthöhe nicht größer als die Wandhöhe
- Auflast N_O unterhalb der Kellerdecke innerhalb der Grenzen:
  mit $max.\ N_O \geq N_O \geq min\ N_O$
  $min\ N_O$ entsprechend Tab. 2.1.3-9.

Bei Kellerwänden, die durch Querwände oder statisch nachgewiesene Bauteile im Abstand b ausgesteift sind, gelten folgende Mindestwerte für N_O:

- für $b \leq h_s$: $N_O \geq \frac{1}{2}\ min\ N_O$
- für $b \geq 2\ h_s$: $N_O \geq min\ N_O$
- Zwischenwerte werden geradlinig interpoliert.

Zweischalige Außenwände mit tragenden Innenschalen aus Porenbeton können entsprechend dem Wandaufbau ausgeführt werden

- mit Luftschicht
- mit Luftschicht und zusätzlicher Wärmedämmung
- mit Kerndämmung
- mit Putzschicht.

Dabei wird vor einer tragenden Innenschale eine nichttragende Außenschale angeordnet. Beide Schalen werden durch Drahtanker miteinander verbunden. Im einzelnen ist zu beachten:

- Die tragende Innenschale muß mindestens 115 mm dick sein. Anforderungen aus Standsicherheit, Bauphysik oder Brandschutz können größere Dicken erforderlich machen.
- Außenschalen mit Dicken von $d < 115\ mm$ (Mindestdicke $d \geq 90\ mm$) dürfen nicht höher als 20 m über Gelände ausgeführt werden. Sie sollen über ihre ganze Länge vollflächig aufgelagert werden und sind in Höhenabständen von ca. 6 m abzufangen. Bei zweigeschossigen Gebäuden darf ein Giebeldreieck bis zu 4 m Höhe ohne zusätzliche Abfangung ausgeführt werden. Die Außenschalen dürfen bis zu 15 mm über ihr Auflager vorstehen.
- Außenschalen mit Dicken von $d = 115\ mm$ werden in Höhenabständen von ca. 12 m abgefangen. Werden sie alle zwei Geschosse abgefangen oder sind sie nicht höher als zwei Geschosse, so dürfen sie bis zu einem Drittel ihrer Dicke über ihr Auflager vorstehen.
- Die Mauerwerksschalen werden durch Drahtanker aus nichtrostendem Stahl miteinander verbunden. Der Abstand der Anker soll in der Vertikalen höchstens 500 mm, in der Horizontalen höchstens 750 mm betragen. Für die Mindestanzahl gilt Tab. 2.1.3-10. Zusätzlich werden an allen freien Rändern 3 Anker je m Randlänge angeordnet. Bei Verwendung von Porenbeton-Planelementen ist die Zulassung zu beachten.
- An den Fußpunkten der Zwischenräume zwischen den Wandschalen sind die Innenschalen und die Geschoßdecken gegen Feuchtigkeit zu schützen. Die Abdichtung wird im Bereich des Zwischenraumes mit Gefälle nach außen, im Bereich der Außenschale horizontal verlegt.

Bei **zweischaligem Mauerwerk mit Luftschicht** gilt:

- Dicke der Luftschicht $60 \leq d \leq 150\ mm$; $d \geq 40\ mm$ zulässig, wenn der Fugenmörtel mindestens an einer Hohlraumseite abgestrichen wird und Mörtelbrücken vermieden werden.

Tab. 2.1.3-8 **Ohne Nachweis zulässige Schlitze und Aussparungen in tragenden Wänden nach DIN 1053**

Wanddicke	Horizontale und schräge Schlitze¹) nachträglich hergestellt		Vertikale Schlitze und Aussparungen nachträglich hergestellt			Vertikale Schlitze und Aussparungen in gemauertem Verband			
	Schlitzlänge [mm]		Tiefe⁴)	Einzelschlitzbreite⁵)	Abstand der Schlitze und Aussparungen von Öffnungen	Breite⁵)	Restwanddicke	Mindestabstand der Schlitze und Aussparungen	
	unbeschränkt Tiefe³)	≤ 1,25 m lang²) Tiefe						von Öffnungen	untereinander
[mm]			[mm]	[mm]	[mm]	[mm]	[mm]		
≥ 115	–	–	≤ 10	≤ 100	≥ 115	–	–	≥ 2fache Schlitzbreite bzw. ≥ 365 mm	≥ Schlitzbreite
≥ 175	0	≤ 25	≤ 30	≤ 100		≤ 260	≥ 115		
≥ 240	≤ 15	≤ 25	≤ 30	≤ 150		≤ 385	≥ 115		
≥ 300	≤ 20	≤ 30	≤ 30	≤ 200		≤ 385	≥ 175		
≥ 365	≤ 20	≤ 30	≤ 30	≤ 200		≤ 385	≥ 240		

¹) Horizontale und enge Schlitze sind nur zulässig in einem Bereich ≤ 0,4 m ober- oder unterhalb der Rohdecke sowie jeweils an einer Wandseite. Sie sind nicht zulässig bei Langlochziegeln.
²) Mindestabstand in Längsrichtung von Öffnungen ≥ 490 mm, vom nächsten Horizontalschlitz zweifache Schlitzlänge.
³) Die Tiefe darf um 10 mm erhöht werden, wenn Werkzeuge verwendet werden, mit denen die Tiefe genau eingehalten werden kann. Bei Verwendung solcher Werkzeuge dürfen auch in Wänden ≥ 240 mm gegenüberliegende Schlitze mit jeweils 10 mm Tiefe ausgeführt werden.
⁴) Schlitze, die bis maximal 1 m über den Fußboden reichen, dürfen bei Wanddicken ≥ 240 mm bis 80 mm Tiefe und 120 mm Breite ausgeführt werden.
⁵) Die Gesamtbreite von Schlitzen nach Spalte 5 und Spalte 7 darf je 2 m Wandlänge die Maße in Spalte 7 nicht überschreiten. Bei geringeren Wandlängen als 2 m sind die Werte in Spalte 7 proportional zur Wandlänge zu verringern.

Tab. 2.1.3-9
Werte für min N_o für Kellerwände ohne rechnerischen Nachweis nach DIN 1053

Wanddicke d	min N_o bei einer Höhe der Anschüttung h_e			
[mm]	1,0 m [kN/m]	1,5 [kN/m]	2,0 m [kN/m]	2,5 [kN/m]
240	6	20	45	75
300	3	15	30	50
365	0	10	25	40
490	0	5	15	30

Zwischenwerte sind geradlinig zu interpolieren.

Tab. 2.1.3-10
Mindestanzahl und Durchmesser von Drahtankern bei zweischaligen Außenwänden nach DIN 1053

	Drahtanker	
	Mindestanzahl pro m²	Durchmesser [mm]
mindestens, sofern nicht Zeilen 2 und 3 maßgebend	5	3
Wandbereich höher als 12 m über Gelände oder Abstand der Mauerwerksschalen über 70 bis 120 mm	5	4
Abstand der Mauerwerksschalen über 120 bis 150 mm	7 oder 5	4 5

- Lüftungsöffnungen (z. B. offene Stoßfugen) oben und unten mit einer Fläche von jeweils 7500 mm² je 20 m² Wandfläche.
- Beginn der Luftschicht mindestens 100 mm über Gelände, Durchführung ohne Unterbrechung bis zum Dach bzw. bis zur Unterkante der Abfangkonstruktion.
- Anordnung vertikaler Dehnungsfugen entsprechend den klimatischen Beanspruchungen, der Art der Baustoffe und der Farbe der äußeren Wandfläche.

Bei zweischaligen Außenwänden mit Putzschicht wird auf der Außenseite der Innenschale eine zusammenhängende Putzschicht aufgebracht. Diese Ausführung erfordert eine beson-

dere Sorgfalt. Die Außenschale (Verblendschale) wird dann mit geringem Abstand (Fingerspalt) davor vollfugig errichtet. Es sind Entwässerungsöffnungen wie bei zweischaligem Mauerwerk mit Luftschicht vorzusehen. Auf obere Entlüftungsöffnungen kann verzichtet werden. Dehnungsfugen sind ebenfalls wie bei zweischaligem Mauerwerk mit Luftschicht anzuordnen.

Mit Mauerwerk aus Porenbeton können die Anforderungen der Wärmeschutzverordnung bereits ohne zusätzliche Dämmschichten erfüllt werden. Bei darüber hinausgehenden Wärmeschutzanforderungen können zweischalige Außenwände mit Luftschicht und Wärmedämmung bzw. mit Kerndämmung ausgeführt werden.

Bei **zweischaligen Außenwänden mit Luftschicht und Wärmedämmung** darf der Abstand der Mauerwerksschalen ebenfalls maximal 150 mm betragen, die Luftschicht eine Dicke von 40 mm nicht unterschreiten. Zur Wärmedämmung werden plattenoder mattenförmige Mineralfaserdämmstoffe sowie Platten aus Schaumkunststoffen und Schaumglas so an der Innenschale befestigt, daß eine gleichmäßige Schichtdicke sichergestellt ist. Die Dämmplatten und -matten werden so verlegt bzw. die Stöße so ausgebildet (z. B. Stufenfalz, Nut

Tab. 2.1.3-11
Nichttragende Außenwände – Größte zulässige Ausfachungsflächen ohne rechnerischen Nachweis nach DIN 1053

Wand-dicke d	Größte zulässige Werte[1] der Ausfachungsfläche bei einer Höhe über Gelände von					
	0 bis 8 m		8 bis 20 m		20 bis 100	
[mm]	$\varepsilon = 1,0$ [m²]	$\varepsilon > 2,0$ [m²]	$\varepsilon = 1,0$ [m²]	$\varepsilon > 2,0$ [m²]	$\varepsilon = 1,0$ [m²]	$\varepsilon > 2,0$ [m²]
115	12	8	8	5	6	4
175	20	14	13	9	9	6
240	36	25	23	16	16	12
> 300	50	33	35	23	25	17

[1] Bei Seitenverhältnissen $1,0 < \varepsilon < 2,0$ dürfen die größten zulässigen Werte der Ausfachungsflächen geradlinig interpoliert werden.

Tab. 2.1.3-12
Nichttragende Innenwände aus Porenbeton-Plansteinen und -Planbauplatten, maximal mögliche Wandlängen in Abhängigkeit von der Wandhöhe. Wenn mit Deckendurchbiegungen zu rechnen ist, sollten zusätzliche konstruktive Maßnahmen ergriffen bzw. die maximalen Abmessungen nicht ausgenutzt werden.

a) **ohne Auflast, dreiseitige Halterung**

Wand-dicke	Einbau-bereich	Wandhöhe [m]						
		2,50	2,75	3,00	3,25	3,50	3,75	4,00
[mm]		Maximale Wandlänge [1] [m]						
75	I	2,50	2,63	2,75	2,88	3,00	3,13	3,25
75	II	1,50	1,63	1,75	1,88	2,00	2,13	2,25
100	I	3,50	3,63	3,75	3,88	4,00	4,13	4,25
100	II	2,50	2,63	2,75	2,88	3,00	3,13	3,25
125	I	6,00	6,00	6,00	6,00	6,00	6,00	6,00
125	II	3,00	3,13	3,25	3,38	3,50	3,63	3,70

b) **mit Auflast, dreiseitige Halterung**

Wand-dicke	Einbau-bereich	Wandhöhe [m]						
		2,50	2,75	3,00	3,25	3,50	3,75	4,00
[mm]		Maximale Wandlänge [1] [m]						
75	I	4,00	4,13	4,25	4,38	4,50	4,63	4,75
75	II	2,75	2,88	3,00	3,13	3,25	3,38	3,50
100	I	6,00	6,00	6,00	6,00	6,00	6,00	6,00
100	II	4,00	4,13	4,25	4,38	4,50	4,63	4,75
125	I	Keine Längenbegrenzung						
125	II							6,00

und Feder, versetzte Lagen), daß an den Stoßstellen kein Wasser durchtreten kann.

Bei **zweischaligen Außenwänden mit Kerndämmung**, die bei Verwendung von Porenbeton in der Regel nicht erforderlich ist, muß die Außenschale mindestens 115 mm dick sein. Der Hohlraum zwischen den Mauerwerksschalen (lichter Abstand max. 150 mm) darf ohne verbleibende Luftschicht verfüllt werden, wenn für diesen Anwendungsbereich genormte oder zugelassene Wärmedämmstoffe eingesetzt werden. Im Fußbereich der Außenschale sind Entwässerungsöffnungen mit einer Fläche von mindestens 5000 mm² je 20 m² Wandfläche anzuordnen. Die Anwendung lose eingebetteter Wärmedämmstoffe (z. B. Mineralfasergranulat, Schaumstoffpartikel, Blähperlit) sowie von Ortschaum ist ebenfalls möglich.

Nichttragende Außenwände als Ausfachungen von Fachwerk-, Skelett- oder Schottensystemen dürfen ohne statischen Nachweis ausgeführt werden, wenn sie

- durch Verzahnung, Versatz, Anker o. ä. vierseitig gehalten sind,
- die in Tab. 2.1.3-11 genannten Bedingungen erfüllen,
- mit Mörtel mindestens der Mörtelgruppe II a hergestellt werden.

Nichttragende Trennwände erfüllen keine statischen Aufgaben für die Gesamtkonstruktion. Sie müssen lediglich ihre Eigenlast sowie die auf ihre Fläche wirkenden Lasten auf angrenzende

Fußnote zu Tab. 2.1.3-12:

[1] Zwischenwerte dürfen geradlinig interpoliert werden.

Einbaubereich I:
Bereiche mit geringer Menschenansammlung, wie sie z. B. in Wohnungen, Hotel-, Büro- und Krankenräumen sowie ähnlich genutzten Räumen einschließlich der Flure vorausgesetzt werden müssen.

Einbaubereich II:
Bereiche mit großen Menschenansammlungen, wie sie z. B. in größeren Versammlungs- und Schulräumen, Hörsälen, Ausstellungs- und Verkaufsräumen und ähnlich genutzten Räumen vorausgesetzt werden müssen. Bei den max. Wandlängen ist darauf zu achten, daß die angegebenen Werte nur bei Verwendung von Dünnbettmörtel oder Mörtelgruppe III gelten. Bei Mörtelgruppe III sind die Steine vorzunässen. Bei Verwendung von Mörtelgruppe II oder II a sind alle Wandlängen um 50 % zu reduzieren.

Bauteile abtragen können. Für nicht-tragende Innenwände allerdings, die Windlasten erhalten können, gelten die gleichen Regelungen wie für nicht-tragende Außenwände.

Bis zu einem Flächengewicht von 1,5 kN/m² können leichte Trennwände als Zuschlag zur Verkehrslast berücksichtigt werden. Darüber hinausgehende Flächengewichte sind als Linienlast zu berücksichtigen.

Leichte Trennwände können ohne besonderen Nachweis aus Porenbeton-Plan- oder -Blocksteinen nach DIN 4103 T 1 ausgeführt werden.

Bei der Ausführung leichter Trenn-wände sollte besonders auf folgendes geachtet werden:

- die leichten Trennwände sollten möglichst spät nach Erstellung des Rohbaus eingezogen werden; der Einbau sollte im obersten Geschoß beginnen, möglichst sollte die Festigkeitsklasse 4 und die Rohdichte 0,6 verwendet werden,
- die Anschlüsse an flankierende Decken und Wände dürfen nicht starr sein, damit nicht Bewegungen aus der tragenden Konstruktion auf die leichten Trennwände übertragen werden können,
- die Flächen der leichten Trennwände sollten möglichst klein gewählt werden,
- die Türzargen sollten möglichst geschoßhoch sein.

2.1.4 **Stürze**

Für Porenbetonmauerwerk stehen unterschiedliche Ausführungsformen für Porenbeton-Stürze zur Verfügung. Sie bieten gegenüber anderen Ausführungsformen den gleichen Putzgrund wie das angrenzende Mauerwerk

- tragende Porenbeton-Stürze
- nichttragende Porenbeton-Stürze
- Stürze aus U-Schalen und Mehrzwecksteinen mit Stahlbeton
- Stürze aus U-Schalen und Mehrzwecksteinen mit Stahlträgern.

Bauaufsichtlich zugelassene **tragende Porenbeton-Stürze** werden für Plan-

und Blockstein-Mauerwerk hergestellt. Beispiele für Abmessungen und zulässige Belastungen finden sich in Tab. 2.1.4-1.

Porenbeton-Stürze werden bei Gebäuden mit vorwiegend ruhenden Verkehrslasten eingesetzt. Sie werden in den Abmessungen eingebaut, in denen sie vom Herstellerwerk angeliefert wurden; an ihnen dürfen keine Stemm- oder Fräsarbeiten vorgenommen werden.

Nichttragende Porenbeton-Stürze werden zur Abdeckung von Öffnungen in leichten Porenbeton-Trennwänden eingesetzt.

Bei der Herstellung von **Stürzen** aus U-Schalen bzw. Mehrzwecksteinen

werden die aneinandergereihten U-Schalen für die Montage unterstützt, mit einem Bewehrungskorb nach DIN 1045 bewehrt und mit B 15 oder B 25 verfüllt. Die aufnehmbare Gesamtlast ist Tab. 2.1.4-3 zu entnehmen, Eigenlasten der Tab. 2.1.4-4. Die Tabellen sind nicht typengeprüft. Ein statischer Nachweis ist in jedem Einzelfall erforderlich.

Größere Stützweiten bzw. höhere zulässige Belastungen sind bei **U-Schalen-Stürzen** mit **Stahlträgern** möglich. Tab. 2.1.4-4 nennt Beispiele für die erreichbaren zulässigen Belastungen und Stützweiten. Die Auflagerpressungen sind im Einzelfall nachzuweisen. Diese Tabellen sind nicht typengeprüft. Ein statischer Nachweis ist in jedem Einzelfall erforderlich.

Tab. 2.1.4-1 **Beispiele für tragende Porenbeton-Stürze**

Maximale lichte Öffnungsbreite ($l - 2 \cdot a$)	Abmessungen			Zulässige Belastung	Wärmedurchlaßwiderstand $1/\Lambda$	Eigengewicht
	Länge [mm]	Höhe [mm]	Dicke [mm]	[kN/m]	[m²K/W]	[kg/Stck]
600	1000	250	175	30	0,65	36,8
900	1300	250	175	18		47,8
1100	1500	250	175	18		55,1
1350	1750	250	175	13		64,3
1500	2000	250	175	14		73,5
600	1000	250	200	30	0,74	42,0
900	1300	250	200	18		54,6
1100	1500	250	200	18		63,0
1350	1750	250	200	13		73,5
1500	2000	250	200	14		84,0
600	1000	250	240	30	0,89	50,4
900	1300	250	240	18		65,5
1100	1500	250	240	18		75,6
1350	1750	250	240	14		88,2
1500	2000	250	240	15		100,8
1750	2250	250	240	13		113,4
600	1000	250	250	30	0,93	52,5
900	1300	250	250	18		68,3
1100	1500	250	250	18		78,8
1350	1750	250	250	14		91,9
1500	2000	250	250	15		105,0
1750	2250	250	250	13		118,1
600	1000	250	300	30	1,11	63,0
900	1300	250	300	18		81,9
1100	1500	250	300	18		94,5
1350	1750	250	300	18		110,3
1500	2000	250	300	16		126,0
1750	2250	250	300	15		141,8
600	1000	250	365	30	1,35	76,6
900	1300	250	365	18		99,6
1100	1500	250	365	18		115,0
1350	1750	250	365	18		134,1
1500	2000	250	365	16		153,3
1750	2250	250	365	15		172,5

Tab. 2.1.4-2 **Beispiele für nichttragende Porenbeton-Stürze**

Maximale Lichte Öffnungsweite [mm]	Abmessungen			Zulässige Auflast [kN/m]	Eigengewicht [kg/Stück]
	Länge [mm]	Höhe [mm]	Dicke [mm]		
1000	1250	250	75 100 125	2,0	19 26 33

Tab. 2.1.4-3
Aufnehmbare Gesamtlast [kN/m] bzw. [N/mm] bei Stürzen aus U-Schalen bzw. Mehrzwecksteinen in Abhängigkeit von Zugbewehrung, Betongüte und lichter Weite

Zugbew.	Betongüte	Lichte Weite l_0 [m]										
		1,0	1,2	1,4	1,6	1,8	2,0	2,2	2,4	2,6	2,8	3,0
2 Ø 6	B 15	11,29	8,29	6,35	5,02	4,06	3,36	2,82	2,40	2,07	–	–
	B 25	11,87	8,72	6,67	5,27	4,27	3,53	2,97	2,53	2,18	–	–
2 Ø 8	B 15	19,29	14,18	10,85	8,58	6,95	5,74	4,82	4,11	3,54	3,09	2,71
	B 25	20,54	15,09	11,55	9,13	7,39	6,11	5,13	4,38	3,77	3,29	2,89
2 Ø 10	B 15	28,31	20,80	15,92	12,58	10,19	8,42	7,08	6,03	5,20	4,53	3,98
	B 25	30,92	22,71	17,39	13,74	11,13	9,20	7,73	6,59	5,68	4,95	4,35
2 Ø 12	B 15	37,17	27,31	20,91	16,52	13,38	11,06	9,29	7,92	6,83	5,95	5,23
	B 25	42,48	31,21	23,90	18,88	15,29	12,64	10,62	9,05	7,80	6,80	5,97
2 Ø 14	B 15	38,86	28,55	21,86	17,27	13,99	11,56	9,72	8,28	7,14	6,22	5,46
	B 25	–	39,63	30,34	23,98	19,42	16,05	13,49	11,49	9,91	8,63	7,59

Tab. 2.1.4-4
Beispiele für Stürze aus U-Schalen und Mehrzwecksteinen mit Stahlträgern St. 37 in den Breiten von 175, 240, 250, 300 und 375 mm

U-Schale Breite [mm]	Stahlträger St. 37	Stützweite [mm]															
		1000	1250	1500	1750	2000	2250	2500	2750	3000	3250	3500	3750	4000	4250	4500	4750	5000
		zul. Belastung [kN/m]															
175	I 80	21,84	13,98	9,71	7,13	5,22	3,67	2,68	2,01	1,55	–	–	–	–	–	–	–
	I 100	38,32	24,52	17,03	12,51	9,58	7,57	5,87	4,41	3,40	2,67	2,14	1,74	1,44	–	–	–
240/250 300 und 375	I 180	180	115,0	80,00	58,90	45,10	35,60	28,85	23,84	20,04	17,07	14,72	12,82	11,27	9,98	8,54	7,26	6,23
	IPE 180	163	104,0	72,00	53,00	40,90	32,30	26,20	21,60	18,20	15,50	13,35	11,63	10,22	9,05	7,77	6,61	5,67
	IPBl 100	81	52,2	36,23	26,62	20,38	16,10	11,99	9,01	6,94	5,46	4,37	3,55	2,92	–	–	–	–
	IPB 100	100	65,0	44,76	32,89	25,18	19,90	15,46	11,62	8,95	7,04	5,64	4,58	3,78	3,15	2,65	–	–
	IPBv 100	213	136,0	94,00	69,00	53,20	42,00	34,05	28,14	22,67	17,83	14,28	11,61	9,56	7,97	6,72	5,71	4,90

U-Schale

Mehrzweckstein

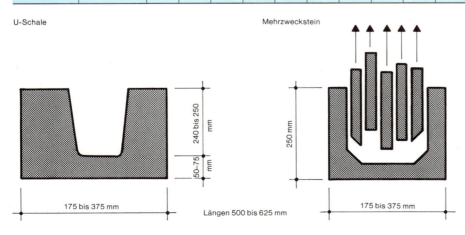

240 bis 250 mm
50–75 mm
175 bis 375 mm
Längen 500 bis 625 mm

250 mm
175 bis 375 mm

Abb. 2.1.4-5
Abmessungen von U-Schalen und Mehrzwecksteinen aus unbewehrtem Porenbeton. Bewehrte Sonderformate bis zu einer Länge von 6000 mm sind möglich.

2.1.5 **Dachplatten**

Dachplatten aus Porenbeton werden nach DIN 4223 und dem jeweiligen, auf den Hersteller bezogenen Zulassungsbescheid bemessen. Die Lastannahmen entsprechen DIN 1055 (s. a. Kap. 2.1.2 Lastannahmen).

Die **maximalen Spannweiten** von Dachplatten und die zulässigen Momente sind von den Festigkeitsklassen, von der Plattendicke und den Lasten abhängig. Dabei sollte die nach DIN 4223 zulässige maximale Stützweite nicht voll ausgenutzt werden, da aufgrund der Erfahrung aus der Praxis oft höhere als geplante Lasten aufgenommen werden müssen (z. B. Kiesschüttung). Dies bedeutet, daß die 5 m lange Platte mindestens 17,5 cm dick, die 6 m lange Platte mindestens 20 cm dick sein muß. Bei Platten $d \leq 17,5$ cm

sollte die Schlankheit maximal $l/d \leq 30$ betragen.

Die Auflagertiefen sind in DIN 4223 angegeben:

* auf Mauerwerk ≥ 70 mm,
* auf Stahlbetonträger ≥ 50 mm,
* auf Stahlträger ≥ 32 mm,
* auf Holzkonstruktion ≥ 50 mm,

immer jedoch $\geq l/80$. Die Auflager müssen eben sein. Sie sind ggf. mit Zementmörtel auszugleichen.

Bei Festigkeitsklasse 3,3 mit Vergußprofil gilt:

* Ständige Lasten aus Dacheindeckung, sowie Schnee- und Windlasten können entsprechend den Angaben der DIN 1055 eingesetzt werden und unterliegen keiner Einschränkung.

* Als Verkehrslast ist die lotrechte Einzelverkehrslast (1 kN) für Reinigungs- und Wiederherstellungsarbeiten zugelassen.

Bei Festigkeitsklasse 4,4 mit Vergußprofil gilt:

* Neben den ständigen Lasten sowie Wind- und Schneelast (wie unter Festigkeitsklasse 3,3 aufgeführt) sind Verkehrslasten bis 3,5 kN/m² gestattet.
* Mit einem konstruktiv bewehrten Überbeton ≥ 40 mm in der Festigkeitsklasse $\geq$ B 15 dürfen die Dachdecken eine Verkehrslast bis 5 kN/m² aufnehmen.

Bei Festigkeitsklassen 3,3 und 4,4 ohne Vergußprofil mit Nut und Feder gilt:

* Die zulässige Belastung entspricht den Angaben, wie sie unter Festig-

Tab. 2.1.5-1
Beispiele maximaler Stützweiten und maximaler Momente bei vorgegebener Nutzlast für Porenbeton-Dachplatten

Platten-dicke	M max.	Nutzlast p [kN/m²]													
		0,95	1,10	1,25	1,50	1,75	2,00	2,25	2,50	2,75	3,00	3,25	3,50	3,75	4,00
[mm]	[kNm/m]	max. Stützweiten [m]													
100	2,54	3,44	3,34	3,21	3,02	2,87	2,73	2,61	2,51	2,42	2,34	2,26	2,19	2,13	2,07
125	4,17	4,25	4,08	3,94	3,73	3,55	3,39	3,25	3,13	3,02	2,92	2,83	2,75	2,68	2,61
150	6,18	4,94	4,76	4,61	4,38	4,18	4,01	3,85	3,72	3,59	3,48	3,38	3,29	3,20	3,12
175	8,64	5,59	5,41	5,25	5,01	4,79	4,61	4,44	4,29	4,15	4,03	3,92	3,81	3,72	3,63
200	11,46	5,90	5,90	5,84	5,58	5,36	5,16	4,98	4,82	4,68	4,54	4,42	4,31	4,20	4,10
225	14,73	6,28	6,17	6,06	5,90	5,90	5,71	5,52	5,35	5,19	5,05	4,92	4,80	4,69	4,58
250	18,42	6,83	6,71	6,60	6,42	6,27	6,13	6,00	5,85	5,69	5,54	5,40	5,27	5,15	5,04
300	26,94	7,41	7,41	7,41	7,41	7,29	7,14	6,99	6,80	6,63	6,46	6,31	6,17	6,04	5,92

Dachplatten 3,3/0,5 und 0,6 (als Eigenlast wurde auf der sicheren Seite liegend 7,20 kN/m² angesetzt)

Die Durchbiegung der Dachplatten ist nachzuweisen:
– Für Stützweiten $\leq 5,90$ m gilt DIN 4223 Ausgabe Juli 1958 (l/300)
– Für Stützweiten $> 5,90$ m siehe Bestimmungen in den Zulassungsbescheiden

Platten-dicke	M max.	Nutzlast p [kN/m²]													
		0,95	1,10	1,25	1,50	1,75	2,00	2,25	2,50	2,75	3,00	3,25	3,50	3,75	4,00
[mm]	[kNm/m]	max. Stützweiten [m]													
100	3,62	3,50	3,50	3,50	3,50	3,35	3,19	3,06	2,95	2,84	2,75	2,66	2,58	2,51	2,45
125	5,96	4,48	4,48	4,48	4,32	4,12	3,95	3,80	3,66	3,54	3,43	3,33	3,24	3,15	3,07
150	8,83	5,46	5,46	5,31	5,06	4,84	4,66	4,49	4,33	4,20	4,07	3,96	3,85	3,76	3,66
175	12,35	5,90	5,90	5,90	5,77	5,54	5,34	5,15	4,99	4,84	4,70	4,57	4,46	4,35	4,25
200	16,37	6,24	6,13	6,02	5,90	5,90	5,90	5,77	5,60	5,44	5,29	5,15	5,03	4,91	4,80
225	21,05	6,85	6,73	6,62	6,45	6,30	6,16	6,04	5,92	5,90	5,87	5,72	5,59	5,46	5,35
250	26,32	7,41	7,31	7,20	7,03	6,87	6,73	6,60	6,48	6,36	6,26	6,16	6,07	5,98	5,88
300	38,49	7,41	7,41	7,41	7,41	7,41	7,41	7,41	7,41	7,41	7,31	7,21	7,11	7,01	6,87

Dachplatten 4,4/0,6 und 0,7 (als Eigenlast wurde auf der sicheren Seite liegend 8,40 kN/m² angesetzt)

Die Durchbiegung der Dachplatten ist nachzuweisen:
– Für Stützweiten $\leq 5,90$ m gilt DIN 4223 Ausgabe Juli 1958 (l/300)
– Für Stützweiten $> 5,90$ m siehe Bestimmungen in den Zulassungsbescheiden

keitsklasse 3,3 mit Vergußprofil genannt sind.

Profilierungen der Plattenlängsseiten siehe Abb. 1.3.2-7.

Die Ausführung von **Auskragungen** ist bis zu 1500 mm möglich. Einzelheiten der Bewehrung, Herstellung und Ausführung sind statisch nachzuweisen. Bis zu 500 mm können Auskragungen, z. B. als Dachüberstände, ohne statischen Nachweis ausgeführt werden.

Einzelne **Öffnungen bzw. Durchbrüche** bis zu einem Durchmesser von 150 mm senkrecht zur Plattenfläche sind zulässig, wenn der Plattenquerschnitt dadurch nicht um mehr als 25 % vermindert wird. Für den verbleibenden Plattenquerschnitt muß die Standsicherheit gesondert nachgewiesen werden (s. Abb. 2.3.1-32).

Bei größeren Öffnungen in der Dachfläche werden **Auswechslungen** erforderlich. Sie werden bei ausreichender Tragfähigkeit der benachbarten Platten so ausgeführt, daß die Lasten auf diese abgeleitet werden (Wechselbügel, s. Abb. 2.3.1-33). Ist dies nicht gegeben, so werden Wechselrahmen erforderlich (s. Abb. 2.3.1-34).

In der Regel erweisen sich **Bewegungsfugen** in der Dachfläche bei Porenbetondächern als überflüssig. Die Längenänderung der raumseitigen Porenbetonoberfläche ist im wesentlichen von der Raumtemperatur abhängig und entsprechend geringfügig. Temperaturerhöhungen auf der Dachoberfläche führen in erster Linie zu leichten Verwölbungen der Platten. Thermisch bedingte Schubauswirkungen an den Auflagerstellen, wie sie bei massiven Betondächern eintreten können, sind bei Porenbeton-Dachplatten üblicher Länge in der Praxis nicht aufgetreten und nicht zu befürchten.

Bewegungsfugen in der Unterkonstruktion sind unbedingt in der Dachfläche fortzuführen.

Reicht das Eigengewicht der Dachplatten nicht aus, um ein Abheben durch Windkräfte zu verhindern, so sind sie **mit der Unterkonstruktion zu verbinden**. Ein Verschieben der Platten untereinander ist durch Fugenverguß und/oder Nut- und Feder-Verbindung im allgemeinen nicht möglich.

Verankerungen, z. B. mittels Flachstahllaschen und Rundstahlbügeln, mit der Unterkonstruktion sind auch erforderlich, wenn eine Dachscheibenausbildung erfolgt oder die Kippaussteifung der Binder notwendig ist.

2.1.6 Deckenplatten

Deckenplatten aus Porenbeton werden nach DIN 4223 und dem jeweiligen auf den Hersteller bezogenen Zulassungsbescheid bemessen. Die Lastannahmen entsprechen DIN 1055 (s. a. Kap. 2.1.2 Lastannahmen).

Die **maximalen Spannweiten** und Momente von Porenbeton-Deckenplatten sind von den Lasten, der Festigkeitsklasse und der Plattendicke abhängig. Dabei sollte die nach DIN 4223 zulässige maximale Stützweite nicht voll ausgenutzt werden, da aufgrund der Erfahrung aus der Praxis oft höhere als geplante Lasten aufgenommen werden müssen (z. B. nachträglich abgehängte Decke). Dies bedeutet, daß die 5 m lange Platte mindestens 17,5 cm dick, die 6 m lange Platte mindestens 20 cm dick sein muß. Bei Platten $d \leq 17,5\,cm$ sollte die Schlankheit maximal $l/d \leq 30$ betragen. Ein statischer Nachweis kann im Einzelfall oder mit Hilfe von typengeprüften Bemessungstafeln erfolgen.

Die Anwendung von Deckenplatten aus Porenbeton für Flure zu Hörsälen und Klassenzimmern sowie für Decken unter Ausstellungs- und Verkaufsräumen ist gestattet.

Bei Deckenplatten mit Stützweiten > 5 m, die mit leichten Trennwänden belastet werden sollen, muß die Plattendicke mindestens 22,5 cm betragen. Die Schlankheit l/d (Plattenstützweite/Plattendicke) darf nicht größer als 25 sein.

Deckenplatten der Festigkeitsklasse 3,3 sind für begehbare Räume mit einer Verkehrslast ≤ 1.0 kN/m² zugelassen.

Bewehrte Deckenplatten aus Porenbeton der Festigkeitsklasse 4,4 dürfen für gleichmäßig verteilte, vorwiegend ruhende Verkehrslasten bis zu 3,5 kN/m² einschließlich erforderlicher Zuschläge zur Berücksichtigung des

Gewichtes leichter Trennwände verwendet werden.

Für Decken unter Wohnräumen ist mit einer Verkehrslast von 2 kN/m² zu rechnen.

Wird ein konstruktiv bewehrter Überbeton aufgebracht (mind. 4 cm dick), dürfen auch Verkehrslasten einschließlich Ersatzlasten für leichte Trennwände bis 5 kN/m² aufgenommen werden. Der Überbeton darf bei der Deckenplattentragfähigkeit nicht berücksichtigt werden.

Für die Bewehrung von Deckenplatten aus Porenbeton werden korrosionsgeschützte, punktgeschweißte Betonstahlmatten mit Bewehrungsstäben der Betonstahlsorte BSt 500 G gem. DIN 488 Teil 1 verwendet. Die Betondeckung der Betonstahlmatten beträgt ≥ 10 mm. Ab Feuerwiderstandsklasse F 60 ist eine größere Überdeckung erforderlich (siehe DIN 4102 Teil 4). Die in Tabelle 2.1.6-1 genannten möglichen Stützweiten und Momente entsprechen der normalen Bemessung, während die Werte der Tabelle 2.1.6-2 der Auslegung für die Feuerwiderstandsklasse F 90 entsprechen. Aussparungen können wie bei Dachplatten angeordnet werden.

Bewehrte Deckenplatten aus Porenbeton können auch mit **Auskragungen** hergestellt und für Verkehrslasten bis 5 kN/m² (z. B. für Balkone und Loggien) verwendet werden.

Sie sind damit die einzigen flächigen Bauteile, mit denen Auskragungen ohne Wärmebrücken hergestellt werden können. Die Deckenplatten mit Kragarm und die Wandkonstruktion darunter sind aus demselben Baustoff hergestellt.

Die freie Kragarmlänge darf maximal 1,50 m betragen. Die gesamte Plattenlänge einschließlich Kragarm darf 7,50 m nicht übersteigen.

Die rechnerisch zulässige Kragarmdurchbiegung ist mit l/150 festgelegt. Die ggf. nachzuweisende Kippsicherheit bei ungünstigster Laststellung (Standmoment zu Kippmoment $\geq 1,5$) muß $\geq 1,5$fach sein (auch im Montagezustand). Ein Kürzen der

Platte an der Kragarmseite ist unzulässig.

Auskragende Deckenbereiche sind nach DIN 18195 Teil 5 Abschn. 7.3 abzudichten. Auch die Unterseiten sind gegen Witterungseinflüsse diffusionsoffen zu schützen.

Alle Deckenplatten mit Kragarm werden besonders gekennzeichnet. Im übrigen gelten für alle Einzelheiten der Bewehrung, Herstellung und Ausführung die jeweils herstellergebundenen Zulassungsbescheide.

Auflager von Porenbeton-Deckenplatten werden so ausgeführt wie bei Porenbeton-Dachplatten.

2.1.7 Dach- und Deckenscheiben

Porenbeton-Dach- und -Deckenplatten können durch konstruktive Maßnahmen bei der Bauausführung zu Dach- bzw. Deckenscheiben zusammengefaßt werden. Sie können dadurch auf das Gebäude wirkende Horizontalkräfte, z. B. aus Wind, aufnehmen. Ohne rechnerischen Nachweis dürfen sie zur Kippaussteifung von Unterzügen oder Pfetten herangezogen werden.

Die Ausbildung von **Dachscheiben** ist in den einzelnen Zulassungen festgelegt. Dachscheiben nehmen die aus der Unterkonstruktion in die Scheibenebene eingeleiteten Lasten auf.

Es werden zwei Scheibentypen unterschieden:

- Scheibentyp I:
  Lasteintragung senkrecht zur Spannrichtung der Dachplatten
- Scheibentyp II:
  Lasteintragung parallel zur Spannrichtung

Zur Aufnahme der Zugkräfte aus dem Druckbogen-Zugband-System werden die Bewehrungen, beim Scheibentyp I in den ersten 3 Längsfugen, beim Scheibentyp II im Ringanker, jeweils in Scheibenspannrichtung eingelegt.

Weitere Bewehrungseinlagen in den Fugen quer zur Scheibenspannrichtung

---

Tab. 2.1.6-1 **Beispiele für maximale Stützweiten und maximale Momente für Porenbeton-Deckenplatten 4,4/0,7**

Platten-dicke [mm]	M max. [kNm/m]	Nutzlast p [kN/m²]													Eigen-last [kN/m²]
		3,00	3,25	3,50	3,75	4,00	4,25	4,50	4,75	5,00	5,25	5,50	5,75	6,00	
		max. Stützweiten [m]													
150	8,83	4,07	3,96	3,85	3,76	3,66	3,58	3,50	3,43	3,36	3,29	3,23	3,17	3,12	1,26
175	12,35	4,70	4,57	4,46	4,35	4,25	4,16	4,07	3,99	3,91	3,83	3,76	3,70	3,64	1,47
200	16,37	5,29	5,15	5,03	4,91	4,80	4,70	4,60	4,51	4,43	4,35	4,27	4,20	4,13	1,68
225	21,05	5,87	5,72	5,59	5,46	5,35	5,24	5,13	5,04	4,94	4,86	4,77	4,69	4,62	1,89
250	26,32	5,90	5,90	5,90	5,90	5,88	5,76	5,65	5,54	5,45	5,35	5,26	5,18	5,10	2,10
300	28,17	6,39	6,30	6,21	6,12	6,04	5,97	5,90	5,90	5,90	5,90	5,90	5,90	5,90	2,52

Tabellenwerte unter Berücksichtigung einer Durchbiegung von l/300.

Die Durchbiegung der Deckenplatten ist nachzuweisen: Für Stützweiten ≤ 5,90 m gilt DIN 4223.
Für Stützweiten > 5,90 m siehe Bestimmungen in den Zulassungsbescheiden. Bei Deckenplatten mit Stützweiten > 5,00 m, die auch mit leichten Trennwänden belastet werden, gilt Schlankheit l/d ≤ 25, Plattendicke ≥ 225 mm

Lastannahme: Rechenwert für Eigenlast 8,40 kN/m³

Tab. 2.1.6-2
Beispiele für maximale Stützweiten und maximale Momente für Porenbeton-Deckenplatten 4,4/0,7 für die Feuerwiderstandsklasse F 90

Platten-dicke [mm]	M max. [kNm/m]	Nutzlast p [kN/m²]													Eigen-last [kN/m²]
		3,00	3,25	3,50	3,75	4,00	4,25	4,50	4,75	5,00	5,25	5,50	5,75	6,00	
		max. Stützweiten [m]													
150	6,78	3,56	3,46	3,36	3,28	3,20	3,13	3,06	2,99	2,93	2,88	2,82	2,77	2,72	1,26
175	9,89	4,20	4,08	3,98	3,88	3,79	3,71	3,63	3,56	3,49	3,42	3,36	3,30	3,25	1,47
200	13,60	4,81	4,69	4,57	4,47	4,37	4,27	4,19	4,10	4,03	3,95	3,88	3,82	3,75	1,68
225	17,89	5,40	5,27	5,14	5,03	4,92	4,82	4,72	4,63	4,55	4,47	4,39	4,32	4,25	1,89
250	22,77	5,90	5,83	5,69	5,57	5,46	5,35	5,24	5,15	5,06	4,97	4,89	4,81	4,73	2,10
300	34,30	6,38	6,29	6,20	6,11	6,03	5,96	5,90	5,90	5,90	5,90	5,84	5,75	5,67	2,52

Tabellenwerte unter Berücksichtigung einer Durchbiegung von l/300.

Die Durchbiegung der Deckenplatten ist nachzuweisen: Für Stützweiten ≤ 5,90 m gilt DIN 4223.
Für Stützweiten > 5,90 m siehe Bestimmungen in den Zulassungsbescheiden. Bei Deckenplatten mit Stützweiten > 5,00 m, die auch mit leichten Trennwänden belastet werden, gilt Schlankheit l/d ≤ 25, Plattendicke ≥ 225 mm

Lastannahme: Rechenwert für Eigenlast 8,40 kN/m³

dienen dem flächigen Zusammenhalt der Scheibe (Kontinuitätsbewehrung), verbessern den Schubverbund und dienen als Aufhängebewehrung bei Lasteintragung in den gezogenen Scheibenrand z. B. aus Windsog.

Der Fugenverguß mit der Verdübelung übernimmt die Aufgabe der Druck- und Schubkraftübertragung von Platte zu Platte in Längs- und Querrichtung. Ferner werden die Kräfte aus der Bewehrung in die angrenzenden Platten geleitet (Verbund).

Folgende Grundvoraussetzungen müssen erfüllt sein:

- Scheibenstützweite $L \leq 35,0\ m$
- Scheibenhöhe $0,2\ L \leq H \leq 0,5\ L$; $H \geq l$
- zulässige Belastung $\leq 5,0\ kN/m$ in Scheibenebene;
- Kranseiten-Bremskräfte, Stoß- und Schwingbelastungen aus Maschinen $\leq 0,25\ q$;
- Plattendicke $\geq 10\ cm$;
- Bewehrung der Längs- und Querfugen mit mind. 1 Stab Ø 6 mm bzw. 1 Stab Ø 8 mm BSt 420 S;
- In der Plattenlängsfuge mind. 2 Dübel Ø 100 mm;
- Ringanker für Scheibentyp II mit der statisch erforderlichen Zugbewehrung;
- Scheibenauflagerausbildung mit Profilstahl.

Durch statischen Nachweis, der in jedem Einzelfall zu bringen ist, erfolgt eine genaue Dimensionierung der o. a. Bewehrung, Dübel, Ringanker und Auflager. Die statische Berechnung wird in der Regel vom Hersteller angefertigt.

Bei ein- oder zweigeschossigen Ein- und Zweifamilienhäusern oder bei vergleichbaren anderen ein- oder zweigeschossigen kleineren Gebäuden, können **Deckenscheiben ohne Überbeton** hergestellt werden, wenn Ausführung und konstruktive Durchbildung nach den Bestimmungen des entsprechenden Zulassungsbescheides erfolgen.

Dabei ist besonders zu beachten:

- Geschoßhöhe eines Kellergeschosses $\leq 2,75\ m$;
- Geschoßhöhe des Erd- bzw. Obergeschosses $\leq 3\ m$;

- Außenwände, tragende Innenwände und aussteifende Wände aus Mauerwerk nach DIN 1053 Teil 1 oder aus geschoßhohen tragenden Wandtafeln aus Porenbeton gemäß Zulassung;
- Verhältnis von Scheibenstützweite zur Scheibenhöhe $L/H \leq 1,5$;
- Lastaufnahme nur von unmittelbar anfallenden Windlasten und Horizontallastteilen aus Lotabweichung;
- Dicke der Porenbeton-Deckenplatten $\geq 15\ cm$;
- Umschließende Stahlbetonringanker in gleicher Ebene wie die Deckenscheibenfelder. Anordnung über allen tragenden und aussteifenden Wänden.

Ausbildung und Bewehrung der Ringanker nach DIN 1053 Teil 1 Abschnitt 3.4, bzw. nach DIN 1045 Abschnitt 19.7.4.1 Absatz 2. Ausbildung der Bewehrungsstöße nach DIN 1045 Abschnitt 18.6. – Verguß der Deckenplattenfugen mit Mörtel der Mörtelgruppe III.

Deckenscheiben mit Überbeton werden eingesetzt, wenn die Decke auf das Gebäude wirkende Horizontalkräfte aufnehmen soll. Der bewehrte Überbeton aus Normalbeton wird so bemessen und ausgeführt, daß die auftretenden Scheibenbeanspruchungen in Verbindung mit dem erforder-

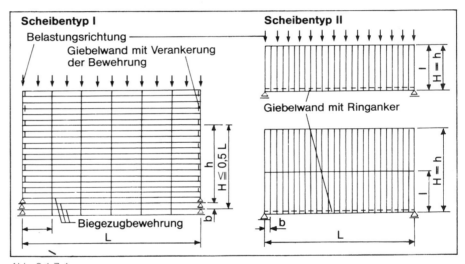

Abb. 2.1.7-1
Dachscheiben aus Porenbeton-Dachplatten Scheibentypen I und II

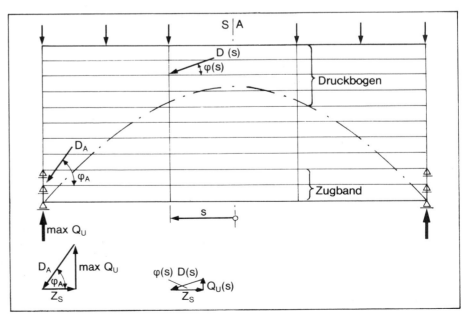

Abb. 2.1.7-2
Druckbogen-Zugband-Modell für Dachscheiben aus Porenbeton-Dachplatten, Scheibentyp I

lichen Zugband (i. d. R. einem Stahl-beton-Ringanker) allein von dem Überbeton aufgenommen und zu den Scheibenauflagern hin abgetragen werden.

Auf einen rechnerischen Nachweis kann verzichtet werden, wenn bei geringeren Beanspruchungen und kleineren Scheibenstützweiten die vorgesehenen konstruktiven Maßnahmen schon ohne Nachweis als ausreichend anzusehen sind.

Ein rechnerischer Nachweis hat unter Zugrundelegung von DIN 1045, Abschn. 19.7.4. (Deckenscheiben aus Fertigteilen) zu erfolgen und muß zeigen, daß die durchzuführenden Maßnahmen die erforderliche Scheibentragwirkung sicherstellen.

Bei der Ausführung von Deckenscheiben mit Überbeton sind der Verguß-beton der Deckenplattenfugen und der Überbeton in einem Arbeitsgang frisch auf frisch herzustellen. Weiterhin ist zu beachten, daß zur konstruktiven Verbindung des Überbetons mit den Deckenplatten in die Deckenplattenfugen Betonstahlbügel mit eingelegt werden.

2.1.8 Bewehrte Wandplatten

Wandplatten dürfen nur zur Abtragung des Eigengewichtes der Wandausfachung und zur Aufnahme von senkrecht zur Platte wirkenden Windlasten und Horizontallasten zur Sturzabsicherung von Personen verwendet werden. Eine Scheibenwirkung der Wandausfachung zur Aussteifung der auszufachenden Konstruktion und ihrer Teile darf nicht in Rechnung gestellt werden.

Sie werden nach DIN 4223 und dem jeweiligen auf den Hersteller bezogenen Zulassungsbescheid bemessen. Die Lastannahmen entsprechen DIN 1055 (s. a. Kap. 2.1.2 Lastannahmen).

Die maximal zulässigen Druckspannungen zwischen Porenbeton-Wandplatten bzw. zwischen diesen und dem Auflager sind in Tab. 2.1.8-1 dargestellt.

Wandplatten in liegender Anordnung unterscheidet man in bezug auf die Belastung nach:

- nur durch Windlast und Eigenlast beanspruchte Platten
- Brüstungsplatten*), die zusätzlich Lasten aus Fenstern aufnehmen
- Freitragende Wandplatten*) (Sturzwandplatten), die als Abfangträger dienen.

*) Für diese Bauteile sind typengeprüfte Statiken vorhanden.

Mit liegenden Wandplatten können Flächen beliebiger Höhe ausgefacht werden.

In Abhängigkeit von der Art der Befestigung und der Stapelhöhe der Porenbeton-Wandplatten ist es erforderlich, die Wandplatten durch Zwischenabfangungen zu unterstützen (s. hierzu Tab. 2.1.8-3). Die mögliche Anzahl von Wandplatten oberhalb

Tab. 2.1.8-1
Maximal zulässige Druckspannungen bei Porenbeton-Wandplatten

Festigkeitsklasse	3,3	4,4
Zwischen den Wandplatten bzw. zwischen Wandplatten und kontinuierlich unterstützendem Bauteil bei Versetzen in Mörtelbett mit Mörtel der Mörtelgruppe III	0,5 MN/m²	0,7 MN/m²
Zwischen den Wandplatten bei Versetzen mit Kunstharzkleber, mit für die Vermauerung von Porenbeton-Plansteinen allgemein bauaufsichtlich zugelassenem Dünnbettmörtel oder ohne Mörtelbett	0,3 MN/m²	0,4 MN/m²
Zwischen Wandplatte und Auflagerkonsole (örtliche Pressung) bei Versetzen in Mörtelgruppe II a oder III nach DIN 1053 Teil 1	0,7 MN/m²	0,9 MN/m²
Zwischen Wandplatte und Auflagerkonsole oder Befestigungsmittel (örtliche Pressung) mit Dünnbettmörtel oder ohne Mörtelbett	0,4 MN/m²	0,6 MN/m²

Bei liegenen Wandplatten mit Nut-Feder-Ausbildung der Plattenlängsseiten dürfen als Aufstandsfläche nur die Flächen außerhalb von Nut und Feder in Rechnung gestellt werden.

Zulässige Schub- bzw. Scherspannung
bei Festigkeitsklasse 3,3: 0,07 MN/m²
bei Festigkeitsklasse 4,4: 0,10 MN/m²

Querdehnungszahl (Rechenwert) $\mu = 0,25$

Elastizitätsmodul (Rechenwert)
$E_b = 5 \cdot (R_d \cdot 10^3 - 150)$
R_d = Rohdichteklasse

Tab. 2.1.8-2
Maximal mögliche Abmessungen von liegend angeordneten Wandplatten in Abhängigkeit von der Plattenschlankheit

Plattendicke d [mm]	Plattenbreite b [mm]	Plattenlänge L [mm]	Wandbereich mit Paßplatten	ohne Paßplatten
≥ 75 bis ≤ 375	500–750[1]	≤ 8000[1]	L/d ≤ 35	L/d ≤ 40[2] bzw. ≤ 38[3]

[1] Bei Plattenlängen ≥ 6700 mm und Plattendicken ≥ 200 mm darf die Plattenbreite 750 ≤ b ≤ 2000 mm betragen.
[2] Bei Plattendicke d ≤ 175 mm
[2] Bei Plattendicke d ≥ 200 mm

dieser Abfangwinkel ergibt sich aus Tab. 2.1.8-4.

Wandplatten in stehender Anordnung können punktförmig oder kontinuierlich befestigt werden. Punktförmige Halterungen sind an beiden Plattenseiten vorzunehmen und nur bis zu Plattenbreiten von 750 mm zulässig. Wandausfachungen dürfen sowohl bei kontinuierlicher als auch bei punktförmiger Halterung bis zu einer Höhe von 12,0 m ohne Zwischenabfangungen ausgeführt werden (bis zu 3 Platten übereinander). Weitere Einzelheiten sind in den entsprechenden Zulassungen festgelegt.

Für Wandplatten in stehender Anordnung gilt für die Schlankheit:

- Wandplatten $H = L \leq 8,0\ m$ **ohne** Belastung aus darüberstehenden Wandplatten dürfen nicht schlanker sein als: $L/d = 40\ (\lambda = 138)$
- Wandplatten **mit** Belastung aus darüberstehenden Wandplatten dürfen nicht schlanker sein als:

$L/d = 35\ (\lambda = 121)$
$\lambda = s_k / i$
$s_k = L = $ Plattenlänge
$i = $ Trägheitsradius

Ein Knicksicherheitsnachweis darf bei Wandplatten, die nicht durch darüberstehende Wandplatten belastet werden, entfallen. Bei Wänden aus zwei oder drei übereinanderstehenden Wandplatten sind die Wandplatten mit einem Bemessungsmoment m' gemäß Zulassungsbescheid zu bemessen. Dabei ist für die oberste Wandplatte, ebenso wie für einschüssige Wände, der Lasterhöhungsfaktor $\alpha_m = 0$ zu setzen.

Tab. 2.1.8-3
Beispiele für Erfordernis von Abfangwinkeln für liegend angeordnete Porenbeton-Wandplatten in Abhängigkeit von der Wandhöhe und der Art der Befestigung

Wandhöhen	Befestigung d. Wandpl.	Zwischenabfangung
H ≤ 12 m	seitlich punktförmig	nicht erforderlich
H > 12 m < 20 m	seitlich punktförmig	erforderlich
H ≤ 20 m	seitlich durchgehend	nicht erforderlich
H > 20 m	beliebig	erforderlich

Tab. 2.1.8-4
Beispiel für die mögliche Plattenzahl oberhalb von Anfangwinkeln in Abhängigkeit von der Plattenlänge, -breite und -dicke bei vorgegebenen Abmessungen

Konsol- bzw. Abfangwinkel [mm]		1/2 HE – B 300 l = 260		L 200 x 18 l = 400		L 180 x 16 l = 400		L 160 x 15 l = 400		L 140 x 13 l = 400		L 120 x 12 l = 400		L 100 x 10 l = 400	
Plattenquerschnitt Dicke/Breite [mm]		300/625		250/625		225/625		200/625		175/625		150/625		125/625	
Windbelastung Druck u. Sog. [kN/m²]		0,75	1,20	0,75	1,20	0,75	1,20	0,75	1,20	0,75	1,20	0,75	1,20	0,75	1,20
L ≤ 5,0 m	3,3	3	3	4	4	4	4	4	4	4	4	4	4	–	–
	4,4	4	4	5	5	5	5	5	5	5	5	5	5	5	–
L ≤ 5,5 m	3,3	3	3	4	4	3	3	3	3	3	3	3	–	–	–
	4,4	4	4	5	5	5	5	4	4	4	4	4	4	–	–
L ≤ 6,0 m	3,3	3	3	3	3	3	3	3	3	3	–	–	–	–	–
	4,4	3	3	4	4	4	4	4	4	4	4	4	–	–	–
L ≤ 6,5 m	3,3	2	2	3	3	3	3	3	3	3	–	–	–	–	–
	4,4	3	3	4	4	4	4	4	4	4	4	4	–	–	–
L ≤ 6,7 m	3,3	2	2	3	3	3	3	3	–	3	–	–	–	–	–
	4,4	3	3	4	4	4	4	4	4	4	4	–	–	–	–
L ≤ 7,0 m	3,3	2	2	3	3	3	3	3	3	–	–	–	–	–	–
	4,4	3	3	4	4	3	3	3	3	–	–	–	–	–	–
L ≤ 7,5 m	3,3	2	2	2	2	2	–	2	–	–	–	–	–	–	–
	4,4	3	3	3	3	3	3	3	3	–	–	–	–	–	–

(Plattenanzahl n bei:)

Tab. 2.1.8-5

Beispiele für Belastung und Stützweiten für Sturzwandplatten und Brüstungsplatten der Festigkeitsklasse 3,3 und 4,4; Plattenbreite 62,5 cm bei offenen Gebäuden[1]. Gebäudehöhen und Lastanteil aus Öffnungen.

Öffnungshöhe im Raster 62,5 cm	Gebäudehöhe		Platten-dicke [cm]	max. Stützweite [cm]			
	≤ 8,00 m	> 8,00 ≤ 20,00 m		Gebäudehöhe			
	Winddruck und -sog			≤ 8,00 m		> 8,00 ≤ 20,00 m	
	0,75 kN/m²	1,20 kN/m²		Festigkeitsklasse			
	Plattenbelastung			3,3	4,4	3,3	4,4
	Wind[2] [kN/m]						
62,5 / 62,5 / 62,5 / 62,5	0,23	0,38	12,5	440	500	375	445
			15,0	510	595	440	515
			17,5	565	660	495	580
			20,0	615	710	545	635
			22,5	655	755	590	685
			25,0	690	790	625	725
			27,5	720	790	660	760
			30,0	740	790	685	790
62,5 / 125 / 62,5 / 62,5	0,47	0,75	12,5	395	465	335	395
			15,0	460	540	395	465
			17,5	520	605	450	525
			20,0	565	660	500	580
			22,5	610	705	540	630
			25,0	645	745	580	670
			27,5	675	780	615	710
			30,0	705	790	640	740
62,5 / 187,5 / 62,5	0,70	1,13	12,5	365	430	305	360
			15,0	425	500	365	430
			17,5	480	560	415	485
			20,0	530	615	460	540
			22,5	575	665	505	590
			25,0	610	705	540	630
			27,5	645	740	575	670
			30,0	670	775	605	700
62,5 / 250 / 62,5	0,94	1,50	12,5	335	400	280	335
			15,0	400	465	335	400
			17,5	450	530	385	455
			20,0	500	585	430	505
			22,5	540	630	475	555
			25,0	580	675	510	595
			27,5	615	710	545	635
			30,0	645	740	575	670

[1] Bei geschlossenen Gebäuden werden in der Regel Plattenlängen nach Tab. 2.1.8-2 erreicht.
[2] Randlast am unteren Plattenrand bei Sturzwandplatten, am oberen Rand bei Brüstungsplatten.

Zur **Verankerung** der Porenbeton-Wandplatten müssen in der tragenden Unterkonstruktion Befestigungsmittel vorgesehen werden. Die Halterungen bestehen entweder aus nichtrostendem oder korrosionsgeschütztem Stahl oder sie werden in Mörtel (MG III) eingebettet. Der Nachweis der Tragfähigkeit der Bauteile und der Befestigungsmittel erfolgt durch den jeweiligen Hersteller. Einzelheiten sind im jeweiligen Zulassungsbescheid festgelegt.

Entsprechend der jeweiligen Zulassung muß der statische Nachweis für die Standsicherheit der Wandausfachung in jedem Einzelfall erbracht werden. Die Erstellung der Nachweise übernehmen die Hersteller. Im einzelnen handelt es sich um folgende Nachweise:

- Einhaltung von Mindestdicken und -breiten
- Horizontale Randkräfte infolge der Lotabweichung der Platten
- Querkraftübertragung über die Plattenränder
- Brüstungsplatten müssen zusätzlich für die Vertikallast aus Fenstern und für die auf die Fensterflächen wirkenden Windlasten bemessen werden.
- Freitragende Wandplatten (Sturzwandplatten) müssen für eine Vertikalbelastung aus den sie belastenden Wandplatten bemessen werden. Die Windlast, ggf. auch mit dem Anteil der z. B. auf Fenster entfallenden Windlasten, muß zusätzlich berücksichtigt werden.
- Halterungskräfte und deren Aufnahme durch die Befestigungsmittel aus äußeren Beanspruchungen, einer unbeabsichtigten und einer planmäßigen Schiefstellung sowie aus der Verformung des Plattensystems.
- Druckkräfte werden über den direkten Kontakt zwischen Wandplatte und Unterkonstruktion abgeleitet.

2.1.9 Wandtafeln

Wandtafeln aus Porenbeton werden als geschoßhohe tragende Bauteile für Außen- und Innenwände eingesetzt und können je nach Anwendungsbereich unbewehrt oder bewehrt sein. Ihre Bemessung erfolgt sowohl nach den jeweiligen Zulassungen als auch nach DIN 1053 und DIN 4232.

Unbewehrte bzw. nur mit einer Transportbewehrung versehe **Wandtafeln** werden entsprechend der jeweiligen Zulassung in folgenden Anwendungsbereichen eingesetzt:

- Für Gebäude bis zu 2 Vollgeschossen mit und ohne Kellergeschoß. Im Kellergeschoß zweigeschossiger Gebäude jedoch nur dann, wenn die Aufnahme der horizontalen Kräfte durch besondere konstruktive Maßnahmen, z. B. bewehrte Wandscheiben und Deckenscheiben, gewährleistet ist. Der Einsatz ist auch im ausgebauten Dachgeschoß dieser Gebäude möglich.
- Für die Vollgeschosse dreigeschossiger Gebäude, wenn die Aufnahme horizontaler Kräfte in allen aus Wandtafeln erstellten Geschossen ebenfalls über konstruktive Maßnahmen sichergestellt ist. Der Einsatz ist auch im ausgebauten Dachgeschoß dieser Gebäude möglich.
- In mehrgeschossigen Gebäuden mit ≤ 20 m Gesamthöhe für die zwei obersten Geschosse, wenn die darunter befindlichen Geschosse aus anderen massiven Wandbauarten (z. B. Porenbetonmauerwerk) errichtet sind.
- Als oberstes Geschoß bei Gebäuden mit ≤ 14 Vollgeschossen.

Die erforderlichen Mindestwanddicken sind in der Tabelle 2.1.9-1 zusammengefaßt. Größere Wanddicken können im Einzelfall aufgrund schall-, wärme- oder brandschutztechnischer Anforderungen erforderlich werden.

Belastete Wände aus Porenbeton-Wandtafeln müssen durch Querwände oder andere geeignete Maßnahmen ausgesteift werden. Aussteifende, unbelastete Wände aus Porenbeton-Wandtafeln müssen folgende Mindestdicken haben:

- bei einem oder im obersten Geschoß ≥ 100 mm
- im 2. Geschoß von oben ≥ 125 mm
- im 3. Geschoß von oben ≥ 150 mm

Maximale Abstände aussteifender Querwände sind in Tab. 2.1.9-2 dargestellt.

Bei Wänden, die im Herstellwerk aus Einzelplatten zu größeren Elementen zusammengefügt werden, darf der Nachweis für waagerechte Lasten wie für monolithische Wandabschnitte geführt werden. Ein rechnerischer Nachweis kann entfallen, wenn ausreichend Querwände vorhanden sind.

Tab. 2.1.9-1
Mindestdicken von belasteten Wänden aus unbewehrten Porenbeton-Wandtafeln

Geschoß-höhen [m]	Geschoß	Dicken der Wandtafeln bei Gebäuden nach Einsatzbereichen [mm]		
		1. und 2.	3. (ohne ausgebautes Dachgeschoß)	4.
≤ 3,0	oberstes Geschoß (auch ausgeb. Dachgeschoß)	150	150	200
	2. Geschoß von oben	150	150	nicht zul.
	3. Geschoß von oben	200	nicht zul.	nicht zul.
	durch Erddruck belastete Wände	225	–	–
> 3,0 bis 3,5	oberstes Geschoß	200	200	225
	2. Geschoß von oben	200	200	nicht zul.
	3. Geschoß von oben	225	nicht zul.	nicht zul.
	durch Erddruck belastete Wände	250	–	–
≤ 2,75	Wandtafeln 4,4 ≥ 100 oder 3,3 ≥ 125 nur bei eingeschossigen Gebäuden ohne Aufenthaltsräume mit Dachneigung ≤ 30° (z. B. Garagen) Flügeltore müssen an einem für sich ausgesteiften Rahmen befestigt sein.			

Tab. 2.1.9-2
Maximale Abstände der Aussteifungen für belastete Wände aus Porenbeton-Wandtafeln

Dicke der auszusteifenden belasteten Wände [mm]	Abstand der aussteifenden Querwände bzw. Aussteifungen [m]
≤ 150	≤ 4,50
175	≤ 6,00
200	≤ 7,00
225	≤ 7,50
≥ 240	≤ 8,00
bei eingeschossigen Bauten ≥ 200	≤ 8,00

Außenwände von Kellergeschossen müssen aus Wandtafeln der Festigkeitsklasse 4,4 hergestellt und nach DIN 18195 gegen Feuchtigkeit abgedichtet sein. Die Hinweise des jeweiligen Zulassungsbescheides sind besonders zu beachten.

Sind die aussteifenden Querwände durch Öffnungen unterbrochen, so muß der Abstand der ersten Öffnung von der ausgesteiften Wand ≥ $^1/_5$ der lichten Höhe der Öffnung oder ≥ 500 mm betragen.

Zur Verbindung von aussteifenden Wänden mit belasteten Außenwänden sind in den Viertelpunkten der Tafelhöhe schräg abwärts gerichtete Bohrungen Ø 20 mm ca. 350 mm tief einzubringen. Die Bohrlöcher werden mit Mörtel der Gruppe III ausgefüllt und mit Betonrippenstahl Ø 12 mm verdübelt.

Bewehrte Wandtafeln aus Porenbeton werden in den gleichen Anwendungsbereichen eingesetzt wie unbewehrte. Zusätzlich können Biegebeanspruchungen senkrecht zur Wandebene z. B. aus Erddruck aufgenommen werden.

Im einzelnen sind die jeweiligen Zulassungsbescheide zu beachten. Bemessungen und Nachweise werden in der Regel durch die Porenbetonhersteller durchgeführt.

Über den Außenwänden, den tragenden Innenwänden und den aussteifenden Wänden sind in jedem Geschoß **Ringanker** anzuordnen. Bei mehrgeschossigen Gebäuden sind die Ringanker immer als Stahlbetonringanker auszuführen. Liegen diese Ringanker in Höhe der Deckenebenen, so sind ihre Betonquerschnitte mindestens so hoch wie die Decken, liegen sie unter den Deckenebenen, so sind ihre Betonquerschnitte mindestens 15 cm hoch herzustellen. Die Stahlbetonringanker sind mit mindestens 2 durchlaufenden Rundstäben zu bewehren, die unter Gebrauchslast eine Zugkraft von mindestens 30 kN aufnehmen können. Für eine ausreichende Verbindung zwischen Stahlbetonringanker, Wand und Dach bzw. Dachdecke ist Sorge zu tragen.

Bei den Erdgeschossen eingeschossiger Wohngebäude darf statt des Stahlbetonringankers eine Ringankerausbildung mit vertiefter Wandtafelkopfnut verwendet werden. Die vertieften Kopfnute sind mit einem Stab Ø 12 der Betonstahlsorte BSt III S zu bewehren und mit Beton mindestens der Festigkeitsklasse B 15 zu verfüllen. Die Anordnung des Ringankers ist in Abb. 2.1.9-3 dargestellt.

Werden solche Gebäude mit Holzkonstruktionen überdeckt, so ist es auch zulässig, im Erdgeschoß einen umlaufenden Holzrandbalken (z. B. Fußpfette) als Ringanker heranzuziehen. Anstelle des Holzrandbalkens kann auch Profilstahl verwendet werden. Eine ausreichende Verankerung mit den Wänden muß sichergestellt sein. Die Querschnitte und Stöße (Verbindungen) der Holz- bzw. Profilstahlringanker sind nachzuweisen. Ebenfalls nachzuweisen ist die Einleitung der auf die Außenwände wirkenden horizontalen Windlasten in die Ringanker.

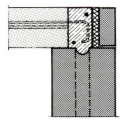
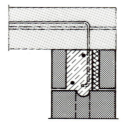
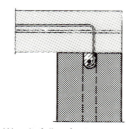

in Deckenebene

unter der Deckenebene

in Wandtafelkopfnut (nur bei Erdgeschossen eingeschossiger Gebäude)

Abb. 2.1.9-3
Anordnungsmöglichkeiten eines Ringankers

2.2 Bauphysik

Wachsende Ansprüche an die Qualität von Gebäuden erfordern exakte Dimensionierung und sorgfältige Durchbildung zur Erfüllung bauphysikalischer Eigenschaften:

- Wärmeschutz für hohen Komfort bei sparsamem Energieeinsatz,
- Feuchteschutz zur Vermeidung von Bauschäden,
- Brandschutz zur Sicherheit von Personen und Sachen,
- Schallschutz zur Erhaltung der physischen und psychischen Gesundheit der Nutzer.

Die dem heutigen Stand des Wissens entsprechenden Anforderungen sind in den folgenden Kapiteln aufgeführt, zusammen mit Bauteilen aus Porenbeton, die diesen Anforderungen gerecht werden.

2.2.1 Wärmeschutz

Der Wärmeschutz, insbesondere die Wärmedämmung der Außenbauteile, ist sowohl im Wohnbau als auch im gewerblichen Bau die wichtigste Einflußgröße für den Heizenergiebedarf und -verbrauch beim Betrieb der Gebäude. Hinzu kommt, daß der Wärmeschutz, bedingt durch die inneren Oberflächentemperaturen der Wände, auch einen wesentlichen Einfluß auf die Behaglichkeit innerhalb der Räume hat.

Übergeordnetes Ziel ist eine Einsparung von Energie sowohl bei der Herstellung der Baustoffe als auch bei der Herstellung und Nutzung der Gebäude. Dies wird angestrebt im Hinblick auf die Schonung der Ressourcen der fossilen Energieträger und im Hinblick auf eine Entlastung der Umwelt von den Schadstoffen, die durch die Verbrennung fossiler Energieträger entstehen.

In der Praxis gilt insbesondere vor dem Hintergrund der novellierten Wärmeschutzverordnung und der Bemühungen um Niedrigenergiehäuser der »energetisch optimale Wärmeschutz« als Ziel bei der Erstellung der Gebäude.

Dabei wird die Summe des Energieaufwandes für die Errichtung und den Betrieb des Gebäudes minimiert. Das Optimum kann dabei durchaus von den Anforderungen der Wärmeschutzverordnung abweichen. Insbesondere bei gewerblich genutzten Gebäuden, bei welchen sehr unterschiedliche Randbedingungen von Fall zu Fall andere Lösungen erfordern, empfiehlt es sich, jeweils das Optimum zu bestimmen. Die entsprechend der WärmeschutzV, der DIN 4108 und der Arbeitsstättenverordnung geforderten Mindestwerte sind auf jeden Fall einzuhalten.

Tab. 2.2.1-1 Begriffe und Einheiten (nach DIN 4108 und Wärmeschutzverordnung)

Begriff	Formelzeichen	Einheit
Wärmeübertragende Umfassungsfläche eines Gebäudes.	A	m^2
Nichttransparente Außenwandfläche, die an die Außenluft grenzt. Es gelten die Gebäudeaußenmaße. Gerechnet wird von der Oberkante Gelände oder, falls die unterste Decke über Oberkante Gelände liegt, von Oberkante dieser Decke bis Oberkante der obersten Decke oder der Oberkante der wirksamen Dämmschicht.	A_W	m^2
Fenster- und Fenstertürfläche. Sie wird aus den lichten Rohbaumaßen ermittelt.	A_F	m^2
Wärmegedämmte Dach- oder Dachdeckenfläche.	A_D	m^2
Grundfläche des Gebäudes, sofern sie nicht an die Außenluft grenzt. Sie wird aus den Gebäudeaußenmaßen bestimmt. Gerechnet wird die Bodenfläche auf Erdreich oder bei unbeheizten Kellern die Kellerdecke. Werden Keller beheizt, sind in der Gebäudegrundfläche A_G neben der Kellergrundfläche auch die erdberührten Wandflächenanteile zu berücksichtigen.	A_G	m^2
Deckenfläche, die das Gebäude nach unten gegen die Außenluft abgrenzt.	A_{DL}	m^2
Gebäudeflächen gegenüber angrenzenden Gebäudeteilen mit wesentlich niedrigerer Innentemperatur.	A_{AB}	m^2
Verhältnis (Quotient) der wärmeübertragenden Umfassungsfläche eines Gebäudes zum Volumen, das von dieser Umfassungsfläche eingeschlossen ist. (Das Volumen von angrenzenden Räumen mit wesentlich niedrigerer Innentemperatur wird nicht berücksichtigt.)	A/V	$1/m$
Maximaler mittlerer Wärmedurchgangskoeffizient in Abhängigkeit vom Wert A/V. (Die Abhängigkeiten sind in der Wärmeschutzverordnung festgelegt.)	$k_{m, max.}$	$W/(m^2 K)$
Mittlerer Wärmedurchgangskoeffizient von Außenflächen einschließlich Fensterflächen.	$k_{m, W+F}$	$W/(m^2 K)$
Wärmedurchgangskoeffizient der Außenwandfläche Fensterfläche Dach- oder Dachdeckenfläche Gebäudegrundfläche Deckenfläche, nach unten gegen Außenluft grenzend Gebäudefläche gegenüber Gebäudeteilen mit wesentlich niedrigerer Innentemperatur	k_W k_F k_D k_G k_{DL} k_{AB}	$W/(m^2 K)$ $W/(m^2 K)$ $W/(m^2 K)$ $W/(m^2 K)$ $W/(m^2 K)$ $W/(m^2 K)$

Tab. 2.2.1-2 **Begriffe und Einheiten (nach DIN 4108)**

Begriff	Formel-zeichen	zu verwendende Einheiten
Temperatur	ϑ, T	°C, K
Temperaturdifferenz	$\Delta\vartheta$, ΔT	K
Wärmemenge	Q	J (1 J = 1 N m = W_s)
Wärmestrom	Φ, Q	W
Wärmestromdichte	q	W/m²
Wärmeleitfähigkeit	λ	W/(m · K)
Wärmedurchlaßkoeffizient	Λ	W/(m² · K)
Wärmedurchlaßwiderstand	$1/\Lambda$	m² · K/W
Wärmeübergangskoeffizent	α	W/(m² · K)
Wärmedurchgangswiderstand	$1/\alpha$	m² · K/W
Wärmedurchgangskoeffizient	k	W/(m² · K)
Wärmedurchgangswiderstand	$1/k$	m² · K/W
spezifische Wärmekapazität	c	J/(kg · K) = Ws/(kg · K)

2.2.1.1 Grundlagen zum Wärmeschutz

Die Grundlagen zum Wärmeschutz sind in DIN 4108 und in der Wärmeschutzverordnung festgelegt. Begriffe, Einheiten und Berechnungsformeln werden hier zusammengefaßt in tabellarischer Form wiedergegeben.

Die Rechenwerte der Wärmeleitfähigkeit sind zusammen mit den Richtwerten der Wasserdampf-Diffusions-Widerstandszahlen in DIN 4108 Teil 4 mit laufenden Ergänzungen im Bundesanzeiger für die gebräuchlichen Baustoffe zusammengestellt. Die entsprechenden Zahlen für Porenbeton sind in Tab. 2.2.1-4 zusammengefaßt.

Aus diesen Ausgangsdaten ergeben sich für übliche Wanddicken die in den Tabellen 2.2.1-7 bis 9 dargestellten k-Werte.

Die k-Werte werden in der Regel für Bauteile ohne Randeinflüsse und ohne Wärmebrücken angegeben, obgleich Wärmebrücken einen großen Einfluß auf den Wärmebedarf haben:

– Der mittlere k-Wert wird durch Wärmebrücken verschlechtert und kann

Tab. 2.2.1-3 **Berechnungsformeln (nach DIN 4108 und Wärmeschutzverordnung)**

	Berechnungsformeln		Einheit
Wärmedurchlaßwiderstand	$\frac{1}{\Lambda} = \frac{s_1}{\lambda_1} + \frac{s_2}{\lambda_2} + ... \frac{s_n}{\lambda_n}$	(s = Baustoffschichtdicke in m!)	m² K/W
Wärmedurchgangswiderstand	$\frac{1}{k} = \frac{1}{\alpha_i} + \frac{1}{\Lambda} + \frac{1}{\alpha_a}$		m² K/W
Wärmedurchgangskoeffizient	$k = 1 : \left(\frac{1}{\alpha_i} + \frac{1}{\Lambda} + \frac{1}{\alpha_a} \right)$		W/(m² K)
Wärmeübertragende Umfassungsfläche eines Gebäudes	$A = A_W + A_F + A_D + A_G + A_{DL} + A_{AB}$		m²
Mittlerer Wärmedurchgangskoeffizient von Außenwandflächen einschl. Fensterflächen	$k_{m, W + F} = \frac{k_W \cdot A_W + k_F \cdot A_F}{A_W + A_F}$		W/(m² K)
Jahres-Heizwärmebedarf	$Q_H = 0,9 \cdot (Q_T + Q_L) - (Q_i + Q_S)$		[kWh/a]
Transmissionswärmebedarf	$Q_T = 84 \cdot (k_W \cdot A_W + k_F \cdot A_F + 0,8 \cdot k_D \cdot A_D + 0,5 \cdot k_G \cdot A_G + k_{DL} \cdot A_{DL} + 0,5 \, k_{AB} \cdot A_{AB})$		[kWh/a]
Lüftungswärmebedarf (ohne mechanisch betriebene Lüftungsanlage)	$Q_L = 0,34 \cdot \beta \cdot 84 \cdot V_L$		[kWh/a]
Nutzbare interne Wärmegewinne	$Q_i = 8,0 \, V$ oder $Q_i = 25 \cdot A_N$		[kWh/a]
Nutzbare solare Wärmegewinne	$Q_S = \sum_{ij} 0,46 \cdot I_j \cdot g_i \cdot A_{F,i,j}$		[kWh/a]

nur durch unwirtschaftlich großen Aufwand wieder korrigiert werden.

– Im Bereich der Wärmebrücken entstehen niedrigere Oberflächentemperaturen, die zu Tauwasser, zu einer Durchfeuchtung des Bauteils und im Extrem zu Schimmelpilzbildung führen können. Die Feuchtigkeit verschlechtert dann weiter den Wärmeschutz.

Tab. 2.2.1-4
Rohdichte und Wärmeleitfähigkeit von Bauteilen aus Porenbeton

Mauerwerk aus Porenbeton-Plansteinen mit Dünnbettmörtel

Festig- keits- klasse	Roh- dichte- klasse [kg/dm³]	λ_R [W/(m · K)] nach DIN 4108	nach W- Bescheid BM Bau
2	0,40	0,15	0,12
2	0,50	0,17	0,16
4	0,60	0,20	0,18
4/6	0,70	0,23	0,21
6	0,80	0,27	0,27

Mauerwerk aus Porenbeton-Blocksteinen mit Leichtmauermörtel

Festig- keits- klasse	Rohdichte- klasse [kg/dm³]	λ_R [W/(m · k)] nach DIN 4108
2	0,40	0,14
2	0,50	0,16
4	0,60	0,18
4/6	0,70	0,21
6/8	0,80	0,23

Mauerwerk aus Porenbeton-Blocksteinen mit Normalmörtel

Festig- keits- klasse	Rohdichte- klasse [kg/dm³]	λ_R [W/(m · k)] nach DIN 4108
2	0,40	0,20
2	0,50	0,22
4	0,60	0,24
4/6	0,70	0,27
4/8	0,80	0,29

bewehrte und unbewehrte Wandtafeln und bewehrte Wand-, Dach- und Deckenplatten

Festig- keits- klasse	Rohdichte- klasse [kg/dm³]	λ_R [W/(m · k)] nach DIN 4108
3,3	0,50	0,16
3,3	0,60	0,19
4,4	0,60	0,19
4,4	0,70	0,21

Porenbeton ermöglicht aufgrund seiner Materialeigenschaften – geringe Wärmeleitfähigkeit bei hoher Festigkeit – und aufgrund seiner Produktpalette mit bewehrten und unbewehrten Bauteilen eine homogene Bauweise. Dadurch können Wärmebrücken konsequent vermieden werden.

2.2.1.2 Bauphysikalische und konstruktive Mindestanforderungen

Bei den **Anforderungen an den Wärmeschutz** von Gebäuden in der

Tab. 2.2.1-5
Rechenwerte der Wärmeübergangswiderstände (nach DIN 4108)

Bauteil [3]	Wärmeübergangs- widerstand $\frac{1}{\alpha_i}$ [m² · K/W]	$\frac{1}{\alpha_a}$ [m² · K/W]
Außenwand (ausgenommen solche nach Zeile 2)	0,13	0,04
Außenwand mit hinterlüfteter Außenhaut [4], Abseitenwand zum nicht wärmegedämmten Dachraum	0,13	0,08 [5]
Wohnungstrennwand, Treppenraumwand, Wand zwischen fremden Arbeitsräumen, Trennwand zu dauernd unbeheiztem Raum, Abseitenwand zum wärmegedämmten Dachraum	0,13	[6]
An das Erdreich grenzende Wand	0,13	0
Decke oder Dachschräge, die Aufenthaltsraum nach oben gegen die Außenluft abgrenzt (nicht belüftet)	0,13	0,04
Decke unter nicht ausgebautem Dachraum, unter Spitzboden oder unter belüftetem Raum (z. B. belüftete Dachschräge)	0,13	0,08 [5]
Wohnungstrenndecke und Decke zwischen fremden Arbeitsräumen		
Wärmestrom von unten nach oben	0,13	[6]
Wärmestrom von oben nach unten	0,17	[6]
Kellerdecke	0,17	[6]
Decke, die Aufenthaltsraum nach unten gegen die Außenluft abgrenzt	0,17	0,04
Unterer Abschluß eines nicht unterkellerten Aufenthaltsraumes (an das Erdreich grenzend)	0,17	0

DIN 4108 Wärmeschutz im Hochbau, Teil 2 handelt es sich um »Minimalforderungen«, die aus konstruktiver und bauphysikalischer Sicht an einzelne Bauteile gestellt werden müssen. Sie dürfen nicht unterschritten werden. Die Mindestwerte für die Wärmedurchlaßwiderstände ($1/\lambda$) und die Maximalwerte für die Wärmedurchgangskoeffizienten (k) sind in Tab. 2.2.1-10 zusammengefaßt. Darüber hinausgehende Anforderungen werden für Außenwände, Decken unter nicht ausgebauten Dachräumen sowie Dächern gestellt, wenn deren flächenbezogene Gesamtmasse unter 300 kg/m² liegt (leichte Bauteile, s. hierzu Tab. 2.2.1–11).

[1] Vereinfachend kann in allen Fällen mit $1/\alpha_i = 0,13$ m² · K/W sowie – die Zeilen 4 und 10 ausgenommen – $1/\alpha_a = 0,04$ m² · K/W gerechnet werden.
[2] Für die Überprüfung eines Bauteils auf Tauwasserbildung auf Oberflächen siehe besondere Festlegung in DIN 4108 Teil 3.
[3] Zur Lage der Bauteile im Bauwerk siehe Bild 1.
[4] Für zweischaliges Mauerwerk mit Luftschicht nach DIN 1053 Teil 1 gilt Zeile 1.
[5] Diese Werte sind auch bei der Berechnung des Wärmedurchgangswiderstandes $1/k$ von Rippen neben belüfteten Gefachen nach DIN 4108 Teil 2 anzuwenden.
[6] Bei innenliegendem Bauteil ist zu beiden Seiten mit demselben Wärmeübergangswiderstand zu rechnen.

Tab. 2.2.1-6
Rechenwerte der Wärmedurchlaßwiderstände. Die Werte gelten für Luftschichten, die nicht mit der Außenluft in Verbindung stehen, und für Luftschichten bei mehrschaligem Mauerwerk nach DIN 1053 Teil 1 (nach DIN 4108).

Lage der Luftschicht	Dicke der Luftschicht	Wärmedurchlaßwiderstand $1/\Lambda$ [m² · K/W]
lotrecht	10 bis 20	0,14
lotrecht	über 20 bis 500	0,17
waagerecht	10 bis 500	0,17

Tab. 2.2.1-7   **Wärmedurchgangskoeffizienten k für Mauerwerk aus Porenbeton-Plansteinen [W/(m² · K)]**

Mauerwerk	Festig-keits-klasse	Roh-dichte-klasse	λ_R [W/mK]	Wanddicken ohne Putz [mm][2]											
				50[1]	75[1]	100	115	125	150	175	200	240	250	300	365
	W 2	0,40	0,12	1,71	1,26	1,00	0,89	0,82	0,70	0,61	0,54	0,46	0,44	0,37	0,31
Plansteine	W 2	0,50	0,16	2,08	1,54	1,25	1,13	1,05	0,90	0,79	0,70	0,60	0,58	0,49	0,41
mit	W 4	0,60	0,18	2,23	1,70	1,38	1,24	1,16	1,00	0,88	0,78	0,67	0,64	0,54	0,46
Dünnbett-	4	0,60	0,21	2,44	1,89	1,54	1,39	1,30	1,14	1,00	0,89	0,76	0,74	0,63	0,52
mörtel	4/6	0,70	0,23	2,58	2,02	1,65	1,49	1,40	1,22	1,07	0,96	0,82	0,80	0,68	0,57
	6	0,80	0,27	–	–	–	1,68	1,59	1,38	1,22	1,10	0,94	0,91	0,78	0,66

[1] nur als Verblendplatten einsetzbar   [2] Wärmeübergangswiderstände: $\frac{1}{\alpha_i}+\frac{1}{\alpha_a}=0{,}13+0{,}04=0{,}17\,\frac{m^2 K}{W}$ (s. auch Tab. 2.2.1-5)

Tab. 2.2.1-8   **Wärmedurchgangskoeffizienten k für Mauerwerk aus Porenbeton-Blocksteinen [W/(m² · K)]**

Mauerwerk	Festig-keits-klasse	Roh-dichte-klasse	λ_R [W/mK]	Wanddicken ohne Putz [mm][2]										
				50[1]	75[1]	100	115	125	150	175	200	240	300	365
	2	0,40	0,20	2,38	1,84	1,49	1,34	1,26	1,09	0,96	0,85	0,73	0,60	0,50
Blocksteine	2	0,50	0,22	2,50	1,96	1,61	1,45	1,35	1,18	1,03	0,93	0,79	0,65	0,55
mit	4	0,60	0,24	2,63	2,08	1,70	1,54	1,45	1,25	1,11	1,00	0,85	0,70	0,59
Normal-	4/6	0,70	0,27	–	–	–	1,67	1,58	–	1,22	–	0,94	0,78	0,66
mörtel	6	0,80	0,29	–	–	–	1,75	1,66	–	1,30	–	1,00	0,83	0,70
	2	0,40	0,14	1,90	1,42	1,13	1,01	0,94	0,81	0,70	0,63	0,53	0,43	0,36
Blocksteine	2	0,50	0,16	2,08	1,56	1,25	1,12	1,05	0,90	0,79	0,70	0,60	0,49	0,41
mit	4	0,60	0,18	2,23	1,70	1,38	1,24	1,16	1,00	0,88	0,78	0,67	0,54	0,46
Leichtmauer-	4/6	0,70	0,21	–	–	–	1,39	1,31	–	1,00	–	0,76	0,63	0,52
mörtel	6	0,80	0,23	–	–	–	1,49	1,40	–	1,08	–	0,83	0,68	0,57

[1] nur als Verblendplatten einsetzbar   [2] Wärmeübergangswiderstände: $\frac{1}{\alpha_i}+\frac{1}{\alpha_a}=0{,}13+0{,}04=0{,}17\,\frac{m^2 K}{W}$ (s. auch Tab. 2.2.1-5)

Tab. 2.2.1-9   **Wärmedurchgangskoeffizienten k für bewehrte Bauteile aus Porenbeton [W/(m² · K)]**

Bauteil*)	Festig-keits-klasse	Roh-dichte-klasse	λ_R [W/mK]	Plattendicken [mm]								
				100	125	150	175	200	225	240	250	300
Wand[1]	3,3	0,5	0,16	1,25	1,05	0,90	0,79	0,70	0,63	0,60	0,58	0,49
Dach[1]	3,3/4,4	0,6	0,19	1,43	1,21	1,04	0,92	0,82	0,74	0,70	0,67	0,57
	4,4	0,7	0,21	1,54	1,30	1,14	1,00	0,89	0,81	0,76	0,74	0,63
Decke[2]	3,3/4,4	0,6	0,19	1,15	1,00	0,88	0,79	0,72	0,66	0,63	0,60	0,52
	4,4	0,7	0,21	1,22	1,06	0,95	0,85	0,78	0,71	0,68	0,65	0,57

[1] Wärmeübergangswiderstände: $1/\alpha_i + 1/\alpha_a = 0{,}13 + 0{,}04 = 0{,}17\ m^2 \cdot K/W$

[2] Wärmeübergangswiderstände: $1/\alpha_i + 1/\alpha_a = 0{,}17 + 0{,}17 = 0{,}34\ m^2 \cdot K/W$

s. auch Tab. 2.2.1-5

*) Bauteile ohne Putz und sonstige Beläge

Tab. 2.2.1-10

Mindestwerte der Wärmedurchlaßwiderstände 1/Λ [m² · K/W] und Maximalwerte der Wärmedurchgangskoeffizienten k [W/(m² · K)] von Bauteilen mit Ausnahme leichter Bauteile (nach DIN 4108, Teil 2)

Spalte		1		2		3	
				2.1	2.2	3.1	3.2
				Wärmedurchlaß-widerstand 1/Λ		Wärmedurchgangs-koeffizient k	
Zeile		Bauteile		im Mittel	an der ungünstigsten Stelle	im Mittel	an der ungünstigsten Stelle
				[m² · K/W]		[W/(m² · K)]	
1	1.1	Außenwände[1]	allgemein	0,55		1,39; 1,32[2]	
	1.2		für kleinflächige Einzelbauteile (z. B. Pfeiler) bei Gebäuden mit einer Höhe des Erdgeschoß-fußbodens (1. Nutzgeschoß) ≤ 500 m über NN	0,47		1,56; 1,47[2]	
2	2.1	Wohnungstrennwände[3] und Wände zwischen fremden Arbeitsräumen	in nicht zentralbeheizten Gebäuden	0,25		1,96	
	2.2		in zentralbeheizten Gebäuden[4]	0,07		3,03	
3		Treppenraumwände[5]		0,25		1,96	
4	4.1	Wohnungstrenndecken[3] und Decken zwischen fremden Arbeitsräumen[6][7]	allgemein	0,35		1,64[8]; 1,45[9]	
	4.2		in zentralbeheizten Bürogebäuden[4]	0,17		2,33[8]; 1,96[9]	
5	5.1	Unterer Abschluß nicht unterkellerter Aufenthaltsräume[6]	unmittelbar an das Erdreich grenzend	0,90		0,93	
	5.2		über einen nicht belüfteten Hohl-raum an das Erdreich grenzend			0,81	
6		Decken unter nicht ausgebauten Dachräumen[6][10]		0,90	0,45	0,90	1,52
7		Kellerdecken[6][11]		0,90	0,45	0,81	1,27
8	8.1	Decken, die Aufenthalts-räume gegen die Außenluft abgrenzen[6]	nach unten[12]	1,75	1,30	0,51, 0,50[2]	0,66, 0,65[2]
	8.2		nach oben[13][14]	1,10	0,80	0,79	1,03

[1]) Die Zeile 1 gilt auch für Wände, die Aufenthaltsräume gegen Bodenräume, Durchfahrten, offene Hausflure, Garagen (auch beheizte) oder dergleichen abschließen oder an das Erdreich angrenzen. Zeile 1 gilt nicht für Abseitenwände, wenn die Dachschräge bis zum Dachfuß gedämmt ist.
[2]) Dieser Wert gilt für Bauteile mit hinterlüfteter Außenhaut.
[3]) Wohnungstrennwände und -trenndecken sind Bauteile, die Wohnungen voneinander oder von fremden Arbeitsräumen trennen.
[4]) Als zentralbeheizt im Sinne dieser Norm gelten Gebäude, deren Räume an eine gemeinsame Heizzentrale angeschlossen sind, von der ihnen die Wärme mittels Wasser, Dampf oder Luft unmittelbar zugeführt wird.
[5]) Die Zeile 3 gilt auch für Wände, die Aufenthaltsräume von fremden, dauernd unbeheizten Räumen trennen, wie abgeschlossenen Hausfluren, Kellerräumen, Ställen, Lagerräumen usw. Die Anforderung nach Zeile 3 gilt nur für geschlossene, eingebaute Treppenräume; sonst gilt Zeile 1.
[6]) Bei schwimmenden Estrichen ist für den rechnerischen Nachweis der Wärmedämmung die Dicke der Dämmschicht im belasteten Zustand anzusetzen.
Bei Fußboden- oder Deckenheizungen müssen die Mindestanforderungen an den Wärmedurchlaßwiderstand durch die Deckenkonstruktion unter- bzw. oberhalb der Ebenen der Heizfläche (Unter- bzw. Oberkante Heizrohr) eingehalten werden. Es wird empfohlen, die Wärmedurchlaßwiderstände 1/Λ über diese Mindestanforderungen hinaus zu erhöhen.
[7]) Die Zeile 4 gilt auch für Decken unter Räumen zwischen gedämmten Dachschrägen und Abseitenwänden bei ausgebauten Dachräumen.
[8]) Für Wärmestromverlauf von unten nach oben.
[9]) Für Wärmestromverlauf von oben nach unten.
[10]) Die Zeile 6 gilt auch für Decken, die unter einem belüfteten Raum liegen, der nur bekriechbar oder noch niedriger ist, sowie für Decken unter belüfteten Räumen zwischen Dachschrägen und Abseitenwänden bei ausgebauten Dachräumen (bezüglich der erforderlichen Belüftung siehe DIN 4108 Teil 3).
[11]) Die Zeile 7 gilt auch für Decken, die Aufenthaltsräume gegen abgeschlossene, unbeheizte Hausflure o. ä. abschließen.
[12]) Die Zeile 8.1 gilt auch für Decken, die Aufenthaltsräume gegen Garagen (auch beheizte), Durchfahrten (auch verschließbare) und belüftete Kriechkeller abgrenzen.
[13]) Siehe auch DIN 18530 (Vornorm).
[14]) Zum Beispiel Dächer und Decken unter Terrassen.

Tab. 2.2.1-11
Mindestwerte der Wärmedurchlaßwiderstände 1/Λ [m² · K/W] und Maximalwerte der Wärmedurchgangskoeffizienten k [W/(m² · K)] für Außenwände, Decken unter nicht ausgebauten Dachräumen und Dächern mit einer flächenbezogenen Gesamtmasse unter 300 kg/m² (leichte Bauteile, nach DIN 4108, Teil 2)

Flächenbezogene Masse der raumseitigen Bauteilschichten [1][2] [kg/m²]	Wärmedurchlaßwiderstand des Bauteils 1/Λ [1][2] [m² · K/W]	Wärmedurchgangskoeffizient des Bauteil k [1][2] [W/(m² · K)]	
		Bauteile mit nicht hinterlüfteter Außenhaut	Bauteile mit hinterlüfteter Außenhaut
0	1,75	0,52	0,51
20	1,40	0,64	0,62
50	1,10	0,79	0,76
100	0,80	1,03	0,99
150	0,65	1,22	1,16
200	0,60	1,30	1,23
300	0,55	1,39	1,32

[1]) Als Flächenbezogenen Masse sind in Rechnung zu stellen:
   – bei Bauteilen mit Dämmschicht die Masse derjenigen Schichten, die zwischen der raumseitigen Bauteiloberfläche und der Dämmschicht angeordnet sind. Als Dämmschicht gilt hier eine Schicht mit
   $\lambda_R \leq 0,1$ W/(m · K) und $1/\Lambda \geq 0,25$ m² · K/W
   – bei Bauteilen ohne Dämmschicht (z. B. Mauerwerk) die Gesamtmasse des Bauteils. Werden die Anforderungen dieser Tabelle bereits von einer oder mehreren Schichten des Bauteils – und zwar unabhängig von ihrer Lage – (z. B. bei Vernachlässigung der Masse und des Wärmedurchlaßwiderstandes einer Dämmschicht) erfüllt, so braucht kein weiterer Nachweis geführt zu werden.
   Holz und Holzwerkstoffe dürfen näherungsweise mit dem zweifachen Wert ihrer Masse in Rechnung gestellt werden.
[2]) Zwischenwerte dürfen geradlinig interpoliert werden.

2.2.1.3 Anforderungen der neuen Wärmeschutzverordnung 1994

Die Anforderungen der Wärmeschutzverordnung (Verordnung über einen energiesparenden Wärmeschutz bei Gebäuden) beziehen sich auf den Jahres-Heizwärmebedarf. Die novellierte Wärmeschutzverordnung gilt ab 1. 1. 95. Die Bauaufgaben, auf die sich die Wärmeschutzverordnung bezieht, sind in drei Gruppen zusammengefaßt:

– zu errichtende Gebäude mit **normalen Innentemperaturen** (Erster Abschnitt, §§ 1 bis 4 sowie Anlagen 1 und 4);

– zu errichtende Gebäude mit **niedrigen Innentemperaturen** (Zweiter Abschnitt, §§ 5 bis 7 sowie Anlagen 2 und 4);

– **bauliche Änderungen** bestehender Gebäude (Dritter Abschnitt, § 8 sowie Anlage 3).

Zum Nachweis des Jahres-Heizwärmebedarfes sieht die Wärmeschutzverordnung ein Verfahren vor, das gegenüber dynamischen Simulationsrechnungen wesentlich vereinfacht ist. Durch diesen vereinfachten Ansatz können die Ergebnisse von denen der Simulationsrechnungen abweichen. Auch der effektive Heizwärmeverbrauch, der durch den Nutzer wesentlich mit beeinflußt wird, muß nicht mit diesem vereinfacht ermittelten Jahres-Heizwärmebedarf übereinstimmen. Der Vorteil des Verfahrens liegt in der Einfachheit der Berechnung.

Gebäude mit normalen Innentemperaturen

Für zu errichtende Gebäude mit normalen Innentemperaturen, die bei üblichem Verwendungszweck mit mindestens 19 °C beheizt werden, wird nachgewiesen, daß der Jahres-Heizwärmebedarf bestimmte Werte nicht übersteigt, die in Abhängigkeit vom Verhältnis Außenfläche/Volumen festgelegt sind.

Die Ermittlung des Jahres-Heizwärmebedarfes Q_H geschieht nach der Formel:

$$Q_H = 0,9 \cdot (Q_T + Q_L) - (Q_i + Q_s) \ [kWh/a]$$

darin ist:

Q_T Transmissionswärmebedarf [kWh/a]

Q_L Lüftungswärmebedarf [kWh/a]

Q_i interne Wärmegewinne [kWh/a]

Q_s solare Wärmegewinne [kWh/a]

Der **Transmissionswärmebedarf Q_T** wird nach der folgenden Formel ermittelt (Anl. 1, Ziff. 1.6.1):

$$Q_T = 84 \cdot (k_w \cdot A_w + k_F \cdot A_F + 0,8 \cdot k_D \cdot A_D + 0,5 \cdot k_G \cdot A_G + k_{bL} \cdot A_{DL} + 0,5 \cdot k_{AB} \cdot A_{AB}) \ [kWh/a]$$

darin ist:

84 ein Faktor, in welchem eine mittlere Heizgradtagszahl von *3.500 K · d/a* berücksichtigt ist

$k_w \cdot A_w$ Wärmedurchgangszahl [W/(m² · K)] und Fläche [m²] der Außenwände

$k_F \cdot A_F$ Wärmedurchgangszahl [W/(m² · K)] und Fläche [m²] der Fenster; solare Energiegewinne und temporäre Wärmeschutzmaßnahmen können durch Einsatz der äquivalenten Wärmedurchgangszahl $k_{eq,F}$ berücksichtigt werden (Anl. 1, Ziff. 1.6.4.1 und 1.6.4.2)

$k_D \cdot A_D$ Wärmedurchgangszahl [W/(m² · K)] und Fläche [m²] der nach außen abgrenzenden wärmegedämmten Dach- oder Dachdeckenfläche

$k_G \cdot A_G$ Wärmedurchgangszahl [W/(m² · K)] und Fläche [m²] der Bodenfläche einschließlich der erdberührten Außenwandflächen beheizter Keller; bei unbeheizten Kellern Wärmedurchgangszahl und Fläche der Kellerdecke

$k_{DL} \cdot A_{DL}$ Wärmedurchgangszahl [W/(m² · K)] und Fläche [m²] der Deckenflächen, die das Gebäude nach unten gegen die Außenluft abschließen

$k_{AB} \cdot A_{AB}$ Wärmedurchgangszahl [W/(m² · K)] und Fläche [m²] der Bauteilflächen, welche Gebäudeteile mit wesentlich niedrigeren Raumtemperaturen (z. B. außenliegende Treppenräume, Lagerräume) abgrenzen (Anl. 1, Ziff. 1.5.2.3)

Der **Lüftungswärmebedarf Q$_L$** wird nach der folgenden Formel ermittelt (Anl. 1, Ziff. 1.6.2):
$$Q_L = 22,85 \cdot V_L \; [kWh/a]$$

darin ist:

22,85 ein Faktor, in welchem die Luftwechselzahl ($b = 0,8 \; h^{-1}$) berücksichtigt ist

V$_L$ das anrechenbare Luftvolumen [m^3], d. h. das 0,8fache des beheizbaren Bauwerksvolumens, das durch die Flächen A_W, A_F, A_D, A_G und A_{DL} umschlossen wird.

Beim Einsatz mechanisch betriebener Lüftungsanlagen kann auf den so ermittelten Lüftungswärmebedarf ein Bonus angerechnet werden. Q_L wird dann multipliziert mit dem Faktor

0,80 bei Anlagen mit Wärmerückgewinnung entsprechend den im Kapitel 2.1 beschriebenen Anforderungen

0,95 bei Anlagen ohne Wärmerückgewinnung

0,80 bei Anlagen mit elektrisch angetriebenen Wärmepumpen mit einer Leistungsziffer von mindestens 4,0.

0,80 · (65/η$_w$) bei Anlagen mit einem Wärmerückgewinnungsgrad $\eta_w > 65 \%$

Die **nutzbaren internen Wärmegewinne Q$_i$** dürfen bis zu dem nach den folgenden Formeln ermittelten Wert berücksichtigt werden:
$$Q_i = 8,0 \cdot V \; [kWh/a]$$

darin ist:

V das beheizte Bauwerksvolumen [m^3].

Bei Gebäuden mit lichten Raumhöhen von nicht mehr als 2,60 m kann auch nach folgender Formel gerechnet werden:
$$Q_i = 25 \cdot A_N \; [kWh/a]$$

darin ist:

A$_N$ die Gebäudenutzfläche [m^2].

Bei Gebäuden oder Gebäudeteilen, die ausschließlich als **Büro- oder Verwaltungsgebäude** genutzt werden, dürfen die nach einer der obigen Formeln ermittelten nutzbaren internen Wärmegewinne um 25 % höher angesetzt werden ($Q_i = 10,0 \cdot V$ bzw. $Q_i = 31,25 \cdot A_N$ in [kWh/a]).

Die **nutzbaren solaren Wärmegewinne Q$_s$** durch außenliegende Fenster und Fenstertüren mit mehr als 60 % Glasanteil können als Gewinne auf der Basis vereinfachter Annahmen oder aber durch den Einsatz äquivalenter Wärmedurchgangskoeffizienten berücksichtigt werden.

Die Gewinne aus solarer Strahlung werden nach der Formel
$$Q_S = \sum_{ij} 0.46 \cdot I_j \cdot g_i \cdot A_{Fj,i} \; [kWh/a]$$
ermittelt.

Darin sind:

I$_j$ Strahlungsangebot in Abhängigkeit von der Himmelsrichtung, und zwar
400 kWh/(m^2 · a) für Südorientierung
275 kWh/(m^2 · a) für Ost- und Westorientierung
160 kWh/(m^2 · a) für Nordorientierung bei einer Abweichung jeweils von bis zu 45° in beiden Richtungen; bei überwiegender Verschattung wird der Wert für die Nordorientierung eingesetzt

g$_i$ der Gesamtenergiedurchlaßgrad der Verglasung

A$_{Fj,i}$ die Fensterflächen nach Größe und Orientierung

Für die Ermittlung der **äquivalenten Wärmedurchgangskoeffizienten** von Fenstern und Fenstertüren gilt:
$$k_{eq,F} = k_F - g \cdot S_F \; [W/(m^2 \cdot K)]$$

Darin sind

k$_F$ der Wärmedurchgangskoeffizient der Fensterfläche [$W/(m^2 \cdot K)$]

g der Gesamtenergiedurchlaßgrad der Verglasung

S$_F$ der Koeffizient für solare Wärmegewinne [$W/(m^2 \cdot K)$] mit folgenden Werten:
2,40 für Südorientierung

1,65 für Ost- und Westorientierung und für Fenster in bis zu 15° geneigten Dachflächen

0,95 für Nordorientierung.

Die **maximal zulässigen Werte des Jahres-Heizwärmebedarfes** bezogen auf das beheizte Bauwerksvolumen V oder die Gebäudenutzfläche A_N sind in Tab. 2.2.1-12 dargestellt. Diese Werte variieren in Abhängigkeit von der Kompaktheit des Baukörpers, ausgedrückt in dem Verhältnis der Oberfläche zum Volumen (A/V).

Ein wesentliches Kriterium für die Einsparung von Heizenergie in Gebäuden ist deren **Dichtheit**. Die Wärmeschutzverordnung stellt entsprechende Anforderungen (§ 4):

– Bei kleinformatigen Bauteilen in Außenwänden muß über die gesamte Fläche eine luftundurchlässige Schicht angeordnet oder die Dichtheit auf andere Weise sichergestellt werden;

– für die Fugendurchlaßkoeffizienten sind die maximal zulässigen Werte in Tab. 2.2.1–13 festgelegt;

– sonstige Fugen müssen dauerhaft luftundurchlässig abgedichtet sein.

Ein **vereinfachtes Nachweisverfahren** kann für kleine Wohngebäude angewandt werden, die nicht mehr als zwei Vollgeschosse und nicht mehr als drei Wohneinheiten umfassen. Bei diesem Verfahren gelten die Anforderungen als erfüllt, wenn die Wärmedurchgangskoeffizienten einzelner Bauteile die in der Tab. 2.2.1-14 aufgeführten Werte nicht überschreiten.

Gebäude mit niedrigen Innentemperaturen

Für zu errichtende Gebäude mit niedrigen Innentemperaturen wird der Nachweis einer Begrenzung des Transmissionswärmebedarfes Q_T verlangt. Es handelt sich um Betriebsgebäude, die jährlich mehr als vier Monate auf eine Innentemperatur zwischen 12 °C und 19 °C beheizt werden. Passive Solarenergiegewinne bleiben in der Berechnung unberücksichtigt. Der Transmissionswärmebedarf Q_T wird nach der folgenden Formel ermittelt:
$$\begin{aligned} Q_T = \; & 30 \cdot (k_W \cdot A_W + k_F \cdot A_F + \\ & 0,8 \cdot k_D \cdot A_D + f_G \cdot k_G \cdot A_G \\ & + k_{DL} \cdot A_{DL} + 0,5 \cdot k_{AB} \cdot A_{AB}) \; [kWh/a] \end{aligned}$$

Die Erklärung der einzelnen Faktoren entspricht der bei Gebäuden mit normalen Innentemperaturen (s. o.). Ergänzend gilt:
f$_G$ = 0.5 bei gedämmten Fußböden. Bei ungedämmten Fußböden ist dieser Faktor entsprechend Tab. 2.2.1-15 einzusetzen.

Der Wärmedurchgangskoeffizient von Fußboden gegen Erdreich braucht nicht höher als $k_G = 2.0 \; W/(m^2 \cdot K)$ angesetzt werden.

Der Transmissionswärmebedarf, bezogen auf das Bauwerksvolumen und ermittelt nach der Formel
$$Q'_T = Q_T / V \; [kWh/(m^3 \cdot a)]$$

darf die in der Tabelle 2.2.1-16 in Abhängigkeit vom Verhältnis A/V angegebenen Werte nicht überschreiten.

Tab. 2.2.1-12
Maximale Werte des auf das beheizte Bauwerks-volumen V oder die Gebäudenutzfläche A_N bezogenen Jahres-Heizwärmebedarfs in Abhängigkeit vom Verhältnis A/V für Gebäude mit normalen Innen-temperaturen (nach WärmeschutzV 1994)

A/V	Maximaler Jahres-Heizwärmebedarf	
	bezogen auf V $Q'_H{}^{1)}$ nach Ziff. 1.6.6	bezogen auf A_N $Q''_H{}^{2)}$ nach Ziff. 1.6.7
$[m^{-1}]$	$[kWh/(m^3 \cdot a)]$	$[kWh/(m^2 \cdot a)]$
1	**2**	**3**
$\leq 0,2$	17,3	54,0
0,3	19,0	59,4
0,4	20,7	64,8
0,5	22,5	70,2
0,6	24,2	75,6
0,7	25,9	81,1
0,8	27,7	86,5
0,9	29,4	91,9
1,0	31,1	97,3
$\geq 1,05$	32,0	100,0

[1]) Zwischenwerte sind nach folgender Gleichung zu ermitteln:
$Q'_H = 13,82 + 17,32\,(A/V)$ $[kWh/(m^3 \cdot a)]$.
[2]) Zwischenwerte sind nach folgender Gleichung zu ermitteln:
$Q''_H = Q'_H/0,32$ $[kWh/(m^2 \cdot a)]$.

Tab. 2.2.1-13
Fugendurchlaßkoeffizienten für außenliegende Fenster und Fenstertüren sowie Außentüren (nach WärmeschutzV 1994)

Zeile	Geschoßzahl	Fugendurchlaßkoeffizient a $\left[\dfrac{m^3}{h \cdot m \cdot [daPa]}\right]^{2/3}$ Beanspruchungsgruppe nach DIN 18055[1])[2])	
		A	B und C
1	Gebäude bis zu 2 Vollgeschossen	2,0	–
2	Gebäude mit mehr als 2 Vollgeschossen	–	1,0

[1]) Beanspruchungsgruppe
A: Gebäudehöhe bis   8 m.
B: Gebäudehöhe bis   20 m.
C: Gebäudehöhe bis 100 m.
[2]) Das Normblatt DIN 18055 – Fenster, Fugendurchlässigkeit, Schlagregendichtheit und mechanische Beanspruchung; Anforderungen und Prüfung – Ausgabe Oktober 1981 – ist im Beuth-Verlag GmbH, Berlin und Köln, erschienen und beim Deutschen Patentamt in München archivmäßig gesichert niedergelegt.

Tab. 2.2.1-14
Anforderungen an den Wärmedurchgangskoeffizienten für einzelne Außenbauteile der wärmeübertragenden Umfassungsfläche A bei zu errichtenden kleinen Wohngebäuden (nach WärmeschutzV 1994)

Zeile	Bauteil	max. Wärmedurchgangs-koeffizient k_{max} $[W/(m^2 \cdot K)]$
Spalte	**1**	**2**
1	Außenwände	$k_W \leq 0,50$ [1])
2	Außenliegende Fenster und Fenstertüren sowie Dachfenster	$k_{m,F\,eq} \leq 0,7$ [2])
3	Decken unter nicht aus-gebauten Dachräumen und Decken (einschließlich Dachschrägen), die Räume nach oben und unten gegen Außenluft abgrenzen	$k_D \leq 0,22$
4	Kellerdecken, Wände und Decken gegen unbeheizte Räume sowie Decken und Wände, die an das Erdreich grenzen	$k_G \leq 0,35$

[1]) Die Anforderung gilt als erfüllt, wenn Mauerwerk in einer Wandstärke von 36,5 cm mit Baustoffen mit einer Wärmeleitfähigkeit von $\lambda \leq 0,21$ $W/(m \cdot K)$ ausgeführt wird.
[2]) Der mittlere äquivalente Wärmedurchgangskoeffizient $k_{m,F\,eq}$ entspricht einem über alle außenliegenden Fenster und Fenstertüren gemittelten Wärmedurchgangskoeffizienten, wobei solare Wärmegewinne nach den Ziffern 1.6.4.2 Anlage 1 WärmeschutzV zu ermitteln sind.

Tab. 2.2.1-15
Reduktionsfaktoren f_G für Gebäude mit niedrigen Innentemperaturen (nach WärmeschutzV 1994)

Gebäudefläche A_G [m^2]	Reduktionsfaktor f_G[1])
$\leq$ 100	0,50
500	0,29
1000	0,23
1500	0,20
2000	0,18
2500	0,17
3000	0,16
5000	0,14
≥ 8000	0,12

[1]) Zwischenwerte sind nach folgender Gleichung zu ermitteln:
$f_G = 2,33/\sqrt[3]{A_G}$

Tab. 2.2.1-16
Maximale Werte des auf das beheizte Bauwerksvolumen bezogenen Jahres-Transmissionswärmebedarfs Q_T in Abhängigkeit vom Verhältnis A/V für Gebäude mit niedrigen Innentemperaturen (nach WärmeschutzV 1994)

A/V[m⁻¹]	Q'_T¹) [kWh/(m³ · a)]
≤ 0,20	6,20
0,30	7,80
0,40	9,40
0,50	11,00
0,60	12,60
0,70	14,20
0,80	15,80
0,90	17,40
≥ 1,00	19,00

¹) Zwischenwerte sind nach folgender Gleichung zu ermitteln:
$Q'_T = 3,0 + 16 \cdot A/V$ [kWh/(m³ · a)]

Im übrigen ist bei Gebäuden mit niedrigen Innentemperaturen zu beachten:
– bei Gebäuden, bei denen die Luft unter Einsatz von Energie gekühlt, be- oder entfeuchtet wird, müssen Verglasungen mindestens als Isolier- oder Doppelverglasung ausgeführt werden;
– bei Gebäuden, bei denen die Luft gekühlt wird, gelten die gleichen Anforderungen wie für den sommerlichen Wärmeschutz von Gebäuden mit normalen Innentemperaturen (s. o.);
– die Anforderungen bei Flächenheizungen in Außenbauteilen, Außenwänden im Bereich von Heizkörpern sowie bei Heizkörpern im Bereich von Fensterflächen gelten wie bei Gebäuden mit normalen Innentemperaturen (s. o.);
– der Wärmedurchgangskoeffizient für Einfachverglasungen bei außenliegenden Fenstern, Fenstertüren und Außentüren in beheizten Räumen ist mit mindestens $k_F = 5.2$ W/(m² · K) anzusetzen;
– in bezug auf die Dichtheit gilt für den Fugendurchlaßkoeffizienten der außenliegenden Fenster und Fen-

stertüren beheizter Räume:
$a \leq 2.0$ m³/(h · m · [daPa]²ᐟ³); im übrigen gelten die Anforderungen an die Dichtheit wie bei Gebäuden mit normalen Innentemperaturen.

Bauliche Änderungen bestehender Gebäude

Bei baulichen Änderungen bestehender Gebäude mit normalen oder mit niedrigen Innentemperaturen gelten die o. g. Anforderungen sinngemäß. Im einzelnen ist in der Wärmeschutzverordnung im dritten Abschnitt festgelegt:
– bei **Erweiterungen** um mindestens einen beheizten Raum oder um mindestens 10 m² zusammenhängende beheizte Gebäudenutzfläche gelten für die Erweiterung die gleichen Anforderungen wie für neu zu errichtende Gebäude;
– bei **erstmaligem Einbau, Ersatz oder Erneuerung** wärmetechnisch wichtiger Bauteile (Außenwände,

außenliegende Fenster, Decken gegen die Außenluft, Kellerdecken, Wände oder Decken gegen unbeheizte Räume) sind die Anforderungen der Tab. 2.2.1-17 einzuhalten, wenn nicht die dafür aufzuwenden den Mittel unverhältnismäßig hoch sind oder weniger als 20 % des Bauteiles erneuert werden;
– werden Einrichtungen zur **Kühlung der Raumluft** unter Einsatz von Energie eingebaut, so sind zusätzlich die Anforderungen an den sommerlichen Wärmeschutz (s. o.) zu beachten.

Ergänzend werden in der Wärmeschutzverordnung die folgenden Festlegungen getroffen:
– bei Gebäuden mit **gemischter Nutzung** gelten für die einzelnen Gebäudeteile die jeweils zutreffenden Abschnitte der Verordnung;
– **Gebäude, die wiederholt aufgestellt** und zerlegt werden und die am jeweiligen Aufstellungsort nicht mehr als zwei Heizperioden beheizt wer-

Tab. 2.2.1-17
Begrenzung des Wärmedurchgangs bei erstmaligem Einbau, Ersatz und bei Erneuerung von Bauteilen bestehender Gebäude (nach WärmeschutzV 1994)

Zeile	Bauteil	Gebäude nach Abschnitt 1	Gebäude nach Abschnitt 2
		max. Wärmedurchgangskoeffizient k_{max} [W/(m² · K)]¹)	
Spalte	1	2	3
1 a)	Außenwände	$k_W \leq 0,50$ ²)	≤ 0,75
1 b)	Außenwände bei Erneuerungsmaßnahmen nach Ziffer 2 a) und 2 c) mit Außendämmung	$k_W \leq 0,40$	≤ 0,75
2	Außenliegende Fenster und Fenstertüren sowie Dachfenster	$k_F \leq 1,8$	–
3	Decken unter nicht ausgebauten Dachräumen und Decken (einschließlich Dachschrägen), die Räume nach oben und unten gegen die Außenluft abgrenzen	$k_D \leq 0,30$	≤ 0,40
4	Kellerdecken, Wände und Decken gegen unbeheizte Räume sowie Decken und Wände, die an das Erdreich grenzen	$k_G \leq 0,50$	–

¹) Der Wärmedurchgangskoeffizient kann unter Berücksichtigung vorhandener Bauteilschichten ermittelt werden.
²) Die Anforderung gilt als erfüllt, wenn Mauerwerk in einer Wandstärke von 36,5 cm mit Baustoffen mit einer Wärmeleitfähigkeit von $\lambda \leq 0,21$ W/(m² · K) ausgeführt wird.

den, fallen nicht unter die Wärmeschutzverordnung; das gleiche gilt für **unterirdische Bauten oder Gebäudeteile** für Zwecke der Landesverteidigung, des Zivil- oder Katastrophenschutzes;

– ebenso ausgenommen von den Vorschriften sind Werkstätten und Hallen, die nach ihrem üblichen Verwendungszweck **großflächig und lang anhaltend offengehalten** werden müssen sowie Unterglasanlagen und Kulturräume im Gartenbau;

– bei **Baudenkmälern** können durch die zuständigen Behörden Ausnahmen zugelassen werden; das gleiche gilt, wenn die Ziele der Wärmeschutzverordnung durch **andere Maßnahmen** im gleichen Umfang erreicht werden können;

– die wesentlichen Ergebnisse der rechnerischen Nachweise werden in einem **Wärmebedarfsausweis** zusammengefaßt, der die energiebezogenen Merkmale eines Gebäudes darstellt und von überwachenden Behörden sowie von Mietern und Käufern eingesehen werden kann.

2.2.1.4 Niedrigenergiehäuser

Gegenüber dem im Vergleich zu der bisher üblichen Bauweise schon sehr hohen Standard für die Heizenergieeinsparung, wie ihn die novellierte Wärmeschutzverordnung fordert, geht das sogenannte Niedrigenergiehaus noch deutlich weiter. Die Wärmeschutzverordnung verlangt bei Gebäuden mit normalen Innentemperaturen einen Jahres-Heizwärmebedarf von maximal *54.0 bis 100.0 [kWh/(m² · a)]* in Abhängigkeit von der Kompaktheit des Gebäudes. Für Niedrigenergiehäuser wird etwa eine nochmalige Halbierung dieser Werte angestrebt, d. h. der Jahres-Heizwärmebedarf sollte je nach dem A/V-Verhältnis bei ca. *25.0 bis 50.0 [kWh(m² · a)]* liegen. In einzelnen Förderprogrammen, wie z. B. in Hessen und Schleswig-Holstein, werden hingegen Energiekennwerte von

$\leq 70 \ [kWh/(m² · a)]$
für Einfamilienhäuser

$\leq 55 \ [kWh/(m² · a)]$
für Mehrfamilienhäuser

verlangt, die noch im Anforderungsbereich der novellierten Wärmeschutzverordnung liegen.

Bei diesen niedrigen Werten wird es besonders wichtig, darauf hinzuweisen, wie sie ermittelt sind und welche Bereiche sie im einzelnen umfassen. So kann der **Energiebedarf/-verbrauch** auf drei deutlich unterschiedlichen Wegen ermittelt werden:

– **Dynamische Simulationsprogramme** berücksichtigen standardisierte Klimabedingungen (z. B. als Testreferenzjahr) für den jeweiligen Ort und das dynamische thermische Verhalten des Gebäudes. Die Ergebnisse der unterschiedlichen Rechenprogramme liegen üblicherweise nahe beieinander und sind so untereinander auch vergleichbar.

– **Stationäre Rechenprogramme** gehen von mehr oder weniger stark vereinfachten Randbedingungen aus. Ein in diesem Sinne stark vereinfachender Rechenansatz liegt auch dem Wärmeschutznachweis nach der novellierten Wärmeschutzverordnung zugrunde. Dieser Ansatz läßt z. B. die klimatischen Unterschiede innerhalb des Anwendungsgebietes unberücksichtigt.

– **Die nachträglichen Messungen des effektiven Energieverbrauchs** wiederum ergeben echte Daten. In diese Daten fließen aber alle Zufälligkeiten des jeweiligen Objektes, der Klimabedingungen in der Meßperiode sowie des jeweiligen Nutzerverhaltens mit ein, so daß diese Meßdaten statistisch aufbereitet werden müssen, wenn sie für einen Vergleich oder eine allgemeine Aussage herangezogen werden sollen.

Im einzelnen kann der **Energiebedarf** bzw. bei einer nachträglichen Messung der effektive **Energieverbrauch** in Gebäuden die folgenden Bereiche umfassen:

– Transmissionswärmebedarf

– Lüftungswärmebedarf

– Wärmebedarf für die Warmwasserbereitung

– Energiebedarf für Licht und Haushaltsgeräte.

Hiervon sind der Transmissions- und der Lüftungswärmebedarf in besonderem Maße Gegenstand von Energiesparmaßnahmen, die zum niedrigen Energieverbrauch bei Niedrigenergiehäusern führen. Aber auch bei der Warmwasserbereitung und dem Energiebedarf für Licht und Haushaltsgeräte sind deutliche Einsparungen durch den Einsatz energiesparender Geräte möglich.

Das Niedrigenergiehaus ist also durch den jährlichen Heizwärmebedarf bestimmt, ohne daß im einzelnen festgelegt ist, durch welche Maßnahmen dieses Anforderungsniveau erreicht wird. In gewissen Grenzen ist auch beim Niedrigenergiehaus eine Kompensation der Maßnahmen untereinander möglich, wie sie bei Berechnungen nach der Wärmeschutzverordnung gehandhabt wird. Aus der Erfahrung mit ausgeführten Projekten gibt es **Merkmale,** die wichtig sind, wenn das angestrebte niedrige Niveau für den jährlichen Heizwärmebedarf erreicht werden soll. Diese Merkmale sind:

– Ein besonders guter Wärmeschutz der Gebäudehülle

– Wärmeschutzverglasung der Fenster $k \leq 1.3 \ W/(m² · K)$

– Vermeidung von Wärmebrücken

– Luftdichte Außenhaut

– Kontrollierte Lüftung, ggf. mit Wärmerückgewinnung

– Kompakte, bei Einfamilienhäusern verdichtete Bauweise

– Nutzung passiver Energiegewinne aus der Sonnenstrahlung

– An den niedrigen Energiebedarf angepaßte Heizsysteme.

Selbstverständlich wird auch im Niedrigenergiehaus der effektive Energieverbrauch ganz wesentlich durch die **Heiz- und Lüftungsgewohnheiten des Nutzers** bestimmt. Hier gibt es in realisierten Objekten deutliche Unterschiede. Bei einer größeren Anzahl baugleicher Häuser kann man jedoch behaupten, daß die Abweichungen nach oben und nach unten etwa gleich sind, so daß sie sich wechselseitig weitgehend aufheben. Das zeigt aber auch, daß der Energieverbrauch im Einzelfall nicht unbedingt mit einem durch Berechnung oder Simulation ermittelten Soll-Wert übereinstimmen muß. Andererseits wird es in einem Niedrigenergiehaus dem Nutzer leicht gemacht, sich energiesparend zu verhalten. So bewirken z. B. die im Vergleich hohen Oberflächentemperaturen der Wände,

Fenster, Böden und Decken einen thermischen Komfort, der in herkömmlichen Gebäuden durch hohe Raumlufttemperaturen angestrebt, aber dennoch nicht erreicht wird. Ähnlich verhält es sich mit der kontrollierten Lüftung, die für einen gleichmäßigen Luftwechsel sorgt, so immer die ausreichende Frischluft bereitstellt und gleichzeitig die Lüftungswärmeverluste niedrig hält.

Ein Beispiel eines Niedrigenergiehauses ist in Abb. 2.2.1–18 dargestellt. Es zeigt, wie mit Porenbeton die hohen Anforderungen, die an ein Niedrigenergiehaus gestellt werden müssen, erfüllt werden können. Dabei ist wichtig, daß insbesondere Wärmebrücken, deren Vermeidung bei anderen Konstruktionen oft nur mit großem Aufwand möglich ist, beim Porenbeton leicht und sicher ausgeschlossen werden können.

Wärmespeicherung

Die **Wärmespeicherung** von Baustoffen und Bauteilen hat mehrfache Bedeutung:

– zum Ausgleich der Temperaturschwankungen bei intermittierender Heizung,

– zum Abbau von Temperaturspitzen unter sommerlichen Klimabedingungen

– zur passiven Nutzung von Solarstrahlung durch Zwischenspeicherung der Wärme.

In allen drei Fällen handelt es sich um die temperaturausgleichende Wirkung der Wärmespeicherung, die für die Behaglichkeit und für eine sparsame Energieverwendung besonders wichtig ist. Speicherfähige Gebäude, d. h. solche

aus möglichst dickem Mauerwerk im Gegensatz zu Fachwerk- oder Holzbauten, galten in der Vergangenheit als besonders solide und komfortabel. In bezug auf den thermischen Komfort des Gebäudes liegt das vor allem an den früheren, heute nicht mehr üblichen Heizsystemen. Die extrem schlecht regelbaren Ofenheizungen hatten starke Schwankungen in ihrer Wärmeabgabe. Überhitzung und Verlöschen des Feuers wechselten sich ab. Eine gut speicherfähige Bauweise bewirkte, daß die Wände nach dem Verlöschen des Feuers im Ofen die vorher aufgenommene Wärme wieder in den Raum abgaben und daß dadurch eine zu schnelle Auskühlung verhindert wurde. Eine Überhitzung hingegen wurde noch als angenehm empfunden, weil die Wärme zum Teil benötigt wurde, um die ausgekühlten Wände aufzuheizen.

Gebäudedaten:

Außenwand:	Innenputz
	Porenbeton 2/0,4, 375 mm
	Strukturputz
	k = 0,30 W/(m²K)
Fenster:	k = 1.50 W/(m²K)
	zusätzliche Rolladen
Dach:	Innenputz
	Porenbeton-Dachplatten 3.3/0,5, 200 mm Dämm-Material 150 mm k = 0.20 W/(m²K)
Kellerdecke:	Porenbeton-Deckenplatten 4.4/0,7, 250 mm
	Dämm-Material 40 mm
	Estrich
	k = 0.45 W/(m²K)
Wärmebedarf:	Gesamtwärmebedarf: 4,2 kW
	(unter Berücksichtigung der Wärmerückgewinnung)
Wohnfläche:	127 m²
spez. Wärmebedarf:	33 W/m²

Schnitt Dachgeschoß

Erdgeschoß Kellergeschoß

Abb. 2.2.1-18
Beispiel eines Niedrigenergiehauses aus Porenbeton

Ähnliche Kriterien gelten noch heute für den sommerlichen Wärmeschutz und für die passive Nutzung der Sonnenstrahlung. Beim sommerlichen Wärmeschutz kommt es ebenfalls auf eine Zwischenspeicherung der Wärme in Bauteilen an. Dadurch entsteht ein angenehmes, ausgeglichenes Raumklima auch bei stark schwankenden Außentemperaturen. Für die passive Nutzung der Solarenergie (Solarstrahlung) hat die Wärmespeicherung der Innenbauteile eine ähnliche Bedeutung wie auch für den sommerlichen Wärmeschutz. Die durch große Südfenster eingestrahlte Sonnenenergie wird in den bestrahlten Innenbauteilen (Fußböden, Innenwände, ggf. auch eigens zu diesem Zweck innerhalb des Raumes errichte-

te speicherfähige Bauteile wie massive Brüstungen, Sitzbänke o. ä.) zwischengespeichert und zeitlich verzögert wieder an den Raum abgegeben. In bezug auf die Einsparung von Heizenergie sind die oben genannten Aspekte in ihrer Wirkung gegenläufig:

– bei intermittierendem Heizen in wenig genutzten Räumen kann die größere Einsparung an Heizenergie durch geringere Wärmespeicherung erreicht werden, da im Idealfall keinerlei Energie für das Aufheizen von Speichermassen verlorengeht,

– bei der passiven Nutzung von Solarenergie hingegen bewirken größere Speichermassen einen zusätzlichen Energiegewinn aus Sonnenstrah-

lung, der zur Einsparung konventioneller Energie führt.

Welches der beiden Kriterien im Einzelfall überwiegt, hängt von weiteren Randbedingungen ab. Man wird daher in der Praxis häufig einen Mittelwert der Wärmespeicherung anstreben und damit Temperaturen im Gebäude erreichen, die für den Nutzer bei geringem Aufwand möglichst lange im Behaglichkeitsbereich bleiben.

Die Verbindung von geringer Wärmeleitfähigkeit und guter spezifischer Wärmekapazität führt bei Porenbeton zu einer langen Auskühlzeit, zu einer guten Stabilisierung der Raumtemperatur und dadurch zu einem konstant behaglichen Raumklima.

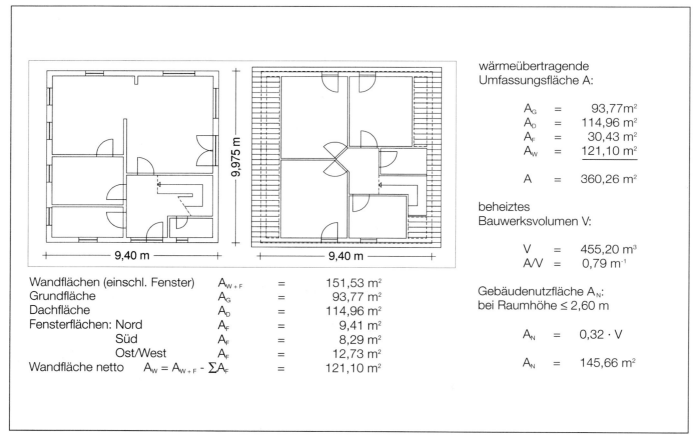

Wandflächen (einschl. Fenster) A_{W+F} = 151,53 m²
Grundfläche A_G = 93,77 m²
Dachfläche A_D = 114,96 m²
Fensterflächen: Nord A_F = 9,41 m²
           Süd A_F = 8,29 m²
           Ost/West A_F = 12,73 m²
Wandfläche netto $A_W = A_{W+F} - \Sigma A_F$ = 121,10 m²

wärmeübertragende Umfassungsfläche A:

$$A_G = 93,77 \text{ m}^2$$
$$A_D = 114,96 \text{ m}^2$$
$$A_F = 30,43 \text{ m}^2$$
$$A_W = 121,10 \text{ m}^2$$

$$A = 360,26 \text{ m}^2$$

beheiztes Bauwerksvolumen V:

$$V = 455,20 \text{ m}^3$$
$$A/V = 0,79 \text{ m}^{-1}$$

Gebäudenutzfläche A_N: bei Raumhöhe ≤ 2,60 m

$$A_N = 0,32 \cdot V$$

$$A_N = 145,66 \text{ m}^2$$

Abb. 2.2.1-19 a
Freistehendes Einfamilienhaus – Gebäudedaten zum Wärmeschutznachweis in Tab. 2.2.1-19 b

Tab. 2.2.1-19 b
Freistehendes Einfamilienhaus – Wärmeschutznachweis (s. a. Abb. 2.2.1-18 a)

Bauteil-Aufbau		Bauteil-Dicke s [m]	Wärme-leitzahl λ_R [W/mK]	$\frac{s}{\lambda_R}$ [m² K/W]	$\frac{1}{\alpha_i}+\frac{1}{\alpha_a}$	$\frac{1}{k}$ [m² K/W]	k [W/m² K]	x	wärmeüber-tragende Flächen A [m²]	x Faktor	Trans-missions-bedarf Q_T [kWh/a]
Wandflächen	Innenputz	0,01	0,350	0,029							
	Porenbeton Plansteine W PP 2/0,4	0,30	0,120	2,500							
	Außenputz	0,01	0,200	0,050							
$\frac{1}{\Lambda}$ gem. DIN 4108 $\geq$	0,64 $<$			2,579	0,17	2,75	0,36		121,10	84	3.662,06
Grundflächen	Zement-Estrich	0,05	1,400	0,024							
	Trittschalldämmung	0,06	0,035	1,714					0,5 × 84		
	Porenbeton Deckenpl. GB 4,4/0,7	0,20	0,210	0,952							
$\frac{1}{\Lambda}$ gem. DIN 4108 $\geq$	0,90 $<$			2,702	0,34	3,04	0,33		93,77		1.299,65
Dachflächen	Gipskartonplatten	0,01	0,210	0,048							
	Sparschalung/Luftschicht 2 cm	0,02	–	0,170					0,8 × 84		
	Mineralfaserdämmung	0,16	0,035	4,571							
90 % der Dachfläche $\frac{1}{\Lambda}$ gem. DIN 4108 $\geq$ 1,35 $<$				4,789	0,21	5,00	0,20		103,51		1.391,17
Dachflächen	Gipskartonplatten	0,01	0,210	0,048							
	Sparschalung/Luftschicht 2 cm	0,02	–	0,170					0,8 × 84		
	Sparren	0,18	0,140	1,286							
10 % der Dachfläche $\frac{1}{\Lambda}$ gem. DIN 4108 $\geq$ 1,10 $<$				1,504	0,21	1,71	0,58		11,45		446,28
Fenster	Rahmenmaterial-gruppe:	$k_{eq,F}=k_F-g_F\cdot S_F$	nordorientiert	$S_F=0,95$		$k_{eq,F}=$ 1,33		x	9,41	x 84	1.051,29
		$g_F=0,6$	südorientiert	$S_F=2,40$		$k_{eq,F}=$ 0,46		x	8,29	x 84	320,33
	Verglas.art: $k_V=2,0$	$k_F=1,9$	ost-/westorient.	$S_F=1,65$		$k_{eq,F}=$ 0,91		x	12,73	x 84	973,08
							Σ A Fenster		30,43		2.344,70
							Σ A		360,26	Q_T	9.143,86

Transmissionswärmebedarf Q_T = 9.143,86 kWh/a
Lüftungswärmebedarf $Q_L = V \cdot 18,28 = 455,20 \cdot 18,28$ = 8.321,05 kWh/a
Interne Wärmegewinne $Q_i = A_N \cdot 25 = 145,66 \cdot 25$ = 3.641,60 kWh/a
Jahres-Heizwärmebedarf $Q_H = 0,9 (Q_T + Q_L) - Q_i = 0,9 (9.143,86 + 8.321,05) - 3.641,60$ = 12.076,73 kWh/a

Jahres-Heizwärmebedarf je m² Gebäudenutzfläche A_N nach der Wärmeschutzverordnung:

$$Q''_{H\,vorh.} = \frac{Q_H}{A_N} = \frac{12.076,73}{145,66} = 82,91 \text{ kWh/(m}^2\text{ a)}$$

Verhältnis $\frac{\text{wärmeübertragende Fläche A}}{\text{beheiztes Gebäudevolumen V}} = \frac{360,26}{455,20} = 0,79$ ergibt gem. Tabelle 1: $Q''_{H\,erf.} = 85,95$ kWh/(m² a)

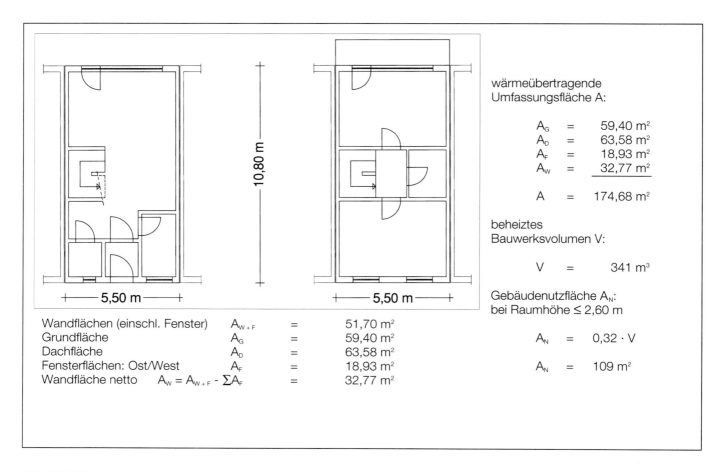

Wandflächen (einschl. Fenster) A_{W+F} =   51,70 m²
Grundfläche A_G =   59,40 m²
Dachfläche A_D =   63,58 m²
Fensterflächen: Ost/West A_F =   18,93 m²
Wandfläche netto $A_W = A_{W+F} - \Sigma A_F$ =   32,77 m²

wärmeübertragende
Umfassungsfläche A:

A_G = 59,40 m²
A_D = 63,58 m²
A_F = 18,93 m²
A_W = 32,77 m²

A = 174,68 m²

beheiztes
Bauwerksvolumen V:

V = 341 m³

Gebäudenutzfläche A_N:
bei Raumhöhe ≤ 2,60 m

A_N = 0,32 · V

A_N = 109 m²

Abb. 2.2.1-20 a
Reihenmittelhaus – Gebäudedaten zum Wärmeschutznachweis in Tab. 2.2.1-20 b

Tab. 2.2.1-20 b
Reihenmittelhaus – Wärmeschutznachweis (s. a. Abb. 2.2.1.-19 a)

	Bauteil-Aufbau		Bauteil-Dicke s [m]	Wärme-leitzahl λ_R [W/mK]	$\frac{s}{\lambda_R}$ [m² K/W]	$\frac{1}{\alpha_i} + \frac{1}{\alpha_a}$	$\frac{1}{k}$ [m² K/W]	k [W/m² K]	x	wärmeüber-tragende Flächen A [m²]	x Faktor	Trans-missions-bedarf Q_T [kWh/a]
Wandflächen	Innenputz		0,01	0,350	0,029							
	Porenbeton Plansteine W PP 2/0,4		0,30	0,120	2,500							
	Außenputz		0,01	0,200	0,050							
	$\frac{1}{\Lambda}$ gem. DIN 4108 ≥ 0,55 <				2,579	0,17	2,75	0,36		32,77	84	991
Grundflächen	Zement-Estrich		0,05	1,400	0,035							
	Trittschalldämmung		0,06	0,035	1,714						0,5 x 84	
	Porenbeton Deckenpl. GB 4,4/0,7		0,20	0,210	0,952							0,5
	$\frac{1}{\Lambda}$ gem. DIN 4108 ≥ 0,90 <				2,701	0,34	3,04	0,33		59,40		823
Dachflächen	Porenbeton-Dachpl. GB 3,3/0,5		0,20	0,19	1,053						0,8 x 84	
	Wärmedämmung/Lattung/Konter-lattung/Dachpfanneneindeckung		0,12	0,035	3,429							
	$\frac{1}{\Lambda}$ gem. DIN 4108 ≥ 1,10 <				4,482	0,21	4,69	0,21		63,58		897
Fenster	Rahmenmaterial-gruppe:	$k_{eq,F} = k_F - g_F \cdot S_F$	nordorientiert		$S_F = 0,95$		$k_{eq,F} =$		x		x 84	
		$g_F = 0,6$	südorientiert		$S_F = 2,40$		$k_{eq,F} =$		x		x 84	
	Verglas.art: $k_V = 1,9$	$k_F = 1,8$	ost-/westorient.		$S_F = 1,65$		$k_{eq,F} = 0,81$		x	18,93	x 84	1.288
							Σ A Fenster			18,93		1.288

	Σ A	174,68	Q_T	3.999

Transmissionswärmebedarf Q_T = 3.999 kWh/a
Lüftungswärmebedarf $Q_L = V \cdot 18,28 = 341 \cdot 18,28$ = 6.233 kWh/a
Interne Wärmegewinne $Q_i = A_N \cdot 25 = 109 \cdot 25$ = 2.725 kWh/a
Jahres-Heizwärmebedarf $Q_H = 0,9 (Q_T + Q_L) - Q_i = 0,9 (3.999 + 6.233) - 2.725$ = 6.484 kWh/a

Jahres-Heizwärmebedarf je m² Gebäudenutzfläche A_N nach der Wärmeschutzverordnung:

$$Q''_{H\,vorh} = \frac{Q_H}{A_N} = \frac{6.484}{109} = 59,49 \text{ kWh/(m}^2 \cdot a)$$

Verhältnis $\frac{\text{wärmeübertragende Fläche } A}{\text{beheiztes Gebäudevolumen } V} = \frac{174,68}{341} = 0,51$ ergibt gem. Tabelle 1: $Q''_{H\,erf.} = 71 \text{ kWh/(m}^2 \cdot a)$

zusätzliche Forderung bei Reihenmittelhäusern: $k_{m,W+F} \le 1,0 \text{ W/(m}^2 \cdot K)$

$$k_{m,W+F} = \frac{k_W \cdot A_W + k_F \cdot A_F}{A_{W+F}} = \frac{0,36 \cdot 32,77 + 1,9 \cdot 18,93}{32,77 + 18,93} = 0,924 \text{ W/(m}^2 \cdot K)$$

Die Anforderungen an den Wärmeschutz gemäß WärmeschutzV werden erfüllt.

Tab. 2.2.1-21
Mehrfamilienhaus – Wärmeschutznachweis

Bauteil-Aufbau		Bauteil-Dicke s [m]	Wärme-leitzahl λ_R [W/mK]	$\frac{s}{\lambda_R}$ [m² K/W]	$\frac{1}{\alpha_i} + \frac{1}{\alpha_a}$	$\frac{1}{k}$ [m² K/W]	k [W/m² K]	x	wärmeüber-tragende Flächen A [m²]	x Faktor	Trans-missions-bedarf Q_T [kWh/a]
Wandflächen	Innenputz	0,01	0,350	0,029							
	Porenbeton Plansteine W PP 4/0,6	0,30	0,180	1,667							
	Außenputz	0,015	0,190	0,079							
	$\frac{1}{\Lambda}$ gem. DIN 4108 ≥ 0,55 <			1,778	0,17	1,95	0,51		407	84	17.436
Grundflächen	Zement-Estrich	0,05	1,400	0,036							
	Trittschalldämmung	0,06	0,035	1,714						0,5 x 84	
	Stahlbeton	0,16	2,100	0,076							
	Wärmedämmung	0,04	0,035	1,143							
	$\frac{1}{\Lambda}$ gem. DIN 4108 ≥ 0,90 <			2,969	0,34	3,31	0,30		176		2.218
Dachflächen	Porenbeton-Dachpl. GB 3,3/0,5	0,20	0,190	1,053							
	Wärmedämmung/Folieneindeckung	0,12	0,035	3,429						0,8 x 84	
	$\frac{1}{\Lambda}$ gem. DIN 4108 ≥ 1,10 <			4,482	0,21	4,69	0,21		176		2.484
Fenster	Rahmenmaterial-gruppe:	$k_{eq,F} = k_F - g_F \cdot S_F$	nordorientiert	$S_F = 0,95$		$k_{eq,F}$ = 1,135	x		31	x 84	2.956
		g_F = 0,7	südorientiert	$S_F = 2,40$		$k_{eq,F}$ = 0,120	x		51	x 84	514
	Verglas.art: k_V = 1,9	k_F = 1,8	ost-/westorient.	$S_F = 1,65$		$k_{eq,F}$ = 0,645	x		20	x 84	1.084
						Σ A Fenster			102		4.554

Σ A   861 Q_T 26.692

Transmissionswärmebedarf Q_T .... = 26.692 kWh/a
Lüftungswärmebedarf $Q_L = V \cdot 18,28 = 1.950 \cdot 18,28$ .... = 35.646 kWh/a
Interne Wärmegewinne $Q_I = A_N \cdot 25 = 624 \cdot 25$ .... = 15.600 kWh/a
Jahres-Heizwärmebedarf $Q_H = 0,9 (Q_T + Q_L) - Q_I = 0,9 (26.692 + 35.646) - 15.600$ = 40.504 kWh/a

Jahres-Heizwärmebedarf je m² Gebäudenutzfläche A_N nach der Wärmeschutzverordnung:

$$Q''_{H\,vorh.} = \frac{Q_H}{A_N} = \frac{40.504}{624} = 64,91 \; kWh/(m^2 \cdot a)$$

gem. Tabelle 1: $Q''_{H\,erf.} = \dfrac{13,82 + 17,32 \times A/V}{0,32} = \dfrac{13,82 + 17,32 \times 861/1.950}{0,32} = 67,09 \; kWh/(m^2 \cdot a)$

Die Anforderungen an den Wärmeschutz gemäß WärmeschutzV werden erfüllt.

Tab. 2.2.1-22
Betriebsgebäude mit niedrigen Innentemperaturen – Wärmeschutznachweis

Ausführung:

– Flachdach
– nicht unterkellert
– 80 lfdm. Fensterband, 1,875 m hoch
– 2 Tore 4 x 4 m

Abmessungen:
20 x 50 x 5 m

Flächenermittlung:

A_W = 518 m²

A_F = 150 m²

A_T = 32 m²

A_D = 1.000 m²

A_G = 1.000 m²

A = 2.700 m²

V = 5.000 m³

V_L = 0,8 · V = 4.000 m³

A/V = 0,54 m⁻¹

Wärmedurchgangskoeffizenten

k_W = 0,7 W/m²K; GB 3.3/0.5; 20 cm

K_F = 2,0 W/m²K

k_T = 2,50 W/m²K

k_D = 0,7 W/m²K; GB 3.3/0.5; 20 cm

k_G = 2,0 W/m²K; ungedämmt

Reduktionsfaktor gemäß WSVO

f_G = 0,23

Transmissionswärmebedarf:

Q_T = 30 $(k_W · A_W + k_F · A_F + k_T · A_T + 0,8 · k_D · A_D + f_G · k_G · A_G)$

f_G = Reduktionsfaktor der Wärmedurchgangskoeffizienten k_G für den unteren Gebäudeabschluß ohne Wärmedämmung gegen Erdreich.
bei A_G = 1000 m² → f_G = 0,23

Q_T = 30 (0,7 · 518 + 2,0 · 150 + 2,5 · 32 + 0,8 · 0,7 · 1000 + 0,23 · 2,0 · 1000)
   = 30 (363 + 300 + 80 + 560 + 460)
   = 30 · 1.763
   = 52.890 kWh/a

Q'_T = 52.890/V = 10,6 kWh/(m³ · a)   (Ergebnis)

Q'_{Tmax} = 3,0 + 16 (A/V)
   = 11,64 kWh/(m³ · a) (Forderung) $Q'_{Tmax} > Q'_T$

Tab. 2.2.1-23
Orientierungswerte zur Dimensionierung des Wärmeschutzes bei Wirtschaftsbauten. Mit diesen Werten und Konstruktionen werden die Anforderungen der Wärmeschutzverordnung normalerweise erfüllt. Ein projektbezogener Nachweis des Jahresheizwärmebedarfes entsprechend der Wärmeschutzverordnung ist aber auf jeden Fall erforderlich.

Bauteil	Wärmedurch-gangskoeffizient zur Orientierung	Beispiel
Gebäude mit normalen Innentemperaturen ($\geq$ 19 °C)		
Außenwand	k_W = 0.6 W/(m² · K)	GB 3.3/0,5, d = 240 mm oder mehrschalig mit Dämmstoff
Dach	k_D = 0.2 W/(m² · K)	GB 3.3/0.5, d = 200 mm, mit Dämmstoff, d = 120 mm
Grundfläche	k_G = 0.5 W/(m² · K)	Betonboden mit Dämmstoff, d = 70 mm
Fenster	k_F = 2.0 W/(m² · K)	. . .
Gebäude mit niedrigen Innentemperaturen (12° bis < 19 °C)		
Außenwand	k_W = 0.7 W/(m² · K)	GB 3.3/0,5, d = 200 mm oder mehrschalig mit Dämmstoff
Dach	k_D = 0.7 W/(m² · K)	GB 3.3/0.5, d = 200 mm
Grundfläche	k_G = 2.0 W/(m² · K)	Betonboden, ungedämmt
Fenster und Tore	k_F = 2.0 . . . 2.5W/(m² · K)	

Tab. 2.2.1-24
Beispiele für das Temperaturamplitudenverhältnis TAV bei Porenbeton-Außenwandkonstruktionen zur Kennzeichnung der Qualität für den sommerlichen Wärmeschutz (günstige Werte: *TAV < 0,25*)

Konstruktion		Dicke (mm)	TAV
Dachplatten Wandplatten Wandtafeln	3,3/0,6	200 225 250 300	0,24 0,18 0,14 0,08
Dach- und Deckenplatten Wandplatten Wandtafeln	4,4/0,7	200 225 250 300	0,22 0,17 0,13 0,07
Plansteine	0,5	175 + Verbl.* 250 + Verbl.* 300 375	0,17 0,08 0,08 0,04
Blocksteine	0,5	240 + Verbl.* 300 365	0,08 0,13 0,07

* + 60 mm Luft + 115 mm Verblender

Tab. 2.2.1-25 **Daten zur Wärmespeicherung für Porenbeton, Beton und Dämmstoff**

Material	Dicke d [m]	Wärmeleit-fähigkeit λ_R [W/(mK)]	Rohdichte ϱ [kg/m³]	Spezifische Wärme c (J/kgK)	Wärmedurch-laßwiderstand $1/\Lambda$ (m²K/W)	Gespeicher-te Wärme-menge Q_S (J/m² K)	Auskühlzeit t_A [h]
Porenbeton							
– Dachplatten	0,20	0,16	500	1000	1,25	100000	34,72
– Deckenplatten	0,225	0,21	700	1000	1,07	157000	46,81
– Wandplatten	0,25	0,16	500	1000	1,56	125500	54,16
– Plansteine	0,365	0,16	500	1000	2,28	182500	115,58
– Plansteine	0,365	0,17	500	1000	2,15	182500	109,00
Beton ≥ B 15	0,30	2,03	2400	1000	0,15	720000	30,00
Dämmstoff	0,30	0,04	20	1500	7,50	9000	18,75

Gespeicherte Wärmemenge: $Q_S = c \cdot \varrho \cdot d$ [(J/m² K)]
Auskühlzeit: $t_A = Q_S \cdot 1/\Lambda$ [h]

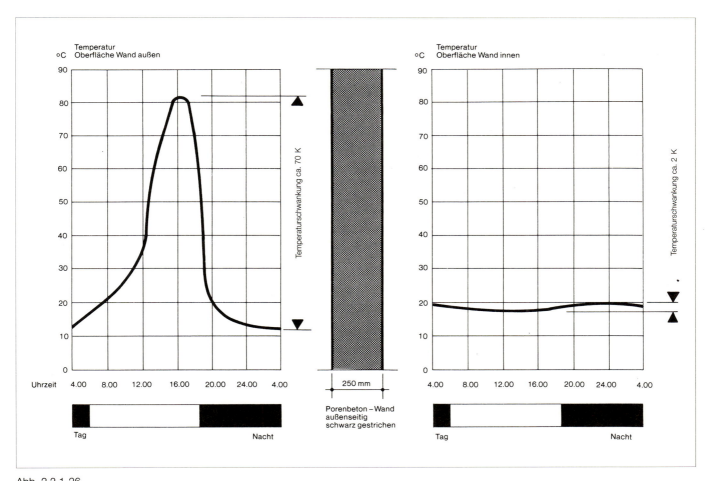

Abb. 2.2.1-26
Beispiel für den Temperaturverlauf (Temperatur der äußeren und der inneren Wandoberfläche einer 25 cm dicken   **Porenbetonwand [$\Delta\vartheta_a$ = 70 K, $\Delta\vartheta_i$ = 2 K]**

2.2.2 **Feuchteschutz**

Sowohl beim Errichten als auch bei der Nutzung von Gebäuden gelangt Feuchtigkeit in die Bauteile. Dies geschieht insbesondere durch den verwendeten Mauer- und Putzmörtel, aber auch durch die in den Baustoffen noch vorhandene Restfeuchte aus der Produktion.

In früheren Zeiten vergingen bei den damals üblichen Bauweisen (Mauerwerk mit hohem Mörtelanteil und Putz) und Heizsystemen (Einzelöfen, unbeheizte Räume) oft viele Jahre, bis ein Haus »trockengewohnt« war. Heute kann man davon ausgehen, daß die erhöhte Anfangsfeuchte sich nach zwei bis drei Jahren so weit reduziert hat, daß die sogenannte Ausgleichsfeuchte erreicht ist. Das gilt besonders für Gebäude aus Porenbeton. Dabei weist Mauerwerk aus Plansteinen besonders günstige Werte auf, weil hier der Anteil der Mörtelfugen nur 1...2 % beträgt (gegenüber einem Mörtelfugenanteil von 6...20 % bei üblichem Mauerwerk). Auch die Putzdicke kann bei Plansteinmauerwerk auf 5 mm reduziert werden.

Eine zweite Quelle für Feuchtigkeit in Außenbauteilen (Außenwänden) sind Niederschläge. Eine solche Durchfeuchtung würde nicht nur zu einer Herabsetzung der Wärmedämmfähigkeit führen, sondern außerdem erhebliche Bauschäden zur Folge haben. Deswegen ist Mauerwerk grundsätzlich mit einem Witterungsschutz zu versehen.

Schließlich entsteht bei der Benutzung von Gebäuden regelmäßig Feuchtigkeit, die sich vor allem in Außenbauteilen ansammeln kann, wenn nicht für eine geregelte Abfuhr durch Lüften und Heizen und für eine Feuchtigkeitsabgabe aus den Bauteilen gesorgt ist. Solche Wohnfeuchtigkeit entsteht z. B. beim Kochen, Waschen und Baden, aber auch durch die Feuchtigkeitsabgabe von Menschen, Zimmerpflanzen oder auch Aquarien.

Die aus den geschilderten Beanspruchungen sich ergebenden Anforderungen an das Feuchtigkeitsverhalten von Bauteilen und Konstruktionslösungen mit Porenbeton werden im folgenden dargestellt.

Feuchte kann **in Bauteilen** sowohl in flüssigem Zustand als auch in Form von Dampf transportiert werden. Das Ausmaß dieser Feuchtetransporte ist von den Kapillareigenschaften und der Dampfdurchlässigkeit der Baumaterialien abhängig, außerdem aber auch vom Feuchte- und Dampfdruckgefälle.

Die **Dampfdurchlässigkeit** von Baustoffen ist leicht zu messen. Das Diffusionsverhalten einer Wandkonstruktion kann nach dem Glaser-Verfahren vergleichsweise einfach bestimmt werden. Eine Zusammenstellung der Vergleichswerte zur Dampfdurchlässigkeit von Baustoffen, dargestellt in Form der Wasserdampf-Diffusionswiderstandszahl, findet sich in DIN 4108 Teil 4.

Der Feuchtetransport in flüssiger Form durch **Kapillarleitung**, der besonders bei monolithischen Wand- und Dekkenkonstruktionen wesentlich größer sein kann als der Feuchtetransport durch Diffusion, wird in der DIN 4108 Teil 3 dadurch berücksichtigt, daß Bauteile benannt werden, »für die kein rechnerischer Nachweis des Tauwasserausfalles infolge Dampfdiffusion ... erforderlich ist«. Solche Bauteile sind nach DIN 4108 Teil 3:

- »Mauerwerk nach DIN 1053 Teil 1 aus künstlichen Steinen ohne zusätzliche Wärmedämmschicht als ein- oder zweischaliges Mauerwerk verblendet oder verputzt oder mit angemörtelter oder angemauerter Bekleidung nach

DIN 18515 (Fugenanteil mindestens 5 %) ...« Hierzu zählen Wände aus Porenbeton-Blocksteinen und -Plansteinen nach DIN 4165.«
- »Einschalige Dächer aus Porenbeton nach DIN 4223 ohne Dampfsperrschicht an der Unterseite.«

Wichtig ist der Feuchtetransport durch Dampfdiffusion bei:

- Leichtkonstruktionen mit nicht kapillarleitenden, aber dampfdurchlässigen Wärmedämmschichten (z. B. Mineralfaserdämmplatten),
- mehrschichtigen, nicht belüfteten Flachdächern,
- wasserabweisenden Außenputzen und Kunstharzputzen, bei denen durch Anschluß- und Fehlstellen Feuchtigkeit in flüssiger Form eindringen und nur durch Diffusion wieder abgeführt werden kann (Regenschutz).

Ein kombinierter Feuchtetransport aus Diffusion und Kapillarleitung umfaßt drei Vorgänge, die in Abb. 2.2.2-1 am Beispiel von nicht belüfteten Porenbetonflachdächern näher erläutert werden. Hier stellt sich durch die Kombination von Eindiffusion, kapillarer Rückleitung und Rückdiffusion bei durchschnittlichen Raumluftbedingungen keine Feuchtigkeitserhöhung im Porenbeton ein. Eine Dampfsperre ist nicht erforderlich. Sie würde eher die Feuchteabgabe bei neuen Dächern mit erhöhter Anfangsfeuchte verhindern.

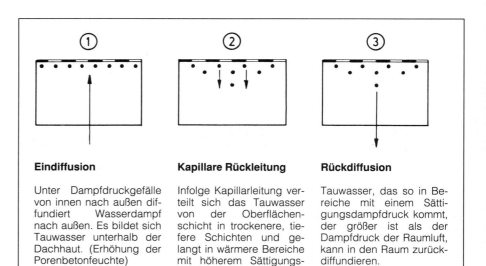

Eindiffusion

Unter Dampfdruckgefälle von innen nach außen diffundiert Wasserdampf nach außen. Es bildet sich Tauwasser unterhalb der Dachhaut. (Erhöhung der Porenbetonfeuchte)

Kapillare Rückleitung

Infolge Kapillarleitung verteilt sich das Tauwasser von der Oberflächenschicht in trockenere, tiefere Schichten und gelangt in wärmere Bereiche mit höherem Sättigungsdampfdruck.

Rückdiffusion

Tauwasser, das so in Bereiche mit einem Sättigungsdampfdruck kommt, der größer ist als der Dampfdruck der Raumluft, kann in den Raum zurückdiffundieren.

Abb. 2.2.2-1
Kombinierter Feuchtetransport (Diffusion und Kapillarleitung) in nicht belüfteten Porenbeton-Flachdächern

Grundsätzlich gilt für Konstruktionen aus Porenbeton, daß sie nach mindestens einer Seite austrocknen können müssen, damit aufgenommene Feuchte auch kontinuierlich wieder abgegeben werden kann.

Die Abläufe bei der Austrocknung von Außenbauteilen aus Porenbeton sind in Abb. 2.2.2-3 dargestellt. Dabei wird deutlich, daß eine ideale Abgabe der Baufeuchte durch Verdunstung bei der beidseitig diffusionsoffenen, selten beregneten Ostwand erreicht wird. Auch das nur zum Raum hin diffusionsoffene

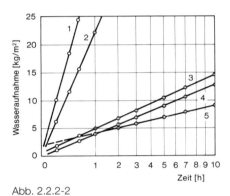

Abb. 2.2.2-2
Kapillare Wasseraufnahme verschiedener Baustoffe in Abhängigkeit von der Quadratwurzel der Zeit

1: Gips 1390 kg/m³
2: Vollziegel 1730 kg/m³
3: Porenbeton 640 kg/m³
4: Kalksandstein 1780 kg/m³
5: Bimsbeton 880 kg/m³
(nach Künzel, Wärme- und Feuchteschutz)

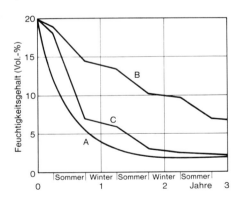

Abb. 2.2.2-3
Trocknungsverläufe von Porenbeton-Außenbauteilen

A: Außenwand beidseitig mit Kunststoffbeschichtung, nach außen und innen verdunstungsfähig, selten beregnet (Ostwand)
B: Außenwand (Nordwand), nach außen dicht abgesperrt, nur nach innen verdunstungsfähig
C: Nicht belüftetes Flachdach, nur nach innen verdunstungsfähig
In den angrenzenden Räumen herrschten im Winter etwa gleiche raumklimatische Verhältnisse (20 °C, 40–50 % r.F.)

Flachdach hat aufgrund des oben beschriebenen kombinierten Feuchtetransports einen sehr günstigen Verlauf. Die Bauteilfeuchte nimmt sowohl im Sommer als auch im Winter ab, wobei die Abnahme im Sommer schneller erfolgt. Auch bei der nach außen diffusionsdichten Nordwand nimmt die Bauteilfeuchte ab, allerdings langsamer als bei den anderen untersuchten Bauteilen.

Einen weiteren Einfluß auf den Feuchtehaushalt von Bauteilen haben die Sorptionseigenschaften des Materials. Stark absorptionsfähige Materialien (wie z. B. Papiertapeten) nehmen Feuchtigkeit auf. Die Luftfeuchte im Raum nimmt dadurch bei Feuchtigkeitsproduktion weniger zu als in Räumen, die von weniger absorptionsfähigen Materialien (z. B. Fliesen) umgeben sind. Bei langfristigen Feuchteschwankungen, insbesondere durch den Wechsel zwischen winterlichen (30 ... 50 % rel. Luftfeuchte) und sommerlichen Raumluftbedingungen (60...70 % rel. Luftfeuchte) können die Einflüsse der Sorption diejenigen der Diffusion überlagern und ggf. auch größer sein als diese.

In der Praxis stellt sich bei genutzten Gebäuden im Porenbeton ein Feuchtegehalt von durchschnittlich 1,5 bis maximal 3,5 Vol.-% (6,5 Masse-%) ein.

Wohnfeuchte, die durch die Nutzung der Räume entsteht, kann zu Feuchteschäden in oder an Außenbauteilen führen. Warme Luft kann mehr Feuchte in Form von Wasserdampf aufnehmen als kalte Luft. Wird Luft, die eine bestimmte relative Feuchte hat, abgekühlt, so steigt die relative Feuchte so lange, bis der Sättigungsgrad erreicht ist und die überschüssige Feuchte in Form von Kondensat (Tauwasser) ausfällt. Tauwasser an der Bauteiloberfläche kann durch ausreichend hohe Oberflächentemperaturen (ausreichender Wärmeschutz) bzw. durch geringe relative Raumluftfeuchte (ausreichende Lüftung) weitgehend vermieden werden. Der Zusammenhang von Kondensation auf der Oberfläche und im Bauteil ist am Beispiel einer 30 cm dicken, beidseitig verputzten Außenwand aus Porenbeton in Ab. 2.2.2-4 dargestellt. Die evtl. im Wandinnern auftretenden Tauwassermengen liegen deutlich unter der Wasseraufnahmefähigkeit von Porenbeton, ein Grund

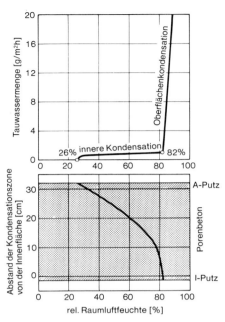

Abb. 2.2.2-4
Beispiel für Tauwassermenge und Lage der Kondensationszone

Annahmen: Raumlufttemperatur υ_i = 20 °C
Außentemperatur ϑ_a = −10 °C
Innenputz 15 mm μ = 15
Porenbeton 300 mm μ = 6
Außenputz 20 mm μ = 35
α_i = 6 W/(m² · K)
α_a = 23 W/(m² · K)
Porenbeton 1/Λ = 1,36 m² · K/W

dafür, daß bei Porenbetonwänden eine diffusionstechnische Berechnung im allgemeinen nicht erforderlich ist.

Nach DIN 4108 darf die in der Tauperiode (W_T) anfallende Tauwassermenge max. 1,0 kg/m² betragen unter der Voraussetzung, daß sie in der Verdunstungsperiode (W_V) wieder abgegeben wird. Dies ist bei Porenbeton der Fall.

Bei **Feuchteeinwirkungen von außen** durch Schlagregen unterscheidet die DIN 4108 im Teil 3:

- Beanspruchungsgruppe I – Geringe Schlagregenbeanspruchung: Im allgemeinen Gebiete mit Jahresniederschlagsmengen unter 600 mm sowie besonders windgeschützte Lagen auch in Gebieten mit größeren Niederschlagsmengen.
- Beanspruchungsgruppe II – Mittlere Schlagregenbeanspruchung: Im allgemeinen Gebiete mit Jahresniederschlagsmengen von 600 bis 800 mm sowie windgeschützte Lagen auch in Gebieten mit größeren Nieder-

schlagsmengen. Hochhäuser und Häuser in exponierter Lage in Gebieten, die aufgrund der regionalen Regen- und Windverhältnisse einer geringen Schlagregenbeanspruchung zuzuordnen wären.

- Beanspruchungsgruppe III – Starke Schlagregenbeanspruchung: Im allgemeinen Gebiete mit Jahresniederschlagsmengen über 800 mm sowie windreiche Gebiete auch mit geringeren Niederschlagsmengen (z. B. Küstengebiete, Mittel- und Hochgebirgslagen, Alpenvorland). Hochhäuser und Häuser in exponierter Lage in Gebieten, die aufgrund der regionalen Regen- und Windverhältnisse einer mittleren Schlagregenbeanspruchung zuzuordnen wären.

Genauere Angaben sind Regenkarten zu entnehmen.

Der Regenschutz von Außenwänden wird in der Praxis durch Konstruktionen realisiert, für die auch in DIN 4108 Teil 3 Beispiele aufgeführt sind. Hierzu gehören:

- Zweischaliges Verblendmauerwerk,
- angemauerte oder angemörtelte Bekleidungen,
- hinterlüftete Bekleidungen,
- wasserhemmende Außenputze für die Beanspruchungsgruppe II,
- wasserabweisende Außenputze für die Beanspruchungsgruppe III, bei welchen das Produkt vom Wasseraufnahmekoeffizient w und diffusionsäquivalenter Luftschichtdicke s_d in einem Rahmen bleiben muß, der mit der Abb. 2.2.2-5 dargestellt ist.

Die Außenputze, die bei Porenbeton-Bausystemen empfohlen oder geliefert werden, sind wasserabweisend eingestellt. Das gleiche gilt für Beschichtungen von Porenbetonmontagebauteilen. Bei ihrer Verwendung ist sichergestellt, daß Fehler bei der Zuordnung der Beanspruchungsgruppe ausgeschaltet sind und immer mit der vollen Wärmedämmfähigkeit des Porenbetonmauerwerks gerechnet werden kann.

Dächer aus Porenbeton können auf drei unterschiedliche Arten ausgeführt werden:

- **Belüftete Porenbetondächer** als flache oder flach geneigte Dächer

weisen in der Regel ähnliche Charaktereigenschaften auf wie hinterlüftete Außenwände; sie sind in bezug auf die Feuchtigkeitsbeanspruchung problemlos. Sie können mit oder ohne zusätzliche Wärmedämmung ausgeführt werden.

- **Nicht belüftete Porenbetondächer** ohne Zusatzdämmung unterliegen den gleichen Gesetzmäßigkeiten eines kombinierten Feuchtetransportes aus Diffusion und kapillarer Rückleitung, wie sie bereits am Beispiel der Außenwand dargestellt wurde. Dadurch findet in der Regel selbst unter verschärften Bedingun-

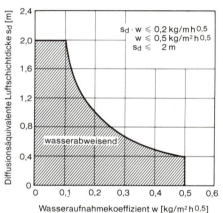

Abb. 2.2.2-5
Anforderungen an wasserabweisende Außenputze nach DIN 18550.
Putze gelten als wasserabweisend, wenn die Koordinaten w und s_d innerhalb des schraffierten Bereiches liegen

gen (überdurchschnittliche Luftfeuchte, unbehandelte Unterseite der Dachplatten) keine Feuchtigkeitsanreicherung im Innern der Porenbeton-Dachplatten statt. Dies zeigte z. B. eine Reihenuntersuchung, deren Ergebnisse in Tab. 2.2.2-6 dargestellt sind. Eine Dampfbremse auf der Unterseite muß hier entfallen, damit die Feuchte aus dem Porenbeton wieder zur Raumseite hin abgegeben werden kann.

- **Porenbetondächer mit Zusatzdämmung,** bei welchen zur Erhöhung des Wärmeschutzes auf den Porenbetonplatten noch eine Wärmedämmung, z. B. aus Hartschaumplatten, angeordnet wird. Auch bei dieser Ausführungsform ist im allgemeinen – im Gegensatz beispielsweise zu Dächern aus Beton oder Blechprofilen – die Anordnung einer Dampfsperre zwischen Porenbeton und zusätzlicher Wärmedämmung entbehrlich bzw. falsch, wie Messungen an Objekten mit normaler Nutzung (mehrheitlich Wohnungen, Büros) bestätigten.

Das in DIN 4108 angegebene Berechnungsverfahren zum Feuchtetransport in Bauteilen (Glaser-Verfahren) ist ein Näherungsverfahren, das nur den Feuchtetransport durch Diffusion berücksichtigt. Die mit diesem Verfahren ermittelten Ergebnisse stimmen jedoch mit den in der Praxis zu beobachtenden Feuchteverhalten von Porenbeton-

Tab. 2.2.2-6
Raumluftbedingungen im Winter in Fabrikationsräumen, in denen produktionsbedingt höhere Werte der Raumluftfeuchte eingehalten wurden sowie Meßwerte des mittleren Feuchtegehaltes von Porenbetonflächen vor und nach der Winterperiode

Art des Betriebes, Ort	mittlere Lufttemperatur [°C]	mittlere rel. Luftfeuchte [%]	mittlerer Porenbetonfeuchtegehalt [Vol.-%]	
			vor dem Winter	nach dem Winter
Strumpffabrik, Horstmar	21	46	2,2	2,3
Strumpffabrik Neustadt/Lahn	22	60	2,6	3,1
Strumpffabrik, Landsberg	21	46	1,0	1,2
Spinnerei, Etringen	21	48	1,8	1,5
Druckerei, Dorsten	21	53	2,5	2,5
Papierfabrik, Isny	20	55	2,6	2,2

flachdächern relativ gut überein. Wenn die Ausgleichsfeuchte im Porenbeton erreicht ist, muß auch dann nicht mit erhöhter Feuchte im Dämm-Material gerechnet werden, wenn zwischen dem Porenbeton und der Zusatzdämmung keine Dampfbremse oder Dampfsperre angeordnet ist. Eine Dampfbremse auf der Unterseite der Porenbeton-Dachplatten muß in jedem Fall entfallen, damit die Feuchte zur Raumseite hin abgegeben werden kann (Abb. 2.2.2-7).

Für Gebäude mit stark feuchtebelasteten Räumen (wie z. B. Schwimmbädern oder Wäschereien) empfiehlt sich die Ausführung des Porenbetondaches als Kaltdach mit einer Dampfbremse oder Dampfsperre an der Unterseite. Durch diese Ausführungsform wird die durch Diffusion eindringende Feuchte stark reduziert, und die verbleibenden Restmengen können in der Lüftungsschicht des Kaltdaches problemlos abgeführt werden.

Der **Schutz von Kellerwänden** gegen Feuchtigkeit durch horizontale und vertikale Abdichtungen wird im Kapitel 2.4.5, Abdichtung gegen Feuchtigkeit, ausführlich dargestellt. Wichtig ist, daß bei der Abdichtung des Kellermauer-

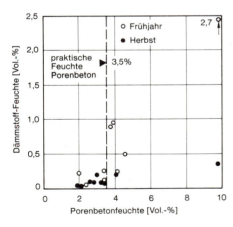

Abb. 2.2.2-7
Feuchtegehalte der Dämmschichten in Abhängigkeit von den mittleren Feuchtegehalten der Porenbetondecken aufgrund der Messungen an ausgeführten Bauten im Frühjahr und Herbst.
Nach Erreichen des praktischen Feuchtegehalts des Porenbetons waren die Feuchtegehalte der Dämmschichten niedrig und Feuchteänderungen zwischen Frühjahr und Herbst gering.

Mittelwerte Dämmstoff-Feuchte
Herbst: 0,10 Vol.-%
Frühjahr: 0,65 Vol.-%

werks an seiner Außenseite ein Austrocknen zur Raumseite hin durch diffusionsoffene Oberflächen ermöglicht wird.

2.2.3 Brandschutz

Übergeordnete Aufgaben des Brandschutzes sind,

- der Entstehung von Bränden und ihrer Ausbreitung vorzubeugen,
- im Brandfall die Möglichkeit einer Rettung von Personen, Tieren und Sachgütern zu gewährleisten,
- die Voraussetzung für eine wirksame Brandbekämpfung zu schaffen.

Die Forderungen der Bauaufsicht, die auf den Personenschutz zielen, sind in jedem Fall einzuhalten. Sie werden durch Forderungen der Versicherer, die den Sachschutz betreffen, ergänzt. Die Erfüllung dieser Forderung ist nicht zwingend, führt jedoch im Wirtschaftsbau zu deutlichen Prämienrabatten.

Neben den aktiven Brandschutzmaßnahmen, wie z. B. Sprinkleranlagen und Feuermeldeeinrichtungen, werden die folgenden Maßnahmen als vorbeugender baulicher Brandschutz bezeichnet:

- Gewährleistung einer ausreichenden Feuerwiderstandsdauer der Bauteile
- Verwendung von Baustoffen, die im Brandfall keine übermäßige Entwicklung von Rauch und toxischen Gasen erzeugen bzw. diese ganz ausschließen, wie z. B. der Porenbeton
- Verminderung der Brandgefahr durch planerische Vorkehrungen:
  - Anordnung von Brandabschnitten
  - Sicherung der Flucht-, Rettungs- und Angriffswege für die Feuerwehr und die Brandbekämpfung
  - Abzugsmöglichkeiten für Rauch und Hitze
  - Verhinderung des Feuerübergriffs auf andere Gebäude etc.

Aufgrund ihres Brandverhaltens werden Baustoffe nach DIN 4102 Teil 1 in die in Tabelle 2.2.3-1 dargestellten **Baustoffklassen** eingeteilt.

Der Nachweis der Zugehörigkeit zu einer bestimmten Baustoffklasse erfolgt nach einer in der DIN 4102 Teil 1 festgelegten Versuchsdurchführung durch eine autorisierte Prüfstelle. Baustoffe,

die ohne Nachweis der Baustoffklasse A 1 (nicht brennbar) zugeordnet werden können, sind in DIN 4102 Teil 4 aufgeführt. Hierzu gehört aufgrund seiner mineralischen Zusammensetzung auch der Porenbeton. Er erfüllt die Anforderungen aller Feuerwiderstandsklassen von F 30 bis F 180 ohne jegliche Zusatzmaßnahmen, wie Bekleidung oder Beschichtung. Im Brand werden kein Rauch und keine toxischen Gase gebildet.

Diese optimalen brandschutztechnischen Eigenschaften und die umfassende Produktpalette machen den Porenbeton zum Spitzenreiter in der Erfüllung eines wirtschaftlichen baulichen Brandschutzes. Auch für höchste Brandbeanspruchungen, wie sie z. B. für Komplextrennwände gefordert werden, ist Porenbeton einsetzbar.

Für die Sicherheit eines Bauwerks im Brandfall ist aber nicht nur die Brennbarkeit der Baustoffe, sondern insbe-

Tab. 2.2.3-1
Baustoffklassen (nach DIN 4102 Teil 1)

Baustoffklasse	Bauaufsichtliche Benennung
A[1]	nichtbrennbare Baustoffe
B	brennbare Baustoffe
B 1[1]	schwerentflammbare Baustoffe[1]
B 2	normalentflammbare Baustoffe
B 3	leichtentflammbare Baustoffe

[1] Nach den Prüfzeichenverordnungen der Länder bedürfen nichtbrennbare (Klasse A) Baustoffe, soweit sie brennbare Bestandteile enthalten, und schwerentflammbare (Klasse B 1) Baustoffe eines Prüfzeichens des Instituts für Bautechnik in Berlin, sofern sie nicht im Anhang zur Prüfzeichenverordnung ausgenommen sind.
Für die prüfzeichenpflichtigen Baustoffe ist eine Überwachung/Güteüberwachung mit entsprechender Kennzeichnung erforderlich.
Neben den Festlegungen von DIN 4102 Teil 1 sind die Prüfgrundsätze für prüfzeichenpflichtige nichtbrennbare (Klasse A) Baustoffe und die Prüfgrundsätze für prüfzeichenpflichtige schwerentflammbare (Klasse B 1) Baustoffe maßgebend.
Diese »Prüfgrundsätze« sind in den »Mitteilungen« des Instituts für Bautechnik, Reichpietschufer 72-76, 1000 Berlin 30, veröffentlicht.

sondere die **Feuerwiderstandsdauer** der Bauteile maßgebend. Die Feuerwiderstandsklasse eines Bauteils ist definiert als die Mindestdauer in Minuten, während der eine Bauteil bei der Brandprüfung bestimmten Anforderungen standhält. Die erreichte Feuerwiderstandsdauer wird durch die Feuerwiderstandsklasse gekennzeichnet.

Die Feuerwiderstandsdauer und damit auch die Feuerwiderstandsklasse eines Bauteils hängt im wesentlichen von folgenden Einflüssen ab:

- ein- oder mehrseitige Brandbeanspruchung
- Art des Baustoffes
- Abmessung und Querschnitt des Bauteils
- bauliche Ausbildung der Anschlüsse, Auflager, Halterung, Befestigung, Fugen etc.
- Statisches System (statisch bestimmte oder unbestimmte Lagerung, einachsige oder zweiachsige Lastabtragung, Einspannung usw.)
- Ausnutzungsgrad der Festigkeiten der verwendeten Baustoffe infolge äußerer Lasten
- Anordnung von Bekleidungen

Aufgrund ihrer Feuerwiderstandsdauer werden Bauteile, in die in Tabelle 2.2.3-2 dargestellten **Feuerwiderstandsklassen** eingestuft. In Einzelfällen können Bauteilklassifizierungen an Baustofforderungen gekoppelt werden (siehe Tabelle 2.2.3-3). Die **Anforderungen an den Brandschutz von Bauteilen** orientieren sich an der Musterbauordnung, sind aber verbindlich in den Bauordnungen der Bundesländer geregelt, so daß Unterschiede nach Landesrecht möglich sind.

Die Regeln für die brandschutztechnische Bemessung von Wänden aus Porenbeton sind im folgenden zum größten Teil in Tabellenform dargestellt.

Tab. 2.2.3-2
Feuerwiderstandsklassen F (nach DIN 4102 Teil 1)

Feuerwiderstands-klasse	Feuerwider-standsdauer in Minuten
F 30	≥ 30
F 60	≥ 60
F 90	≥ 90
F 120	≥ 120
F 180	≥ 180

Tab. 2.2.3-3

Benennungen von Feuerwiderstandsklassen in Verbindung mit den verwendeten Baustoffen nach DIN 4102 Teil 2

Feuerwider-stands-klasse nach Tabelle 2.2.3-2	Baustoffklasse nach DIN 4102 Teil 1 der in den geprüften Bauteilen verwendeten Baustoffe für		Benennung[2]	Kurz-bezeichnung
	wesent-liche Teile[1]	übrige Bestandteile die nicht unter den Begriff[1] fallen	Bauteile der	
F 30	B	B	Feuerwiderstandsklasse F 30	F 30-B
	A	B	Feuerwiderstandsklasse F 30 und in den wesentlichen Teilen aus nichtbrennbaren Baustoffen[1]	F 30-AB
	A	A	Feuerwiderstandsklasse F 30 und aus nichtbrennbaren Baustoffen	F 30-A
F 60	B	B	Feuerwiderstandsklasse F 60	F 60-B
	A	B	Feuerwiderstandsklasse F 60 und in den wesentlichen Teilen aus nichtbrennbare Baustoffen[1]	F 60-AB
	A	A	Feuerwiderstandsklasse F 60 und aus nichtbrennbaren Baustoffen	F 60-A
F 90	B	B	Feuerwiderstandsklasse F 90	F 90-B
	A	B	Feuerwiderstandsklasse F 90 und in den wesentlichen Teilen aus nichtbrennbaren Baustoffen[1]	F 90-AB
	A	A	Feuerwiderstandsklasse F 90 und aus nichtbrennbaren Baustoffen	F 90-A
F 120	B	B	Feuerwiderstandsklasse F 120	F 120-B
	A	B	Feuerwiderstandsklasse F 120 und in den wesentlichen Teilen aus nichtbrennbaren Baustoffen[1]	F 120-AB
	A	A	Feuerwiderstandsklasse F 120 und aus nichtbrennbaren Baustoffen	F 120-A
F 180	B	B	Feuerwiderstandsklasse F 180	F 180-B
	A	B	Feuerwiderstandsklasse F 180 und in den wesentlichen Teilen aus nichtbrennbaren Baustoffen[1]	F 180-AB
	A	A	Feuerwiderstandsklasse F 180 und aus nichtbrennbaren Baustoffen	F 180-A

[1] Zu den wesentlichen Teilen gehören:
  a) alle tragenden oder aussteifenden Teile, bei nichttragenden Bauteilen auch die Bauteile, die deren Standsicherheit bewirken (z. B. Rahmenkonstruktionen von nichttragenden Wänden).
  b) bei raumabschließenden Bauteilen eine in Bauteilebene durchgehende Schicht, die bei der Prüfung nach dieser Norm nicht zerstört werden darf.
    Bei Decken muß diese Schicht eine Gesamtdicke von mindestens 50 mm besitzen; Hohlräume im Innern dieser Schicht sind zulässig.
  Bei der Beurteilung des Brandverhaltens der Baustoffe können Oberflächendeckschichten oder andere Oberflächenbehandlungen außer Betracht bleiben.
[2] Diese Benennung betrifft nur die Feuerwiderstandsfähigkeit des Bauteils; die bauaufsichtlichen Anforderungen an Baustoffe für den Ausbau, die in Verbindung mit dem Bauteil stehen, werden hiervon nicht berührt.

Zugrundegelegt wird dabei die neue DIN 4102 Teil 4, Ausgabe März 1994.

Nach der Funktion der Wände wird aus Sicht des Brandschutzes zwischen nichttragenden und tragenden sowie raumabschließenden und nichtraumabschließenden Wänden unterschieden.

Als **nichttragende Wände** gelten scheibenartige Bauteile, die auch im Brandfall überwiegend durch ihre Eigenlast beansprucht werden und nicht der Knickaussteifung tragender Wände dienen. Neben dem Eigengewicht müssen sie aber auf ihre Fläche wirkende Windlasten auf tragende Bauteile abtragen.

Tragende Wände sind überwiegend auf Druck beanspruchte scheibenartige Bauteile zur Aufnahme lotrechter Lasten. Hinsichtlich des Brandschutzes werden aussteifende Wände gleich bemessen.

Raumabschließende Wände dienen zur Verhinderung der Brandübertragung von einem Raum zum anderen (Treppenraumwände, Wohnungstrennwände, Brandwände). Sie werden nur einseitig vom Brand beansprucht.

Die Mindestdicken von Wänden aus Porenbetonmauerwerk sind in Tabelle 2.2.3-5 zusammengefaßt.

Nichttragende, raumabschließende Wände unterliegen einer einseitigen Brandbeanspruchung. **Tragende nichtraumabschließende Wände** werden im Brandfall zwei-, drei- oder vierseitig vom Brand beansprucht. Als nichtraumabschließende Wandabschnitte aus Mauerwerk gelten Querschnitte, deren Fläche > 0,10 m² und deren Breite ≤ 1,0 m sind.

Tragende raumabschließende Wände aus Porenbetonmauerwerk müssen die in Tabelle 2.2.3-5 gestellten Anforderungen erfüllen. Dabei ist der Ausnutzungsfaktor α_2 das Verhältnis der vorhandenen Beanspruchung zu der zulässigen Beanspruchung nach DIN 1053 Teil 1 (*vorh. σ/zul. σ*).

Als **Pfeiler und kurze Wände** aus Mauerwerk gelten Querschnitte, deren Querschnittsfläche < 0,10 m² ist. Gemauerte Querschnitte, deren Fläche < 0,04 m² ist, sind als tragende Teile

Tab. 2.2.3-4
Anschlußfugen und Mindestdicken von nichttragenden Wänden

Ausführung der Anschluß-fugen nach	Mindestwanddicke d [mm]				
	F 30-A	F 60-A	F 90-A	F 120-A	F 180-A
Detail 1 und 2 oder vollflächig mit Mörtel gemäß DIN 1053 Teil 1 bzw. DIN 4103 Teil 1	75	75	100	125	150
	(Die Werte sind identisch mit den Werten von Tabelle 2.2.3-5)				
Detail 3 und 4	75	100	125	150	240

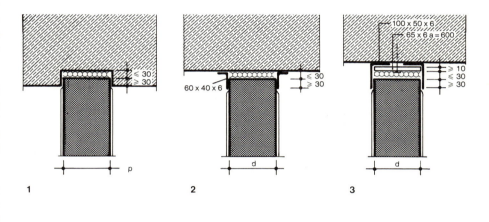

1   2   3

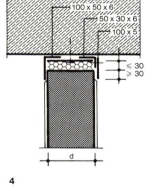

4

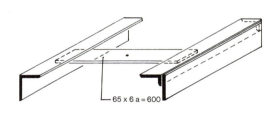

unzulässig. Die zum Erreichen einer bestimmten Feuerwiderstandsklasse erforderlichen Mindestdicken *d* und Mindestbreiten *b* tragender Pfeiler bzw. nichtraumabschließender Wandabschnitte aus Porenbetonmauerwerk sind in Tabelle 2.2.3-6 festgeschrieben.

Die Anschlüsse nichttragender Wände müssen nach DIN 1053 bzw. DIN 4103 oder nach den Angaben von Bild 17 und Bild 18 in DIN 4102 Teil 4 ausgeführt werden (siehe auch Tab. 2.2.3-4). Anschlüsse tragender Wände müssen ebenfalls DIN 1053 entsprechen oder nach den Angaben von Bild 19 und Bild

20 der DIN 4102 Teil 4 ausgeführt werden. Weitere Anschlußmöglichkeiten können der einschlägigen Literatur entnommen werden.

Dämmschichten in Anschlußfugen, die oft aus schalltechnischen oder anderen Gründen angeordnet werden, müssen aus mineralischen Fasern bestehen und den Anforderungen nach DIN 4102 Teil 4 Abschnitt 4.5.2.6 genügen.

Kunstharzmörtel (Dispersionsklebemörtel), die zur Verbindung im Lagerfugenbereich in einer Dicke ≤ 3 mm

Tab. 2.2.3-5

Mindestdicke d von Wänden aus Porenbetonmauerwerk. Die Werte in ( ) gelten für Wände mit beidseitigem Putz nach DIN 4102 T4, Abschnitt 4.5.2.10

Zeile	Konstruktionsmerkmale Wände mit Mörtel [1][2][3]	Mindestdicke d für die Feuerwiderstandsklasse-Benennung [mm]				
		F 30-A	F 60-A	F 90-A	F 120-A	F 180-A
	nichttragende, raumabschließende Wände (einseitige Brandbeanspruchung)					
1	Porenbeton-Blocksteine und Porenbeton-Plansteine nach DIN 4165 Porenbeton-Bauplatten und Porenbeton-Planbauplatten nach DIN 4166	75[4] (50)	75 (75)	100[5] (75)	115 (75)	150 (115)
	tragende, raumabschließende Wände (einseitige Brandbeanspruchung)					
2	Porenbeton-Blocksteine und Porenbeton-Plansteine nach DIN 4165, Rohdichteklasse ≥ 0,5 unter Verwendung von [1][2]					
2.1	Ausnutzungsfaktor $\alpha_2 = 0,2$	115 (115)	115 (115)	115 (115)	115 (115)	150 (115)
2.2	Ausnutzungsfaktor $\alpha_2 = 0,6$	115 (115)	115 (115)	150 (115)	175 (150)	200 (175)
2.3	Ausnutzungsfaktor $\alpha_2 = 1,0$	115 (115)	150 (115)	175 (150)	200 (175)	240 (200)
	tragende, nichtraumabschließende Wände (mehrseitige Brandbeanspruchung)					
3	Porenbeton-Blocksteine und Porenbeton-Plansteine nach DIN 4165 Rohdichteklasse ≥ 0,5 unter Verwendung von [1][2]					
3.1	Ausnutzungsfaktor $\alpha_2 = 0,2$	115 (115)	150 (115)	150 (115)	150 (115)	175 (115)
3.2	Ausnutzungsfaktor $\alpha_2 = 0,6$	150 (115)	175 (150)	175 (150)	175 (150)	240 (175)
3.3	Ausnutzungsfaktor $\alpha_2 = 1,0$	175 (150)	175 (150)	240 (175)	300 (240)	300 (240)

[1] Normalmörtel
[2] Dünnbettmörtel
[3] Leichtmörtel
[4] Bei Verwendung von Dünnbettmörtel: d ≥ 50 mm
[5] Bei Verwendung von Dünnbettmörtel: d ≥ 75 mm
[6] Bei Verwendung von Dünnbettmörtel: d ≥ 70 mm

verwendet werden, beeinflussen die Feuerwiderstandsklasse und Benennung nicht.

Stürze über Wandöffnungen sind für eine dreiseitige Brandbeanspruchung zu bemessen. Die Breite von Stürzen aus bewehrtem Porenbeton muß der geforderten Mindestwanddicke entsprechen; anstelle eines Sturzes dürfen auch nebeneinander verlegte Stürze verwendet werden.

Weitere Angaben zu Stürzen aus ausbetonierten U-Schalen und zu Porenbetonstürzen sind in Tabelle 2.2.3-7 enthalten.

Die Feuerwiderstandsklassen von tragenden und nichttragenden Wänden aus bewehrtem Porenbeton sind in Tabelle 2.2.3-8 aufgezeigt. Dabei ist hier der Ausnutzungsfaktor α_4 analog zu α_2 das Verhältnis der vorhandenen Beanspruchung zu der zulässigen Beanspruchung (vorh. σ/zul. σ).

Bekleidungen aus Porenbetonbauteilen, z. B. für Stahlstützen s. Tab. 2.2.3-9.

Brandwände nach DIN 4102 Teil 3 müssen mindestens 90 Minuten einer einseitigen Brandbeanspruchung standhalten und einer dreimaligen Stoßbean-

spruchung von 3000 Nm und je nach Wandbauart den weiteren Anforderungen nach DIN 4102 Teil 4 genügen. Des weiteren können zusätzliche bauaufsichtliche Bestimmungen der Länder Gültigkeit haben.

Brandwände aus Porenbeton müssen hinsichtlich Schlankheit, Dicke und Achsabstand der Längsbewehrung, die in Tabelle 2.2.3-10 gestellten Anforderungen erfüllen. Dabei müssen die Anschlüsse von nichttragenden, liegend oder stehend angeordneten Wandplatten an Stahlbeton-/Stahl-Stützen bzw. Wandscheiben entspre-

Tab. 2.2.3-6

Mindestdicke d und Mindestbreite b tragender Pfeiler bzw. nichtraumabschließender Wandabschnitte aus Porenbetonmauerwerk (mehrseitige Brandbeanspruchung)
Die ( )-Werte gelten für Pfeiler mit allseitigem Putz nach Abschnitt 4.5.2.10 der DIN 4102 T4
Der Putz kann ein- oder mehrseitig durch eine Verblendung ersetzt werden.

Zeile	Konstruktionsmerkmale Wände	Min-dest-dicke d [mm]	Mindestbreite b für die Feuerwiderstandsklasse-Benennung [mm]				
			F 30-A	F 60-A	F 90-A	F 120-A	F 180-A
1	Porenbeton-Blocksteine und Porenbeton-Plansteine nach DIN 4165, Rohdichteklasse ≥ 0,5 unter Verwendung von [1],[2]						
1.1	Ausnutzungsfaktor α_2 = 0,6						
1.1.1		175	365	365	490	490	615
1.1.2		200	240	365	365	490	615
1.1.3		240	240	240	300	365	615
1.1.4		300	240	240	240	300	490
1.1.5		365	240	240	240	240	365
1.2	Ausnutzungsfaktor α_2 = 1,0						
1.2.1		175	490	490	—[3]	—[3]	—[3]
1.2.2		200	365	490	—[3]	—[3]	—[3]
1.2.3		240	300	490	615	730	730
1.2.4		300	240	300	490	490	615
1.2.5		365	240	240	365	490	615

[1] Normalmörtel
[2] Dünnbettmörtel
[3] Die Mindestbreite ist b > 1,0 m; Bemessung bei Außenwänden daher als raumabschließende Wand nach Tabelle 2.2.3-5

Tab. 2.2.3-7

Mindestbreite b und Mindesthöhe h von ausbetonierten U-Schalen und Stürzen aus Porenbeton nach Abschnitt 4.5.3.5 der DIN 4102 T4. Die ( )-Werte gelten für Stürze mit dreiseitigem Putz nach Abschnitt 4.5.2.10 der DIN 4102 T4. Auf den Putz an der Sturzunterseite kann bei Anordnung von Stahl- oder Holz-Umfassungszargen verzichtet werden.

Zeile	Konstruktionsmerkmale	Mindest-betondeckung [mm]	Mindest-höhe h [mm]	Mindestbreite b Feuerwiderstandsklasse-Benennung [mm]				
				F 30-A	F 60-A	F 90-A	F 120-A	F 180-A
1	Ausbetonierte U-Schalen aus Porenbeton	–	240	175	175	175	–	–
2	Porenbetonstürze Mindeststabzahl n = 3							
2.1		10	240	175 (175)	240 (200)	– –	– –	– –
2.2		20	240	175 (175)	240 (200)	300[1] (240)	– –	– –
2.3		30	240	175 (175)	175 (175)	200 (175)	– –	– –

[1] Mindeststabzahl n = 4

Tab. 2.2.3-8
Tragende [1]) und nichttragende Wände aus bewehrtem Porenbeton
Die ( )-Werte gelten für Wände mit beidseitigem Putz nach Abschnitt 4.7.2.3 der DIN 4102 T4

Zeile	Konstruktionsmerkmale	Feuerwiderstandsklasse-Benennung				
		F 30-A	F 60-A	F 90-A	F 120-A	F 180-A
1 1.1	Wände aus nichttragenden liegend oder stehend angeordneten Wandplatten Zulässige Schlankheit = Geschoßhöhe/Wanddicke = h_s/d	nach Zulassungsbescheid				
1.2	Mindestwanddicke d [mm]	75 (75)	75 (75)	100 (100)	125 (100)	150 (125)
2 2.1	Wände aus tragenden [1]) Wandtafeln[2]) Zulässige Schlankheit = Geschoßhöhe/Wanddicke = h_s/d	nach Zulassungsbescheid				
2.2 2.2.1	Mindestwanddicke d [mm] bei einem Ausnutzungsfaktor $\alpha_4 = 0,5$	150 (125)	175 (150)	200 (175)	225 (200)	240 (225)
2.2.2	Ausnutzungsfaktor $\alpha_4 = 1,0$	175 (150)	200 (175)	225 (200)	250 (225)	300 (250)
2.3 2.3.1	Mindestachsabstand u [mm] der Längsbewehrung bei einem Ausnutzungsfaktor $\alpha_4 = 0,5$	10	10	20	30	50
2.3.2	Ausnutzungsfaktor $\alpha_4 = 1,0$	10	20	30	40	60

[1]) Die Angaben gelten sowohl für tragende, raumabschließende als auch für tragende, nichtraumabschließende Wände.
[2]) Die Mindestwanddicken gelten auch für unbewehrte Wandtafeln.

chend den Bildern 2.3.5-21 bis 25 und 2.3.5-28 bis 32 ausgeführt werden. Anschlüsse von Mauerwerkswänden aus Porenbeton an angrenzende Massivbauteile müssen vollfugig mit Mörtel nach DIN 1053 Teil 1 versehen oder nach den Angaben der Bilder 17 bis 20 und 24 der DIN 4102 Teil 4 ausgeführt werden.

Zur Abgrenzung bestimmter Produktionsbereiche oder zur Eingrenzung von besonderen Brandrisiken werden von den Feuerversicherern **Komplextrennwände** gefordert. Sie müssen dem Feuer mindestens 180 Minuten (F 180) widerstehen und eine dreimalige Stoßbeanspruchung von 4000 Nm nach dem Brandversuch standhalten. Wie die Erfahrung bei Großbränden zeigt, bieten diese Wände eine bisher nicht übertroffene Sicherheitsgarantie. Die anfangs sehr hohen Investitionskosten für die Ausführung der Komplextrennwände amortisieren sich durch eine Prämieneinsparung in kurzer Zeit. Die zulässigen Schlankheiten, die erforderlichen Mindestdicken sowie die Arten der Fugenausbildung der Anschlüsse und der Bewehrung für Komplextrennwände aus genormten und zugelassenen Porenbetonwandarten sind in Tabelle 2.2.3-11 enthalten.

Tab. 2.2.3-9
Mindestbekleidungsdicke d [mm] von Stahlstützen mit U/A $\leq$ 300 m^{-1} mit einer Bekleidung aus Porenbeton-Blocksteinen, -Plansteinen, -Bauplatten oder bewehrtem Porenbeton (nach DIN 4102 Teil 4)

Bekleidung aus	Feuerwiderstandsklasse[1])				
	F 30-A	F 60-A	F 90-A	F 120-A	F 180-A
bewehrtem Porenbeton nach DIN 4223	50 (30)	50 (30)	50 (40)	60 (50)	75 (60)
Mauerwerk oder Wandbauplatten nach DIN 1053 Teil 1 bzw. DIN 4103 Teil 1	50 (50)	50 (50)	50 (50)	50 (50)	70 (50)

[1]) Die ()-Werte gelten für Stützen aus Hohlprofilen, die vollständig ausbetoniert sind, sowie für Stützen mit offenen Profilen, bei denen die Flächen zwischen den Flanschen vollständig ausbetoniert, vermörtelt oder ausgemauert sind.

Decken und Dächer aus Porenbeton werden in bezug auf ihre brandschutztechnische Bemessung ebenfalls den Feuerwiderstandsklassen zugeordnet, die den Zulassungen des DIBt entsprechen. Die entsprechenden Angaben finden sich in Tabelle 2.2.3-12. Bei verputzten Porenbetonbauteilen kann die Porenbetondicke entsprechend reduziert werden (Tabelle 2.2.3-13). Die Mindestauflagerbreiten sind vom Material der Unterkonstruktion und von der Feuerwiderstandsklasse abhängig (siehe Tabelle 2.2.3-14).

Durch die gezielte Ausführung bestimmter Maßnahmen des vorbeugenden baulichen Brandschutzes können – unabhängig von den bauaufsichtlichen Anforderungen – wesentliche **Kosteneinsparungen durch geringere Versicherungsprämien** erzielt werden. Zwei Beispiele sollen dies erläutern:

Bei einem Industriegebäude wurden die verschiedenen Risikobereiche A, B und C durch **Komplextrennwände** (s. a. Tab. 2.2.3-19) unterteilt (s. Abb.

Tab. 2.2.3-10
Zulässige Schlankheit, Mindestwanddicke und Mindestachsabstand von ein- und zweischaligen Brandwänden (einseitige Brandbeanspruchung)
Die ( )-Werte gelten für Wände mit Putz nach Abschnitt 4.5.2.10 der DIN 4102 T4

Zeile	Wandart	Zulässige Schlankheit h_s/d	Mindestdicke d bei einschaliger Ausführung [mm]	Mindestdicke d bei zweischaliger[4] Ausführung [mm]	Mindest-achs-abstand u [mm]
1 1.1	Wände aus bewehrtem Porenbeton Nichttragende, stehend oder liegend angeordnete Wandplatten der Festigkeitsklasse 4.4, Rohdichteklasse ≥ 0,7	nach Zulassungs-bescheid	175	2 x 175	20
1.2	Nichttragende, stehend oder liegend angeordnete Wandplatten der Festigkeitsklasse 3.3, Rohdichteklasse ≥ 0,6		200	2 x 200	30
1.3	Tragende, stehend angeordnete, bewehrte oder unbewehrte Wandtafeln der Festigkeitsklasse 4.4 Rohdichteklasse ≥ 0,7		200[1]	2 x 200[1]	20[1]
2 2.1	Steine nach DIN 4165 der Rohdichteklasse ≥ 0,6	Bemessung nach DIN 1053 Teil 1[2], Teil 2[2]	300	2 x 240	entfällt
2.2	≥ 0,6[3]		240	2 x 175	
2.3	≥ 0,5[5]		300	2 x 240	

Schema-Skizze für bewehrte Wände

Schema-Skizze für Wände aus Mauerwerk: unverputzt / verputzt

[1] Sofern infolge hohen Ausnutzungsfaktors nach Tabelle 2.2.3-8 keine größeren Werte gefordert werden.
[2] Exzentrizität e ≤ d/3.
[3] Bei Verwendung von Dünnbettmörtel und Plansteinen mit Vermörtelung der Stoß- und Lagerfugen.
[4] Hinsichtlich des Abstandes der beiden Schalen bestehen keine Anforderungen.
[5] Bei Verwendung von Dünnbettmörtel und Plansteinen mit Nut und Feder nur bei Vermörtelung der Stoß- und Lagerfugen.

2.2.3-15). Es ergeben sich folgende Versicherungsprämien (s. Tab. 2.2.3-16):

- ohne bauliche Trennung:
  57.600,– DM pro Jahr
- mit baulicher Trennung durch Komplextrennwände:
  38.439,– DM pro Jahr.
- Prämien-Ersparnis:
  19.161,– DM pro Jahr.

Die Kosten für die bauliche Abschnittsbegrenzung durch eine 365 mm dicke Porenbeton-Komplextrennwand betragen einmalig ca. 53 600,– DM. Das ergibt eine Amortisationszeit von rund $2\frac{3}{4}$ Jahren – danach jährliche Kosteneinsparung! Bei Verwendung von 24 cm dicken, liegend angeordneten Porenbetonplatten (Kosten einmalig ca. 42.880,– DM) ergibt sich eine Amortisationszeit von ca. $2\frac{1}{4}$ Jahren.

Bei der Abtrennung einer Lackiererei mit 160 m² Grundfläche durch eine **feuerbeständige Porenbetonwand** (F 90) von der übrigen Hallenfläche mit 2240 m² (Abb. 2.2.3-17) ergeben sich

folgende Versicherungsprämien (s. Tab. 2.2.3-18):

- ohne bauliche Abtrennung:
  12.500,– DM pro Jahr
- mit baulicher Abtrennung:
  4.250,– DM pro Jahr
- Prämien-Ersparnis:
  8.250,– DM pro Jahr.

Die Kosten für eine 100 mm dicke F90-Porenbetonwand betragen einmalig ca. 21 600,– DM. Das ergibt eine Amortisationszeit von rund $2\frac{1}{2}$ Jahren – danach jährliche Kosteneinsparung!

Tab. 2.2.3-11
Randbedingungen für Komplextrennwände aus genormten und zugelassenen Porenbetonwandarten

Wandart	Zulässige Schlankheit h_s/d	Mindestdicke d bei		Fugen-Ausbildung Fugen-Verbindung	Anschlüsse	Bewehrung
		einschaliger	zweischaliger			
		Ausführung				
		[mm]	[mm]			
Wände aus Mauerwerk nach DIN 1053 Teil 1, gemauert in Mörtelgruppe II, IIa oder III bei Verwendung von Porenbeton-Blocksteinen nach DIN 4165[1]	Bemessung nach DIN 1053 Teil 1	365	2 x 240	entsprechend DIN 1053 Teil 1	Mörtel[1]	entfällt
Wände aus Mauerwerk aus Porenbeton-Plansteinen der Festigkeitsklassen 2,4 und 6 gemäß DIN 4165	Bemessung nach DIN 1053 Teil 1	365	2 x 240	ohne Nut und Feder; Vermörtelung der Stoß- und Lagerfugen mit Dünnbettmörtel	Mörtel bzw. Dünnbettmörtel[1]	entfällt
Wände aus Porenbeton-Wandtafeln der Festigkeitsklassen 3,3 4,4 und 6,6, geschoßhoch und tragend gemäß Zulassungsbescheid	Bemessung nach Zulassungsbescheid: Begrenzung der Wandtafel-Höhen und -Dicken	unbewehrt oder mit Transportbewehrung		beidseitig Nuten mit Vergußmörtel oder	Mörtel bzw. Beton sowie Ringanker[1]	entfällt
		365	2 x 240	Nut und Feder mit Dünnbettmörtel oder		
				stumpf, ohne Profilierung mit Dünnbettmörtel		
Wände aus bewehrten Porenbeton-Wandplatten der Festigkeitsklasse 4,4 zur Wandausfachung gemäß Zulassungsbescheid in Form von liegend angeordneten Platten mit einer Rohdichte $\geq$ 500 kg/m^3 [1]	keine Begrenzung L $\leq$ 7,5 m	240	2 x 200	Nut und Feder gemäß Zulassungsbescheid: Federhöhe $\geq$ 15 mm, Federbreite $\geq$ 48 mm; plastifizierter Zementmörtel, Dünnbettmörtel	entspr. DIN 4102 Teil 4	entspr. DIN 4102 Teil 4
stehend angeordneten Platten mit einer Rohdichte $\geq$ 600 kg/m^3 [1]	L/d $\leq$ 40 [2] ($\lambda \leq$ 138) bzw. L/d $\leq$ 35 [3] ($\lambda \leq$ 121)	240	2 x 200	beidseitig Nuten mit Mörtelverguß		
				alternativ: Nut und Feder		

[1] Aussteifende Bauteile: F 180.
[2] Bei Platten, die nicht durch darüberstehende Wandplatten belastet werden.
[3] Bei Platten, die durch darüberstehende Wandplatten belastet werden.

Tab. 2.2.3-12 **Mindestdicke und Mindestabstand der Bewehrung von Porenbetonplatten für Decken und Dächer**

	Konstruktionsmerkmale		Feuerwiderstandsklasse				
			F 30	F 60	F 90	F 120	F 180
1	**Mindestdicke d [mm]** unbekleideter Porenbetonplatten unabhängig von der Anordnung eines Estrichs bei Fugen entsprechend DIN 4223 a) b) c)		75	75	75	100	125
	d) e)		75	75	100	125	150
2	bekleideter Porenbetonplatten mit Putz nach DIN 4102 Teil 4		Mindestdicke d nach Zeile 1, Abminderungen nach Tabelle 2.2.3-13 sind möglich; d jedoch nicht kleiner als				
			50	50	75	100	125
3	mit Unterdecken		d ≥ 50 mm, Konstruktion nach DIN 4102 Teil 4				
4	**Mindestachsabstand u [mm]** unbekleideter Porenbetonplatten		10	20	30	40	55 [1]
5	bekleideter Porenbetonplatten mit Putz nach DIN 4102 Teil 4		Mindestachsabstand u nach Zeile 4. Abminderungen nach Tabelle 2.23-13 sind möglich; u jedoch nicht kleiner als 10 mm				
6	mit Unterdecken		u ≥ 10 mm, Konstruktion nach DIN 4102 Teil 4, Abschnitt 6.5				

[1] Bei einer Betondeckung c > 50 mm ist eine Schutzbewehrung nach DIN 4102 Teil 4 erforderlich

Tab. 2.2.3-13 **Putzdicke als Ersatz für den Achsabstand u oder die Plattendicke d (DIN 4102 Teil 4, Tab. 2)**

Putzart	Erforderliche Putzdicke als Ersatz für 10 mm Porenbeton [mm]	maximale zulässige Putzdicke [mm]
Putze ohne Putzträger nach DIN 4102 Teil 4 bei ausreichender Haftung bei Putzmörtel der Gruppen P II und P IVc DIN 18550 Teil 2	18	20
Putze ohne Putzträger nach DIN 4102 Teil 4 bei ausreichender Haftung bei Putzmörtel der Gruppen P IVa und P IVb DIN 18550 Teil 2	12	25
Putze mit Putzträger nach DIN 4102 Teil 4 bei Putzmörtel der Gruppen P II und P IVa bis P IVc DIN 18550 Teil 2	10	25 [1]
Vermiculite- oder Perlite-Putz nach DIN 4102 Teil 4 [2]	6	30 [1]

[1] Bemessen über Putzträger
[2] Anstelle der in DIN 4102 Teil 4 angegebenen Vermiculite- oder Perlite-Putze auf Putzträger können auch Vermiculite- oder Mineralfaser-Spritzputze mit gültigem Zulassungsbescheid des DIBt ohne Putzträger verwendet werden.

Tab. 2.2.3-14
Mindestauflagertiefen von Dach- und Deckenplatten aus Porenbeton aus brandschutztechnischer Sicht[2])

Zeile	Auflagerung auf	Mindestauflagertiefe [mm] bei				
		F 30	F 60	F 90	F 120	F 180
1	Holzbalken	50	80	110	–[1])	–[1])
2	Stahlträgern, Stahlbeton- oder Spannbetonbauteilen	50				
3	Mauerwerk	70				

[1]) Für F 120- und F 180-Holzbalken gibt es keine Klassifizierungen
[2]) Für die Auflagertiefe und die Ausbildung der Bewehrung im Auflagerbereich sind im übrigen DIN 4223 und die Bestimmungen der jeweils gültigen Zulassungsbescheide zu beachten.

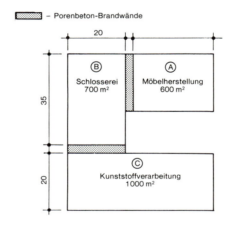

Abb. 2.2.3-15
Komplextrennung durch Porenbetonwände

Tab. 2.2.3-16 **Prämienberechnung zum Beispiel »Komplextrennwand«**

Gebäude	Betriebs-art	Grund-fläche	Risiko		Prämien für Feuerversicherung			
			Gebäude	Maschinen, Waren, Einrichtungen	mit baul. Komplex-Abtrennung		ohne baul. Komplex-Abtrennung	
				Summe	Prämien-satz lt. Tab. [‰]	[DM/Jahr]	Prämien-satz lt. Tab. [‰]	[DM/Jahr]
		[m²]	[DM]	[DM]	[DM]			
A	Möbel-herstellung	600	230.000,–	800.000,–	1.030.000,–	10,0	10.300,–	18*)	18.540,–
B	Schlosserei	700	370.000,–	300.000,–	670.000,–	1,7	1.139,–	18*)	12.060,–
C	Schaum-kunststoff-verar-beitung	1.000	500.000,–	1.000.000,–	1.500.000,–	18,0	27.000,–	18*)	27.000,–
					3.200.000,–	–,–	38.439,–	18*)	57.600,– ./. 38.439,–
						Prämieneinsparung pro Jahr DM			19.161,–

*) Prämiensatz des höchsten Risikos für alle Gebäudeteile

Abb. 2.2.3-17
Beispiel »F 90-Abtrennung« mit Anordnung einer feuerbeständigen Porenbeton-Wand

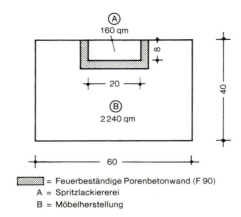

▨ = Feuerbeständige Porenbetonwand (F 90)
A = Spritzlackiererei
B = Möbelherstellung

Tab. 2.2.3-18 **Prämienberechnung zum Beispiel „F 90-Abtrennung"**

Betriebsart	Grund-fläche	Risiko		Prämien für Feuerversicherung			
		Gebäude	Maschinen, Waren, Einrichtungen	mit feuerbest. Abtrennung		ohne feuerbest. Abtrennung	
				Prämiensatz lt. Tab. [‰]	[DM/Jahr]	Prämiensatz lt. Tab. [‰]	[DM/Jahr]
	[m²]	[DM]	[DM]	Summe [DM]			
Metall-verarbeitung mit Lackiererei	2.240	1.000.000,–	1.200.000,–	2.500.000,–	1,7	4.250,–	1,7 + Zu-schlag von 3,3*) (= 5,0–1,7)	4.250,–
	160		300.000,–					8.250,–
							./.	12.500,– 4.250,–
					Prämieneinsparung pro Jahr			8.250,–

*) Bei nicht betriebsspez. Einrichtung innerhalb eines Betriebes wird ein Zuschlag in Höhe der Prämiensatzdifferenzen erhoben. Bei Abtrennung gilt der ‰-Satz des Hauptbetriebes für alle Betriebsteile (Prämiensatz Lackiererei 5 ‰).

2.2.4 Schallschutz

Im gesamten Bauwesen kommt dem Schallschutz eine wachsende Bedeutung zu. Dies betrifft vornehmlich Fragen der Gesundheit von Menschen, die durch Schall gestört, belästigt oder bei stärkerer Einwirkung auch psychisch und physisch geschädigt werden können. Der Schallschutz umfaßt dementsprechend:

- den baulichen Schallschutz als Schutz gegen Luftschall und Trittschall (Körperschall) mit der Aufgabe, in anderen Räumen des Gebäudes den Geräuschpegel aus Fremdgeräuschen unterhalb einer der Nutzung entsprechenden Grenze zu halten,
- den Schallschutz am Arbeitsplatz mit der Aufgabe, persönliche Schäden und Gefahren aufgrund ständiger Lärmeinwirkungen zu vermeiden,

- den Immissionsschutz benachbarter Gebiete mit der Aufgabe, dort einen Geräuschpegel unterhalb eines der Nutzung entsprechenden Maximalwertes zu gewährleisten.

Schallschutzmaßnahmen können nur bei genauer Planung und sehr sorgfältiger Ausführung einen Erfolg haben. Schon geringfügige Ausführungsfehler können z. B. zu Schallbrücken für den Körperschall führen und damit die gesamte Maßnahme praktisch nutzlos machen. Eine nachträgliche Behebung solcher Fehler ist in vielen Fällen nicht mehr möglich. So gilt denn auch die Qualität des Schallschutzes besonders im Wohnbau als wesentliches Kriterium zur Beurteilung der Qualität eines Gebäudes insgesamt.

Der **bauliche Schallschutz** beinhaltet den Schutz vor Schall, der auf unterschiedliche Arten weitergeleitet wird:

- Luftschall ist Schall, der sich in dem gasförmigen Medium »Luft« ausbreitet. Beim Auftreffen auf feste Körper wird ein Teil des Luftschalls reflektiert, ein Teil absorbiert bzw. im Bauteil abgebaut.
- Körperschall ist Schall, der sich in festen Materialien ausbreitet. Im Bauwesen sind es häufig Geräusche, die in Installationen entstehen und über die Rohbaukonstruktion weitergeleitet werden.
- Trittschall als Sonderform des Körperschalls entsteht beim Begehen von Geschoßdecken.

Anforderungen für den Luftschallschutz in Gebäuden sind in DIN 4109 festgelegt.

Als Meßgröße für die Luftschalldämmung von Gebäudeteilen dient das bewertete Bauschalldämmaß R'_w (in dB). Darin wird die frequenzabhän-

Tab. 2.2.4-1
Rechenwerte der Eigenlasten für Schall (nach DIN 4109) Beiblatt 1

Art der Bauteile	Rohdichte [kg/m³]			
	400	500	600	700
Bewehrte Dach-, Decken- und Wandplatten, Plansteine, Stürze	350	450	550	650
Blocksteine mit Normalmörtel	460	550	640	730
Blocksteine mit Leichtmauermörtel	410	500	590	680

Tab. 2.2.4-2
Rechenwerte der flächenbezogenen Masse von Putz (nach DIN 4109/Beiblatt 1)

Putzdicke	Flächenbezogene Masse von	
	Kalkgipsputz Gipsputz	Kalkputz Kalkzementputz, Zementputz
[mm]	[kg/m²]	[kg/m²]
10	10	18
15	15	25
20	–	30

gige Empfindlichkeit des menschlichen Ohres berücksichtigt. Die unterschiedlichen Werte werden in einer Zahl zusammengefaßt. Dabei können schlechte Dämmeigenschaften in einem Frequenzbereich nicht gegen gute in einem anderen aufgerechnet werden.

Bei **einschaligen, biegesteifen Wänden und Decken** ist nach der bisherigen Auffassung in erster Linie die flächenbezogene Masse des jeweiligen Bauteils entsprechend dem Berger'schen Gesetz maßgebend. Der Zusammenhang ist in Tabelle 2.2.4-3 dargestellt. Bei neueren systematischen Untersuchungen an Porenbetonwänden in Prüfständen hat sich überraschenderweise gezeigt, daß die Schalldämmung dieser Wände etwa 2–4 dB größer war als die gleichschwerer Wände aus anderen Baumaterialien. Die Ursache dieses günstigeren Verhaltens ist auf eine höhere innere Materialdämpfung des Porenbetons zurückzuführen. Dabei wird bei Porenbetonwänden ein größerer Teil der Schwingungsenergie in Wärmeenergie umgewandelt als bei Wänden aus anderen Baustoffen.

Tab. 2.2.4-3
Rechenwerte für das bewertete Schalldämm-Maß R'$_{wR}$ [1]) [2]) von einschaligen, biegesteifen Wänden und Decken mit flankierenden Bauteilen von ca. 300 kg/m² flächenbezogener Masse.
Bei Wänden aus Porenbeton können die Rechenwerte bei einer flächenbezogenen Masse < 250 kg/m² um 2 dB höher angesetzt werden. Das gilt auch für zweischaliges Mauerwerk. (nach DIN 4109 Bbl. 1)

Flächenbezogene Masse m' [kg/m²]	Bewertetes Schall-dämm-Maß R'$_{w,R}$ [dB]
85[3])	34
90[3])	35
95[3])	36
105[3])	37
115[3])	38
125[3])	39
135	40
150	41
160	42
175	43
190	44
210	45
230	46
250	47
270	48
295	49
320	50
350	51
380	52
410	53
450	54
490	55
530	56
580	57
630[4])	58
680[4])	59
740[4])	60
810[4])	61
880[4])	62
960[4])	63
1040[4])	64

Dokumentiert ist dieses günstige schalltechnische Verhalten durch die Fußnote der Tabelle 1 im Beiblatt 1 zur DIN 4109 (siehe Tabelle 2.2.4-3), die besagt, daß bei verputzten Wänden aus dampfgehärtetem Porenbeton mit Steinrohdichte ≤ 0,8 kg/dm³ bei einer flächenbezogenen Masse bis zu 250 kg/m² das bewertete Schalldämm-Maß um 2 dB höher angesetzt werden kann.

Schalldämm-Maße für einschalige Porenbeton-Bauteile sind in Tabelle 2.2.4-4 dargestellt.

Bei doppelschaligen Haustrennwänden herrschte die Auffassung, die Wandschalen möglichst schwer zu machen, um eine gute Schalldämmung zu erzielen. Neuere Untersuchungen haben ergeben, daß große Massen nicht den entscheidenden Vorteil bringen. Mit z. B. 2 x 175 mm dicken Schalen aus Porenbeton der Rohdichteklasse 0,6, durchgehend getrennt mit 40 mm Mineralfaserplatten können Schalldämm-Maße von mehr als 67 dB erreicht werden. Dies entspricht den Anforderungen für den erhöhten Schallschutz nach DIN 4109 Beiblatt 2. Voraussetzung dafür ist in jedem Falle eine sorgfältige Ausführung. Schallbrücken müssen mit großer Sicherheit und dauerhaft verhindert werden, weil sie die Schalldämmung zweischaliger Haustrennwände in ungünstigen Fällen gegenüber gleichschweren einschaligen Wänden sogar verschlechtern können.

Fußnote zu Tab. 2.2.4-3

[1]) Gültig für flankierende Bauteile mit einer mittleren flächenbezogenen Masse m'$_{L,Mittel}$ von etwa 300 kg/m². Weitere Bedingungen für die Gültigkeit der Tabelle 1 siehe Beiblatt 1 zu DIN 4109, Abschnitt 3.1

[2]) Meßergebnisse haben gezeigt, daß bei verputzten Wänden aus dampfgehärtetem Porenbeton und Leichtbeton mit Blähtonzuschlag mit Steinrohdichte ≤ 0,8 kg/dm³ bei einer flächenbezogenen Masse bis 250 kg/m² das bewertete Schalldämm-Maß R'$_{w,R}$ um 2 dB höher angesetzt werden kann. Das gilt auch für zweischaliges Mauerwerk, sofern die flächenbezogene Masse der Einzelschale m' ≤ 250 kg/m² beträgt.

[3]) Sofern Wände aus Gips-Wandbauplatten nach DIN 4103 Teil 2 ausgeführt und am Rand ringsrum mit 2 mm bis 4 mm dicken Streifen aus Bitumenfilz eingebaut werden, darf das bewertete Schalldämm-Maß R'$_{w,R}$ um 2 dB höher angesetzt werden.

[4]) Diese Werte gelten nur für die Ermittlung des Schalldämm-Maßes zweischaliger Wände aus biegesteifen Schalen nach Beiblatt 1 zu DIN 4109, Abschnitt 2.3.2.

Tab. 2.2.4-4
Schalldämm-Maße R'w in dB für einschalige Bauteile aus Porenbeton ohne Putz oder sonstige Beläge

Bauteil	Produkt	Rohdichteklasse	R'w [dB] bei Plattendicken [mm]									
			100	115/125	150	175	200	225	240/250	300	365	375
Wand [1][2]	bewehrte, liegende oder stehende Wandplatten; Stürze; Plansteine	0,4	–	–	–	–	–	–	36	39	41	–
		0,5	33	34	35	36	37	39	40	42	44	45
		0,6	34	35	36	38	40	41	42	44	46	47
		0,7	35	36	38	40	41	43	44	46	48	49
	Blocksteine mit Normalmörtel	0,5	–	35	37	38	39	–	42	44	46	47
		0,6	–	35	38	39	41	–	44	46	48	49
		0,7	–	37	39	41	43	–	45	47	48	49
	Blocksteine mit Leichtmauermörtel	0,5	–	34	36	37	39	–	41	43	45	46
		0,6	–	35	37	39	41	–	43	45	47	48
		0,7	–	36	39	40	42	–	45	47	48	49
Decke [4]	bewehrte Deckenplatten	0,5	32	33	34	36	38	39	40	42	–	–
		0,6	33	34	36	38	39	41	42	44	–	–
		0,7	34	36	38	40	41	43	44	46	–	–
Dach [3]	bewehrte Dachplatten	0,5	32	33	34	36	38	39	40	42	–	–
		0,6	33	34	36	38	39	41	42	44	–	–
		0,7	34	36	38	40	41	43	44	46	–	–

[1] R'w incl. »Porenbeton–Bonus« von 2 dB entspr. DIN 4109.
[2] Durch beidseitig angebrachten Putz erhöht sich das R'w um ca. 1–2 dB.
[3] Bei Verwendung von z. B. 5 cm Kiesschüttung erhöht sich die Schalldämmung um 6–8 dB.
[4] Schwimmender Estrich oder Unterdecke erhöhen die Schalldämmung um ca. 7–8 dB; schwimm. Estrich und Unterdecke um ca. 8–11 dB.

Ob ein gemeinsames Fundament zulässig ist oder ob zwei getrennte Fundamentstreifen erforderlich sind, hängt davon ab, ob an die Schalldämmung der Räume unmittelbar über dem Fundament schalltechnische Anforderungen gestellt werden. Richtwerte hierzu sind in Abb. 2.2.4-5 dargestellt.

Kennzeichnende Größe für die Trittschalldämmung ist der bewertete Norm-Trittschallpegel $L'_{n,w}$ angegeben in dB. Zur Berechnung der bisher benutzten Größe TMS (Trittschallschutzmaß in dB) gilt die Beziehung

$$TSM = 63\ dB - L'_{n,w}$$

Die Anforderungen an den Trittschallschutz finden sich in DIN 4109. Die Trittschalldämmung von Decken setzt sich aus der Dämmwirkung der Rohdecke und der des Fußbodenaufbaus zusammen. Wenn die Rohdecke eine geringere Dämmwirkung hat, kann dies

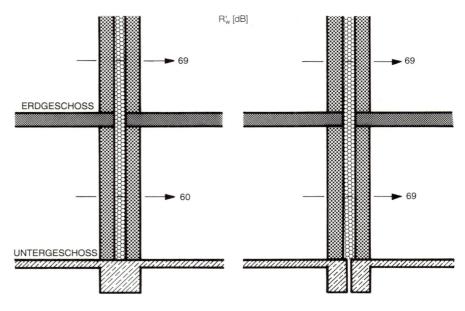

Abb. 2.2.4-5
Auswirkung von gemeinsamen Fundamenten auf die Schalldämmung von doppelschaligen Haustrennwänden aus Porenbeton. Die angegebenen R'w-Werte sind Richtwerte.

durch einen besseren Fußbodenaufbau kompensiert werden.

Über das schalltechnische Verhalten von **Porenbetondecken** liegen verschiedene Messungen im Prüfstand und am Bau vor. Infolge der etwa nur ein Drittel so großen Masse gegenüber Normalbeton-Decken ist das Trittschallschutzmaß für Porenbetondecken geringer. Der Unterschied ist jedoch kleiner als dies zu erwarten wäre. Dies ist wiederum auf die – bezogen auf die geringe Masse – vergleichsweise große Biegefestigkeit sowie die gute Materialdämpfung zurückzuführen. Nach L. Cremer sind dafür um 4 dB günstigere Werte als bei einer gleich-

schweren Decke aus Normalbeton zu erwarten. Durchgeführte Prüfungen haben dies bestätigt. Leider berücksichtigen die Rechenwerte in DIN 4109 Beiblatt 1 diese Besonderheiten an Porenbetondecken bezüglich des Trittschallschutzes noch nicht. Sie sind deshalb um 4 dB ungünstiger.

Meßwerte für den Schallschutz von Wänden, Decken und Dächern aus Porenbeton sind in den Tabellen 2.2.4-6 bis 2.2.4-12 zusammengestellt. Die dort enthaltenen Schalldämmwerte sind durch Prüfzeugnisse nachgewiesen. Damit die Werte $R'_{W,P}$, $L'_{N,W,P}$ und TSM_P als Rechenwerte $R'_{W,R}$, $L'_{N,W,R}$ und TSM_R gelten können, muß ein Vor-

haltemaß von 2 dB gemäß nachstehender Beziehungen berücksichtigt werden:

$$R'_{W,R} = R'_{W,P} - 2\,dB$$
$$L'_{N,W,R} = R'_{N,W,P} + 2\,dB$$
$$TSM_R = TSM_P - 2\,dB$$

Desweiteren gilt:

$$R'_{W,R} = R'_{W,B}$$
$$R'_{W,R} = R'_{W,P} - (2\ bis\ 5)\,dB$$

Beispiele für die Anforderungen an Wand- und Deckenkonstruktionen – in Abhängigkeit von unterschiedlichen Lärmpegelbereichen – sowie die Erfüllung dieser Anforderungen mit Hilfe

Tab. 2.2.4-6 **Schalldämm-Maße von einschaligen Außenwänden aus Porenbeton nach Prüfzeugnis**

Konstruktionsaufbau	Dicke [mm]	Prüfgewicht [kg/m²]	Bewertetes Schalldämm-Maß		Prüfstelle und Art des Prüfstandes Nr. des Prüfzeugnisses
			$R'_{W,P}$ [dB]	$R_{W,P}$ [dB]	
Porenbeton-Blocksteine PB 2–0,5 (Leichtmauermörtel) Hagalith-Putz	175 / 10	96	–	44	TU Braunschweig Prüfstand ohne Nebenwege Nr. 82 515
Porenbeton-Blocksteine PB 4–0,7 (Normalmörtel) Hagalith-Putz	175 / 10	133	–	49	TU Braunschweig Prüfstand ohne Nebenwege Nr. 82 515
Porenbeton-Blocksteine PB 2–0,5 (Leichtmauermörtel) Hagalith-Putz	240 / 10	130	–	50	TU Braunschweig Prüfstand ohne Nebenwege Nr. 82 515
Putz Porenbeton-Blocksteine PB 2–0,5 (Leichtmauermörtel) Putz	10 / 240 / 10	176	49	–	MPA Dortmund Prüfstand mit Nebenwegen Nr. 420664082-1
Hagalith-Putz Porenbeton-Blocksteine PB 4–0,6 (Normalmörtel) Hagalith-Putz	10 / 240 / 10	231	52	–	TU Braunschweig Prüfstand mit Nebenwegen Nr. 83 1141-1
Hagalith-Putz Porenbeton-Blocksteine PB 2–0,5 (Leichtmauermörtel) Hagalith-Putz	10 / 240 / 10	175	48	–	TU Braunschweig Prüfstand mit Nebenwegen Nr. 83 1141-3
Porenbeton-Plansteine PP 2–0,5 (Dünnbettmörtel) Hagalith-Putz	250 / 10	155	–	49	TU Braunschweig Prüfstand ohne Nebenwege Nr. 83 1726-4
Hagalith-Putz Porenbeton-Blocksteine PB 2–0,5 (Leichtmauermörtel) Hagalith-Putz	10 / 365 / 10	243	50	–	TU Braunschweig Prüfstand mit Nebenwegen Nr. 83 1141-2
Außenputz Porenbeton-Blocksteine PB 2–0,5 (Leichtmauermörtel) Hagalith-Putz	15 / 365 / 10	290	51	–	TU Braunschweig Prüfstand mit Nebenwegen Nr. 83 1151-1

Tab. 2.2.4-7 **Schalldämm-Maße von zweischaligen Außenwänden aus Porenbeton nach Prüfzeugnis**

Konstruktionsaufbau	Dicke [mm]	Prüfgewicht [kg/m²]	Bewertetes Schalldämm-Maß R'$_{W,P}$ [dB]	Prüfstelle und Art des Prüfstandes Nr. des Prüfzeugnisses
Vormauerziegel VMz – 1,8 Luftschicht Porenbeton-Blocksteine PB 2–0,5 (Leichtmauermörtel) Putz	115 60 175 10	302	59	TU Braunschweig Prüfstand ohne Nebenwege Nr. 82 515
Vormauerziegel VMz – 1,8 Luftschicht Porenbeton-Blocksteine PB 4–0,7 (Normalmörtel) Putz	115 60 175 10	339	60	TU Braunschweig Prüfstand ohne Nebenwege Nr. 82 515
Vormauerziegel VMz – 1,8 Luftschicht Porenbeton-Blocksteine PB 2–0,5 (Leichtmauermörtel) Putz	115 60 240 10	336	61	TU Braunschweig Prüfstand ohne Nebenwege Nr. 82 515

Tab. 2.2.4-8 **Schalldämm-Maße von Innenwänden nach Prüfzeugnis**

Konstruktionsaufbau	Dicke [mm]	Prüfgewicht [kg/m²]	Bewertetes Schalldämm-Maß R'$_{W,P}$ [dB]	Prüfstelle und Art des Prüfstandes Nr. des Prüfzeugnisses
Hagalith-Putz Porenbeton-Planbauplatten PPpl – 0,6 Hagalith-Putz	10 100 10	99	40	TU Braunschweig Prüfstand mit Nebenwegen Nr. 83 1141–5
Hagalith-Putz Porenbeton-Planbauplatten PPpl – 0,5 Hagalith-Putz	10 125 10	96	40	TU Braunschweig Prüfstand mit Nebenwegen Nr. 83 1359–1
Putz Porenbeton-Planbauplatten PPpl – 0,6 Putz	8 125 8	96	41	MPA Dortmund Prüfstand mit Nebenwegen Nr. 42 0664 0 82–2
Hagalith-Putz Porenbeton-Blocksteine PB 2–0,5 (Leichtmauermörtel) Hagalith-Putz	10 175 10	139	45	TU Braunschweig Prüfstand mit Nebenwegen Nr. 83 1141–4

Tab. 2.2.4-9 **Schalldämm-Maß einer leichten Trennwand mit Vorsatzschalung**

Konstruktionsaufbau	Dicke [mm]	Prüfgewicht [kg/m²]	Bewertetes Schalldämm-Maß R'$_{W,P}$ [dB]	Prüfstelle und Art des Prüfstandes Nr. des Prüfzeugnisses
Innenputz Porenbeton-Planbauplatten Ppl – 0,6 Gips-Ansetzbinder als Spachtelmasse Mineralfasermatten DIN 18165 Teil 1 Spachtelmasse Gipsbatzen, ca. 6 Stück/m² Gipskartonplatten	10 100 2 40 2 20 12,5	102	53	TU Braunschweig Prüfstand mit Nebenwegen Nr. 85 1147–2

Tab. 2.2.4-10 **Schalldämm-Maß einer zweischaligen Haustrennwand**

Konstruktionsaufbau	Dicke [mm]	Prüfgewicht [kg/m²]	Bewertetes Schalldämm-Maß R'$_{W,B}$ [dB]	Prüfstelle und Art der Prüfung Nr. des Prüfzeugnisses
Putz	10	Baustellen-messung	≥ 67	TU Braunschweig Eignungsprüfung III DIN 4109 Prüfzeugnis Nr. 2217/843
Porenbeton-Plansteine PP 4–0,6	175			
vollflächig angeordnete				
Mineralfaser-Trittschalldämmplatten	40			
Porenbeton-Plansteine PP 4–0,6	175			
Putz	10			

Tab. 2.2.4-11 **Schalldämm-Maße von Porenbeton-Decken nach Prüfzeugnis**

Konstruktionsaufbau	Dicke [mm]	Prüfgewicht [kg/m²]	Bewertetes Schalldämm-Maß		Prüfstelle und Art des Prüfstandes Nr. des Prüfzeugnisses
			R'$_{W,P}$ [dB]	L'$_{n,w,P}$(TSM$_p$) [dB]	
Porenbeton-Deckenplatten Rohdichteklasse 0,7 200		145	46	80 (–17)	TU Braunschweig Prüfstand mit Nebenwegen Nr. 83 1173-1
Zementestrich	40	235	53	47 (16)	TU Braunschweig Prüfstand mit Nebenwegen Nr. 83 1173-2
Abdeckpapier					
Mineralfaser-Trittschalldämmplatten	35/30				
Porenbeton-Deckenplatten Rohdichteklasse 0,7 200					
Zementestrich	40	251	56	42 (21)	TU Braunschweig Prüfstand mit Nebenwegen Nr. 83 1173-4
Abdeckpapier					
Mineralfaser-Trittschalldämmplatten	35/30				
Porenbeton-Deckenplatten Rohdichteklasse 0,7	200				
Lattung 30 x 50 mm²	30				
Stahlblech-Federbügel und Mineral-fasermatten	40				
Gipsfaserplatten	10				

Tab. 2.2.4-12 **Schalldämm-Maße von Porenbeton-Dächern nach Prüfzeugnis**

Konstruktionsaufbau	Dicke [mm]	Prüfgewicht [kg/m²]	Bewertetes Schalldämm-Maß R'$_{W,P}$ [dB]	Prüfstelle und Art des Prüfstandes Nr. des Prüfzeugnisses
2 Lagen Bitumen-Schweißbahnen		108	40	TU Braunschweig Prüfstand mit Nebenwegen Nr. 83 254-1
Porenbeton-Dachplatten Rohdichteklasse 0,7	125			
2 Lagen Bitumen-Schweißbahnen		158	46	TU Braunschweig Prüfstand mit Nebenwegen Nr. 83 254-4
Porenbeton-Dachplatten Rohdichteklasse 0,7	200			
Kiesschüttung 16/32 mm	50	198	48	TU Braunschweig Prüfstand mit Nebenwegen Nr. 83 254-2
2 Lagen Bitumen-Schweißbahnen				
Porenbeton-Dachplatten Rohdichteklasse 0,7	125			
Kiesschüttung 16/32 mm	50	248	53	TU Braunschweig Prüfstand mit Nebenwegen Nr. 83 254-5
2 Lagen Bitumen-Schweißbahnen				
Porenbeton-Dachplatten Rohdichteklasse 0,7	200			
Kiesschüttung 16/32 mm	50	262	57	TU Braunschweig Prüfstand mit Nebenwegen Nr. 83 254-7
2 Lagen Bitumen-Schweißbahnen				
Porenbeton-Dachplatten Rohdichteklasse 0,7	200			
Grundlattung 30 x 50 mm²	30			
Konterlattung 30 x 50 mm² mit 40 mm hohen Stahlblech-Federbügeln	30			
Gipsfaserplatten	10			

von Porenbetonbauteilen sind in Tab. 2.2.4-13 zusammengefaßt. Diese Zusammenfassung macht deutlich, daß alle Anforderungen an den Schallschutz mit Porenbetonbauteilen erfüllt werden können, deren Dimensionierung für den ohnehin erforderlichen Wärmeschutz in der Regel auch für den Schallschutz ausreichend ist. Vor allem mit massiven Dachkonstruktionen aus Porenbeton-Dachplatten, die anstelle hölzerner Dachstühle angeordnet werden, können bei der Dachraumnutzung hohe Qualitätsansprüche erfüllt werden.

Schallschutz am Arbeitsplatz hat das Ziel, persönlichen Schäden und Gefahren, die durch ständige Lärmeinwirkungen hervorgerufen werden, zu begegnen. Er bezieht sich damit auf den Schutz vor Geräuscheinwirkungen in Innenräumen. Diese Geräuscheinwirkungen resultieren aus der Überlagerung von Direktschall von der jeweiligen Schallquelle her und von reflektiertem Schall aus Reflexionen an den im Raum vorhandenen Flächen.

Die Beurteilungsgröße, die sowohl durch Messungen als auch durch Berechnungen ermittelt werden kann, ist

der »Beurteilungspegel« L_r in dB (A). Dieser wird aus dem Schallpegelverlauf als Mittelwert gewonnen, welcher ungefähr die gleiche Lärmeinwirkung hat, wie sie aus einem unveränderlichen Dauergeräusch mit entsprechendem Schallpegelwert folgen würde. So wird also der Beurteilungspegel um so geringer, je kürzer die Geräuscheinwirkungsdauer T_i eines bestimmten Mittelungspegels L_m ist.

Für Geräuschimmissionen gelten die Beurteilungszeiten nach Tab. 2.2.4-14.

Anforderungen an den Schallschutz am Arbeitsplatz finden sich in den Regelwerken:

- UVV-Lärm (Unfallverhütungsvorschrift Lärm der Gewerblichen Berufsgenossenschaften)
- Arbeitsstättenverordnung (im Rahmen der Gewerbeordnung).

Darin sind Höchstwerte für den Beurteilungspegel festgelegt (s. Tab. 2.2.4-15).

Grundsätzlich muß der Beurteilungspegel so niedrig gehalten werden, wie es nach Art des Betriebes möglich ist. In

betrieblich bedingten Ausnahmefällen darf er um bis zu 5 dB (A) überschritten werden.

Der Schallpegel innerhalb eines Raumes wird durch Direktschall und reflektierten Schall bestimmt. Der Anteil des reflektierten Schalls am Schallpegel ergibt sich aus den Reflexionseigenschaften der Flächen im Raum, also Wände, Böden, Decken und Flächen von Einrichtungsgegenständen, während der Direktschall nur durch die Geräuschquelle selbst bestimmt wird. Die Art der Schallpegelabnahme mit zunehmendem Abstand von der Schallquelle bei freier Schallausbreitung in einem Raum ist in Abb. 2.2.4-16 dargestellt. Während der Schallpegel bei freier Schallausbreitung mit dem Abstand zur Schallquelle immer weiter abnimmt, wird innerhalb des Raumes durch den Einfluß des reflektierten Schalls ein gewisser Schallpegel (der Schallpegel im Nachhallfeld) nicht mehr unterschritten. Der Abstand von der Geräuschquelle, in welchem der Direktschallpegel bis auf den Wert des Schallpegels im Nachhallfeld abgesunken ist, wird als Hallradius bezeichnet.

Tab. 2.2.4-13

Anforderungen an den Schallschutz von Außenbauteilen nach DIN 4109 und entsprechenden Konstruktionslösungen mit Porenbeton

Zeile	Lärm-pegel-bereich	»Maß-geblicher Außenlärm-pegel« [dB(A)]	Aufenthaltsräume in Wohnungen, Übernachtungsräume in Beherbergungsstätten, Unterrichtsräume und ähnliches erf. R'$_{w,res}$[2]) des Außenbauteils [dB]	erf. R'$_{w,res}$[2]) Schalldämm-Maße für Wand/Fenster [dB/dB] bei folgenden Fensterflächenanteilen [%] 10%	20%	30%	Rechenwerte des bewerteten Schalldämm-Maßes für Außenwände aus Porenbeton-Plansteinen mit Innen- und Außenputz[1]	[dB]		[dB]
1	I	bis 55	30	30/25	30/25	35/25	PP 2/0,4, d = 240 mm	39	PP 2/0,5, d = 240 mm	42
2	II	56 bis 60	30							
3	III	61 bis 65	35	35/30 40/25	35/30	35/32 40/30	PP 2/0,4, d = 365 mm	43	PP 2/0,5, d = 240 mm	42
4	IV	66 bis 70	40	40/32 45/30	40/35	40/35	PP 2/0,5, d = 365 mm	46	PP 4/0,6, d = 300 mm	46
5	V	71 bis 75	45	45/37 50/35	45/40 50/37	50/40	PP 4/0,7, d = 365 mm	50	–	–
6	VI	76 bis 80	50	55/40	55/42	55/45	PP 4/0,6, d = 200 mm + 60 mm Luft + VMZ 1,4, d = 115 mm			55

[1]) m' = 25 kg/m²
[2]) für Wohngebäude mit üblicher Raumhöhe von etwa 2,5 m und Raumtiefe von etwa 4,5 m oder mehr.

Tab. 2.2.4-14 **Beurteilungszeiten für Geräuschimmissionen**

Arbeitsschicht		T_r = 8 h
Tageszeit Ruhezeit	(07.00-19.00 Uhr) (06.00-07.00 Uhr) und (19.00-22.00 Uhr)	T_{r1} = 12 h T_{r2} = 4 h
Nachtzeit	(22.00-06.00 Uhr)	T_{r3} = 8 h
Lauteste Nachtstunde		T_{r4} = 1 h

Tab. 2.2.4-15
Anforderungen an den Schallschutz am Arbeitsplatz (Höchstwerte)

Tätigkeit	Beurteilungspegel	zusätzliche Maßnahmen
»Lärmbereiche«	≥ 90 dB (A)	Schallschutzmittel benutzen
»Lärmbereiche«	> 85 dB (A)	Schallschutzmittel zur Verfügung stellen
Tätigkeiten außer den unten genannten	< 85 dB (A)	
einfache, überw. mechanisierte Bürotätigkeiten u.ä.	< 70 dB (A)	
überwiegend geistige Tätigkeiten, Pausen- u. Bereitschaftsräume	< 55 dB (A)	

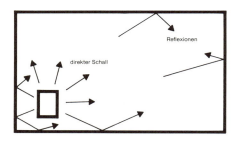

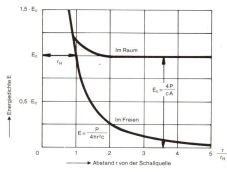

Abb. 2.2.4-16
Darstellung der Schallpegelabnahme mit zunehmendem Abstand bei freier Schallausbreitung in einem Raum.
r_H = **Hallradius**

In der Nähe einer Geräuschquelle bestimmt also diese allein den Schallpegel, während außerhalb des Hallradius der Schallpegel durch den reflektierten Schall bestimmt wird. In diesem Bereich kann der Schallpegel durch die Schallabsorptionseigenschaften der Oberflächen im Raum und durch zusätzliche Schallabsorptionsmaßnahmen beeinflußt werden.

Die üblichen Rechenverfahren gehen von einer Gleichverteilung des Schallfeldes aus. Da diese nicht immer gegeben ist, kann die effektive Minderung durch Absorptionsmaßnahmen durchaus geringer sein, als es rechnerisch ermittelt wurde.

Für die schallabsorbierende Wirkung von Porenbeton ist die Porosität der Oberfläche und die Tiefe der offenporigen Schicht bestimmend, während Rohdichte, Festigkeit und Dicke des Bauteils ohne Bedeutung sind. Jede Veränderung der Oberfläche, z. B. durch Anstriche, wirkt sich unmittelbar auf die Schallabsorptionseigenschaften aus – glatte Oberflächen haben wesentlich geringere Schallabsorptionswerte, führen also zu höheren Schallpegelwerten innerhalb des jeweiligen Raumes.

Vielfach herrscht die Meinung, daß bei leichten Bauweisen ein erheblicher Anteil des Schallpegels, bedingt durch eine geringe Schalldämmung der Umfassungsbauteile, nach außen übertragen wird. Porenbeton jedoch hat sowohl eine gute Schalldämmung als auch eine gute Schallabsorption. Durch erhöhte Schallabsorption, verbunden mit vergleichsweise hoher Luftschalldämmung, wird eine geringe Schallabstrahlung nach außen erreicht.

Bei **Schallschutz benachbarter Gebiete** (Schutz vor Schall-Immissionen) geht es darum, die umgebenden Bereiche vor dem Lärm aus gewerblichen und industriellen Produktionsprozessen zu schützen.

Über die Außenflächen eines Gebäudes (Wand, Dach, Fenster, Türen) werden die im Innern erzeugten Geräusche nach außen übertragen. Sie breiten sich nicht nur senkrecht zu der übertragenden Fläche, sondern auch seitlich dazu aus, so daß auch Schall, der über Dächer oder Seitenwände abgestrahlt wird, zur Lärmeinwirkung am Immisionsort beiträgt.

Für die Immission an einem bestimmten Punkt sind folgende Einflußfaktoren von Bedeutung:

- Innengeräuschpegel vor der abstrahlenden Fläche,
- Schalldämm-Maß des Außenbauteils,

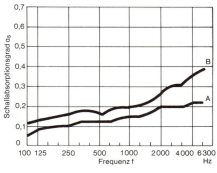

A Planbauplatten 4-0.6, 100 mm dick, geschlossene Fugen
B Planbauplatten 4-0.6, 100 mm dick, offene Fugen

Abb. 2.2.4-17
Schallabsorptionsgrade von Porenbetonoberflächen, gemessen im Hallraum gem. DIN 52212

Tab. 2.2.4-18
Schallabsorptionsgrade für Raumbegrenzungsflächen (nach DIN 52212)

Fläche, Material	Schallabsorptionsgrad α_s bei der Frequenz [Hz]					
	125	250	500	1000	2000	4000
Mineralische Oberflächen						
Kalkzementputz	0,03	0,03	0,04	0,04	0,05	0,06
Sichtbeton	0,01	0,01	0,01	0,02	0,03	0,03
Fliesen, Klinker, Naturstein	0,01	0,01	0,02	0,02	0,03	0,04
Tapete auf Kalkgipsputz	0,03	0,03	0,04	0,05	0,06	0,07
Sichtmauerwerk	0,01	0,01	0,02	0,02	0,03	0,04
Porenbeton, unbehandelt o. lasiert	0,10	0,10	0,10	0,18	0,22	0,27
Nichttextile Fußböden						
PVC, Linoleum	0,01	0,01	0,02	0,02	0,03	0,03
Gumminoppenbelag	0,02	0,02	0,03	0,03	0,04	0,04
Parkett, versiegelt, aufgeklebt	0,02	0,02	0,03	0,04	0,05	0,06
Textile Fußböden						
Nadelfilz, 4-6 mm	0,03	0,03	0,07	0,13	0,25	0,45
Velours, verklebt, 6-8 mm	0,03	0,04	0,10	0,25	0,45	0,55
Velours mit Juterükken, auf Waffelfilz verspannt, Gesamtdicke ≥ 16 mm	0,10	0,20	0,50	0,80	0,85	0,90
Türen, Fenster, Möbel						
Tür, Sperrholz, lackiert	0,12	0,10	0,08	0,05	0,05	0,05
Fenster	0,20	0,15	0,10	0,05	0,03	0,02
Sessel	0,30	0,45	0,75	0,80	0,90	0,90
Holzstuhl	0,02	0,02	0,03	0,03	0,04	0,05
Flügel, aufgeklappt	0,25	0,40	0,70	0,85	0,65	0,65
Holzverkleidungen						
Verbretterungen 1,8 bis 2,2 cm dick auf Lattung, lasiert	0,25	0,20	0,12	0,10	0,10	0,12
wie vor, jedoch 15% offene Fugen, 3 cm Mineralfaserhinterlegung mit Rieselschutz	0,25	0,60	0,85	0,80	0,70	0,60
wie vor, jedoch 5%	0,40	0,80	0,40	0,30	0,20	0,20
Sperrholz, 5 mm, auf Lattung, mit 3 cm Mineralfaser hinterlegt	0,65	0,65	0,28	0,12	0,10	0,10
Abgehängte Unterdecken						
Mineralfaserunterdecke 21,5 cm Abhängehöhe, Fabrikat OWA, Dekor schlicht	0,30	0,21	0,13	0,12	0,11	0,16
wie vor, jedoch Dekor JURA	0,71	0,63	0,69	0,80	0,84	0,88

- Größe und Orientierung der abstrahlenden Fläche,
- Geometrie der Schallausbreitung (Schallpegelabnahme mit wachsender Entfernung),
- Schallabsorption der Luft, abhängig von deren Feuchtigkeitsgehalt,
- Wind und Temperaturverteilung,
- Absorption und Streuung durch Bodenbeschaffenheit und Bewuchs,
- Abschirmung durch Topographie und Bebauung, z. B. auch durch Lärmschutzwälle und -wände (s. a. VDI 2720 »Schallschutz durch Abschirmung«),
- Ablenkung durch Reflexionen.

Zur Beurteilung werden die Schallpegelanteile ermittelt und überlagert. Das Berechnungsverfahren ist in der Richtlinie VDI 2571 eingehend beschrieben. Diese Werte werden mit den Anforderungen aus den geltenden Vorschriften (s. Tab. 2.2.4-19) verglichen.

Tab. 2.2.4-19
Immissionsrichtwerte (Beurteilungspegel) für Anlagengeräusche nach TA-Lärm und VDI 2058

a)	ausschließlich gewerbliche Gebiete mit Wohnungen für Personal und Inhaber (GI)	70 dB (A) tagsüber und nachts
b)	vorwiegend gewerbliche Gebiete (GE)	65 dB (A) tagsüber 50 dB (A) nachts
c)	Mischgebiete (MI, MK, MD)	60 dB (A) tagsüber 45 dB (A) nachts
d)	vorwiegend Wohngebiete (WA, WS)	55 dB (A) tagsüber 40 dB (A) nachts
e)	ausschließlich Wohngebiete (WR)	50 dB (A) tagsüber 35 dB (A) nachts
f)	Kur- und Krankenhausgebiete	45 dB (A) tagsüber 35 dB (A) nachts
g)	Wohnungen, die mit der Betriebsanlage baulich verbunden sind	40 dB (A) tagsüber 30 dB (A) nachts

Gegebenenfalls ergibt sich daraus die Notwendigkeit einer Verbesserung des Schallschutzes.

Die Schallabstrahlung von großen Flächen, wie z. B. Außenwänden oder dem Dach eines Gebäudes, ist gekennzeichnet durch das sogenannte **Nahfeld** und das daran anschließende **Fernfeld**. Innerhalb des Nahfeldes vor der schallabstrahlenden Wand nimmt der Schallpegel mit dem Abstand von der Wand nicht oder nur sehr schwach ab. Erst mit Beginn des Fernfeldes folgt das Schallfeld den Schallausbreitungsgesetzen für Punktschallquellen. Die Erstreckung des Nahfeldes ist von der Größe der schallabstrahlenden Fläche abhängig.

Die Schallabstrahlung eines Außenbauteils geschieht nicht nur senkrecht zu ihrer Fläche, sondern auch schräg dazu und sogar in entgegengesetzter Richtung.

Ein Beispiel für die guten akustischen Qualitäten von Porenbeton zeigen die in Tab. 2.2.4-20 zusammengestellten Werte, die sich bei Vergleichsrechnungen für den Gesamtschallschutz in einer Entfernung von 50 m bei einem vorgegebenen Halleninnenpegel ergaben. Die Ergebnisse im einzelnen:

- Die Minderung des Schallpegels im Innenraum – (im Beispiel bis zu 8 dB (A) durch die Schallabsorption der Porenbetonoberflächen) bedeuten bereits eine wesentliche Entlastung, sowohl für die Lärmbelästigung am Arbeitsplatz als auch für den Ausgangswert der Schallemissionen.
- Die Schallabsorption des Porenbetons in Verbindung mit seiner Schalldämmung ergibt ein günstigeres Ergebnis als bei dem zum Vergleich berechneten Ziegelmauerwerk, obwohl dieses eine wesentlich höhere flächenbezogene Masse aufweist.

- Schwachpunkte in bezug auf den Schallschutz sind die leichteren und häufig auch nicht verschlossenen Fenster, Türen und Tore.

Tab. 2.2.4-20

Vergleichswerte für den Gesamtschallpegel in 50 m Entfernung resultierend aus einem Halleninnenpegel von 95 dB (A), für unterschiedliche Bauausführungen

Innenraum			Außenbauteile					Eignung		
L_i Halleninnenpegel Mittelwert nach VDI 2571 Anhang C	$_\Delta L$ Schallpegelminderung durch Porenbeton Absorption	$L_i - _\Delta L$ tatsächlicher Halleninnenpegel (Mittelwert)	Wand	$R'_w{}^{2)}$	Dach	$R'_w{}^{2)}$		L_Σ Gesamtschallpegel in 50 m Entfernung	Nach TA-Lärm ausreichend für folgende Gebiete (tagsüber: 6.00 bis 22.00 Uhr)	erf. Richtwerte[3]
[dB (A)]	[dB (A)]	[dB (A)]	[cm/Rohdichte]	[dB]	[cm/Rohdichte]	[dB]		[dB (A)]		[dB (A)]
95 (Schreinerei, Blechbearb., Druckerei)	nicht berücksichtigt	95	200 mm/0,5 Porenbeton-Wandelemente mit Anstrich	38	175 mm/0,5 Porenbeton-Dachplatten mit innenseitigem Anstrich u. Dachhaut	37		46	Ausschließlich Wohngebiete	50
	8 (Wand und Dach)	87						38	Kur- und Krankenhausgebiete	45
	5 (nur Dach)	90	115mm/2,0 Schweres Mauerwerk verputzt	49	175 mm/0,5 Porenbeton-Dachplatten mit innenseitigem Anstrich u. Dachhaut	37		40	Kur- und Krankenhausgebiete	45
–		95	150 mm/2,3 Sichtbeton	54	150 mm/2,3 Stahlbeton	54		45	Ausschließlich Wohngebiete	50

[1] Gutachten Nr. 1267 vom 16.5.1983 von Dr. Gruschka VBI, Viernheim.
[2] Nach VDI 2571 oder DIN 4109.
[3] TA-Lärm und VDI 2058 Blatt 1.

2.3 **Konstruktion**

Porenbeton hat gegenüber anderen Konstruktionsmaterialien den Vorteil, daß er sowohl hohe Festigkeiten als auch gute Wärmedämmwerte aufweist. Daraus ergibt sich die Möglichkeit, auf Materialkombinationen und mehrschichtige Bauweisen weitgehend zu verzichten. Ausführungsfehler, wie sie häufig bei der Kombination unterschiedlicher Materialien in einem Bauteil entstehen, können dadurch leicht vermieden werden.

Im folgenden Kapitel sind wesentliche Konstruktionsdetails für Dächer, Decken und Wände dargestellt, die beispielhaft für die Anwendung von Porenbeton sind. Selbstverständlich sind darüber hinaus weitere Lösungen möglich und gebräuchlich, die sich teilweise auch an regionalen Traditionen orientieren.

Die Beispiele umfassen:

2.3.1 Flachdächer
 • Verankerung, Auflagerung
 • Durchbrüche und Auswechslungen
 • Bewegungsfugen
 • Dacheindeckung
2.3.2 Geneigte Dächer
 • Verankerung, Auflagerung
 • Gauben, Auswechslungen, Durchbrüche
 • Eindeckung
2.3.3 Decken
 • Verankerung, Auflagerung
 • Auswechslungen, Durchbrüche
 • Oberflächen
 • Loggien, Balkone
2.3.4 Mauerwerk
 • Außenmauerwerk
 • Innenmauerwerk
2.3.5 Wandplatten
 • liegende Wandplatten
 • stehende Wandplatten

2.3.6 Wandtafeln (tragend)
2.3.7 Sonderbauteile
 • Feuerschutztüren
 • Bekleidungen
 • Wandplatten mit besonderen Querschnitten

2.3.1 **Flachdächer**

Verankerung, Auflagerung

Für **Zwischenauflager** sind in Abhängigkeit von der Unterkonstruktion die Mindestauflagertiefen einzuhalten, wie sie in Abb. 2.3.1-1 dargestellt sind. Die unterschiedlichen Formen der Verankerung werden entsprechend den folgenden Abbildungen ausgeführt. Verankerungen sind nur dann auszuführen, wenn sie statisch erforderlich sind.

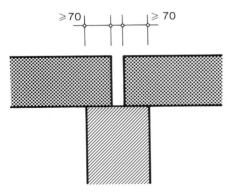

auf Mauerwerk ≥ 70 mm

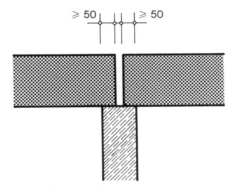

auf Stahlbeton ≥ 50 mm

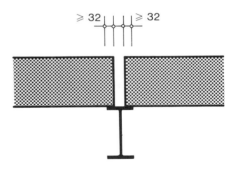

auf Stahl ≥ 32 mm

Abb. 2.3.1-1
Mindestauflagertiefen für Porenbeton-Dachplatten. Die Auflagertiefen für Dachplatten nach DIN 4223 betragen 1/80 der Stützweite, mindestens jedoch die hier genannten Werte in Abhängigkeit von der Unterkonstruktion.

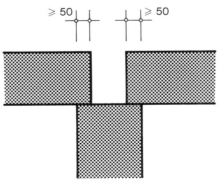

auf Porenbetonbauteilen ≥ 50 mm

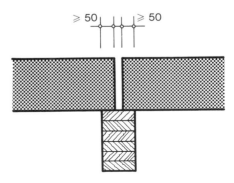

auf Holzleimbinder ≥ 50 mm

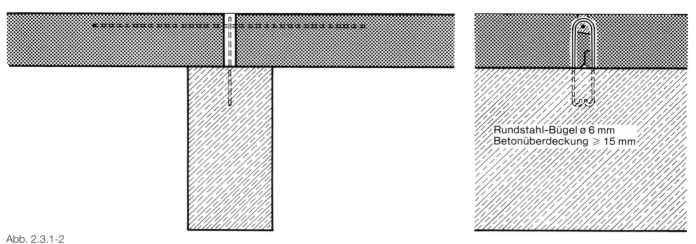

Abb. 2.3.1-2
Zwischenauflagerung von Porenbeton-Dachplatten auf einer Stahlbetonkonstruktion. Bügel und Fugenbewehrung werden bei allen Auflagerungsarten nur angeordnet, wenn sie statisch

erforderlich sind. Die Bügel sind auf benachbarten Bindern um das Fugenmaß versetzt anzuordnen. Werden die Vergußnuten verfüllt, so ist Mörtel der Gruppe III nach DIN 1053 zu verwenden.

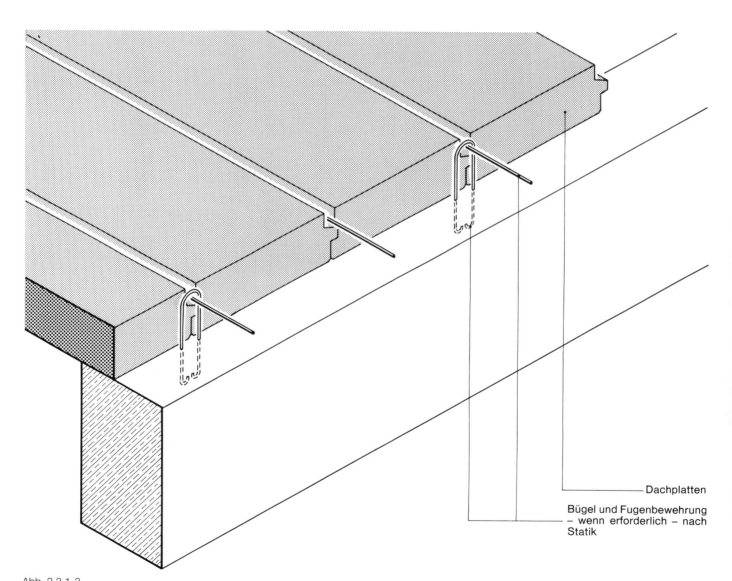

Abb. 2.3.1-3
Auflagerung und Verankerung von Porenbeton-Dachplatten auf einer Stahlbetonkonstruktion (s.a. Abb. 2.3.1-1).

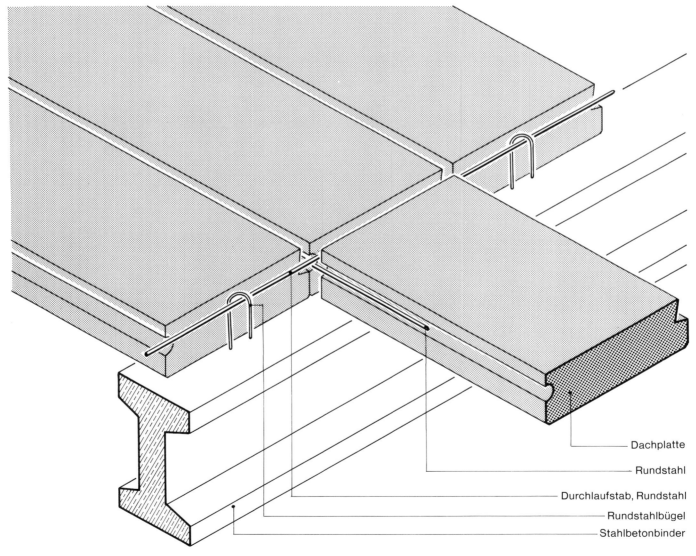

Dachplatte

Rundstahl

Durchlaufstab, Rundstahl

Rundstahlbügel

Stahlbetonbinder

Abb. 2.3.1-4
Auflagerung und Verankerung von Porenbeton-Dachplatten auf einem Stahlbetonfertigteilbinder (s.a. Abb. 2.3.1-1).

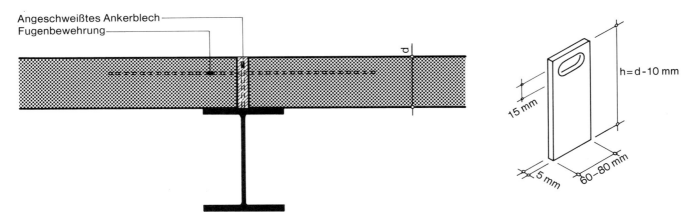

Angeschweißtes Ankerblech
Fugenbewehrung

Abb. 2.3.1-5
Auflagerung und Verankerung von Porenbeton-Dachplatten auf einer Stahlkonstruktion mit Ankerblechen.

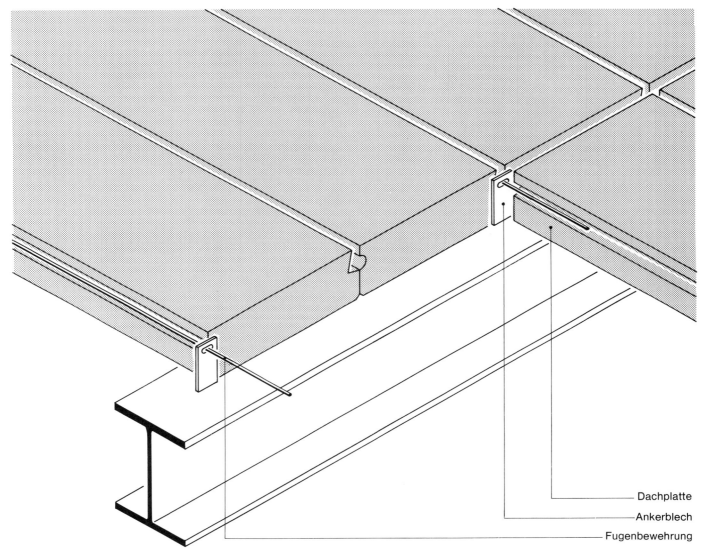

Dachplatte
Ankerblech
Fugenbewehrung

Abb. 2.3.1-6
Auflagerung und Verankerung von Porenbeton-Dachplatten auf einem Stahlbinder (s.a. Abb. 2.3.1-5).

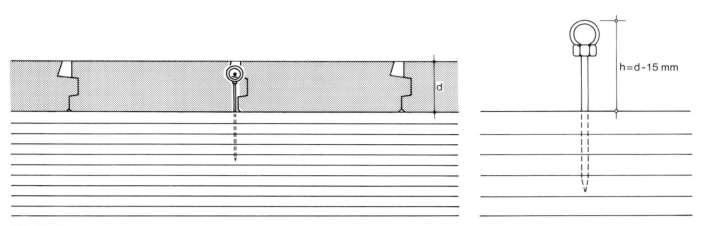

Abb. 2.3.1-7
Auflagerung und Verankerung von Porenbeton-Dachplatten auf einer Holzkonstruktion.
Die Verankerung mit Ringmutter und Fugenbewehrung erfolgt nur, wenn sie statisch erforderlich ist.

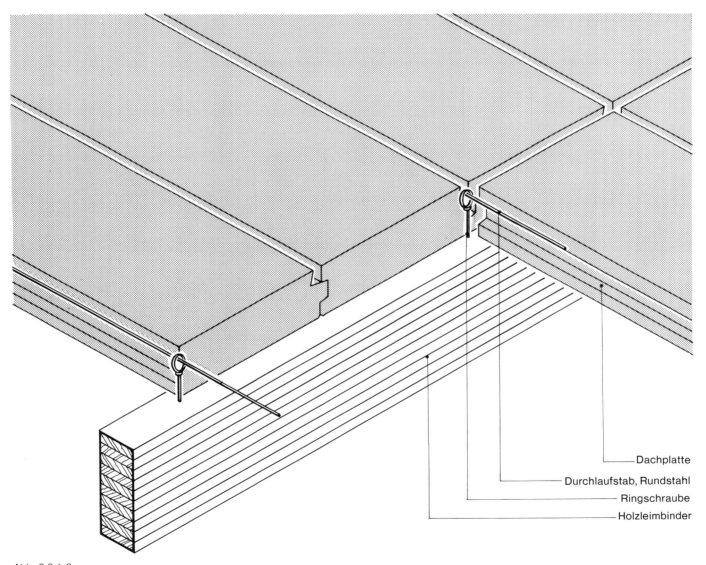

— Dachplatte
— Durchlaufstab, Rundstahl
— Ringschraube
— Holzleimbinder

Abb. 2.3.1-8
Auflagerung und Verankerung von Porenbeton-Dachplatten auf einem Holzleimbinder (s.a. Abb. 2.3.1-7).

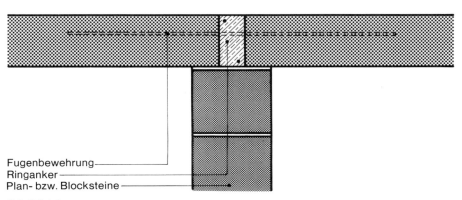

Fugenbewehrung
Ringanker
Plan- bzw. Blocksteine

Abb 2.3.1-9
Auflagerung und Verankerung von Porenbeton-Dachplatten mit Ringanker in der Dachfläche auf Mauerwerk. Bei ebener Auflagerfläche kann auf den Mörtelausgleich verzichtet werden (s.a. Abb. 2.3.1-1).

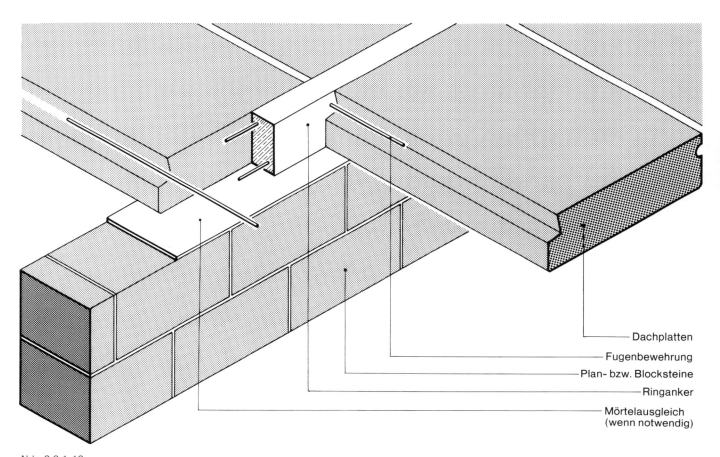

Dachplatten

Fugenbewehrung

Plan- bzw. Blocksteine

Ringanker

Mörtelausgleich
(wenn notwendig)

Abb. 2.3.1-10
Auflagerung und Verankerung von Porenbeton-Dachplatten mit Ringanker auf Mauerwerk (s.a. Abb. 2.3.1-9).

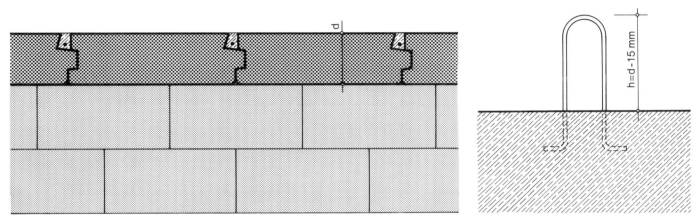

Abb. 2.3.1-11
Auflagerung und Verankerung von Porenbeton-Dachplatten auf Porenbetonmauerwerk.

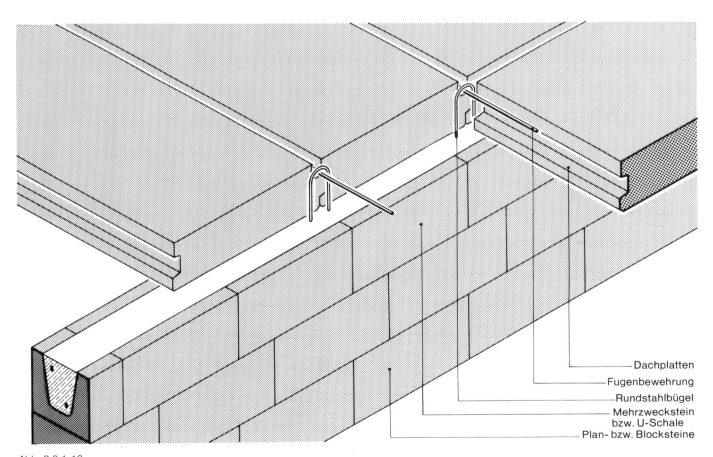

— Dachplatten
— Fugenbewehrung
— Rundstahlbügel
— Mehrzweckstein bzw. U-Schale
— Plan- bzw. Blocksteine

Abb. 2.3.1-12
Auflagerung und Verankerung von Porenbeton-Dachplatten (Ringanker unterhalb der Dachfläche) auf Mauerwerk (s.a. Abb. 2.3.1-11).

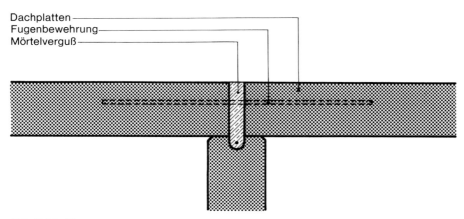

Dachplatten
Fugenbewehrung
Mörtelverguß

Abb. 2.3.1-13
Auflagerung von Porenbeton-Dachplatten mit Fugenbewehrung auf Porenbeton-Wandtafeln mit bewehrter Vergußnut.

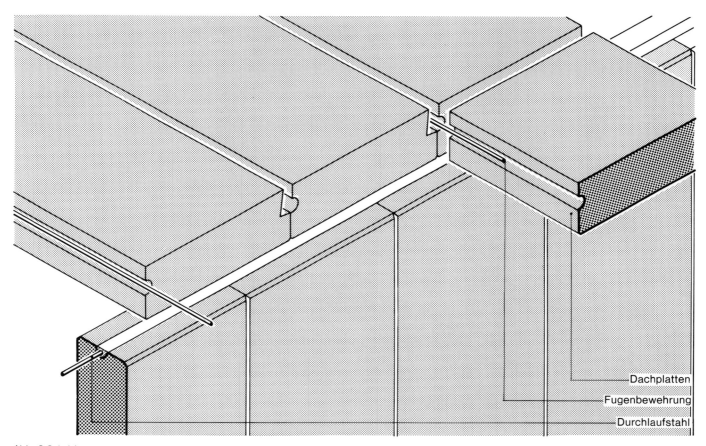

Dachplatten
Fugenbewehrung
Durchlaufstahl

Abb. 2.3.1-14
Auflagerung von Porenbeton-Dachplatten auf Porenbeton-Wandtafeln (s.a. Abb. 2.3.1-13).

Die Auflagertiefen betragen für Dachplatten nach DIN 4223 1/80 der Stützweite, wobei je nach Unterkonstruktion die in den folgenden Abbildungen angegebenen Mindestauflagertiefen einzuhalten sind.

Überstände und Auskragungen der Dachplatten sind nach statischen und konstruktiven Erfordernissen zu bemessen und auszuführen.

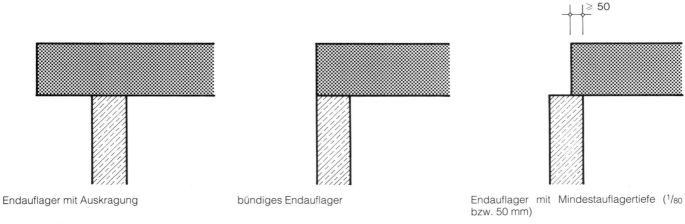

Endauflager mit Auskragung   bündiges Endauflager   Endauflager mit Mindestauflagertiefe ($^1/_{80}$ bzw. 50 mm)

Abb. 2.3.1-15
Endauflagerung von Porenbeton-Dachplatten auf Beton-, Stahlbeton- und Holzleimkonstruktionen.

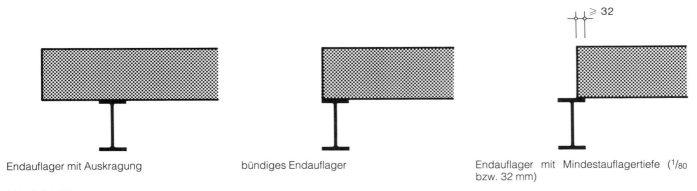

Endauflager mit Auskragung   bündiges Endauflager   Endauflager mit Mindestauflagertiefe ($^1/_{80}$ bzw. 32 mm)

Abb. 2.3.1-16
Endauflagerung von Porenbeton-Dachplatten auf Stahlkonstruktionen.

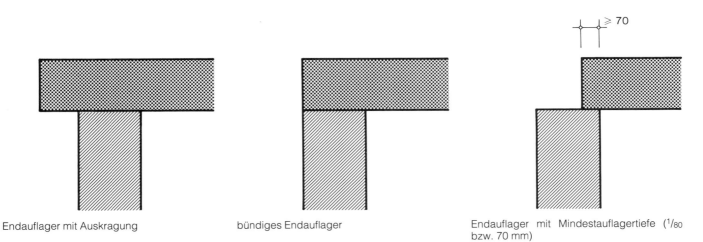

Endauflager mit Auskragung   bündiges Endauflager   Endauflager mit Mindestauflagertiefe ($^1/_{80}$ bzw. 70 mm)

Abb. 2.3.1-17
Endauflagerung von Porenbeton-Dachplatten auf Mauerwerk.

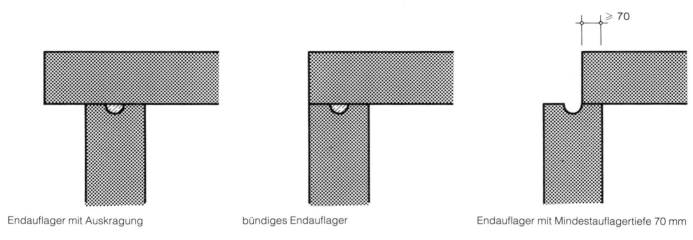

Endauflager mit Auskragung   bündiges Endauflager   Endauflager mit Mindestauflagertiefe 70 mm

Abb. 2.3.1-18
Endauflagerung von Porenbeton-Dachplatten auf Porenbeton-Wandtafeln.

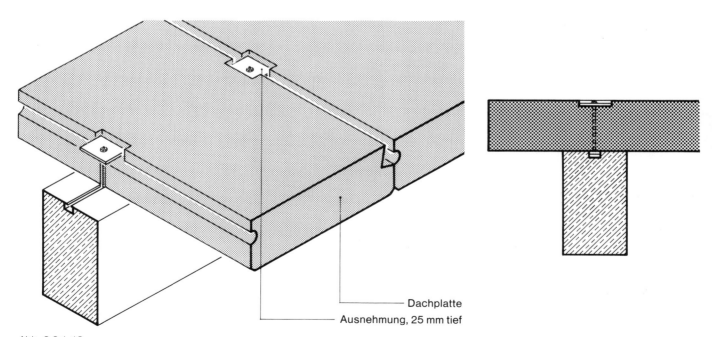

Dachplatte
Ausnehmung, 25 mm tief

Abb. 2.3.1-19
Endauflager mit Auskragung auf einer Stahlbetonkonstruktion; Verankerung mit Ankerschienen und Hammerkopfschrauben.

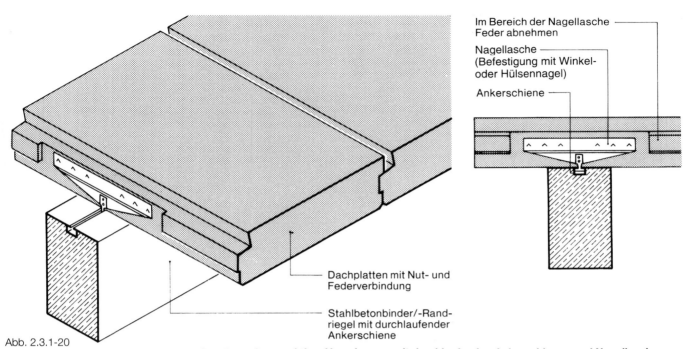

Im Bereich der Nagellasche Feder abnehmen

Nagellasche (Befestigung mit Winkel- oder Hülsennagel)

Ankerschiene

Dachplatten mit Nut- und Federverbindung

Stahlbetonbinder/-Rand-riegel mit durchlaufender Ankerschiene

Abb. 2.3.1-20

Endauflager mit Auskragung auf einer Stahlbetonkonstruktion; Verankerung mit durchlaufenden Ankerschienen und Nagellaschen.

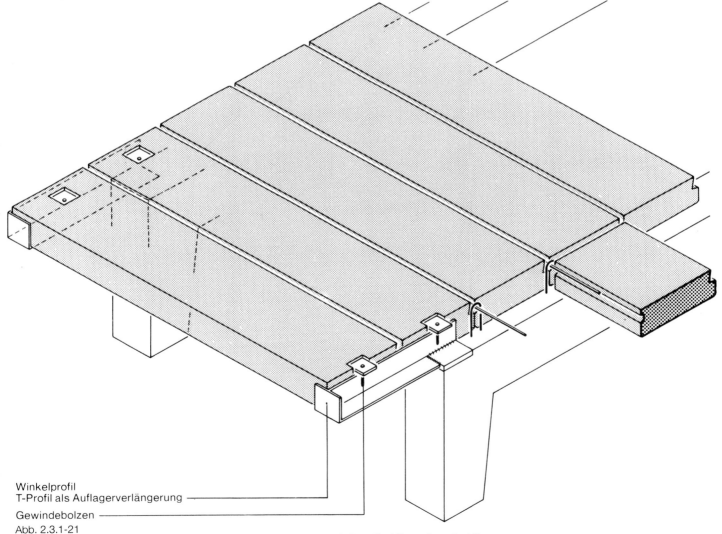

Winkelprofil
T-Profil als Auflagerverlängerung

Gewindebolzen

Abb. 2.3.1-21

Endauflager „Traufseite" mit Auskragung und Eckausbildung auf einer Stahlbetonkonstruktion.

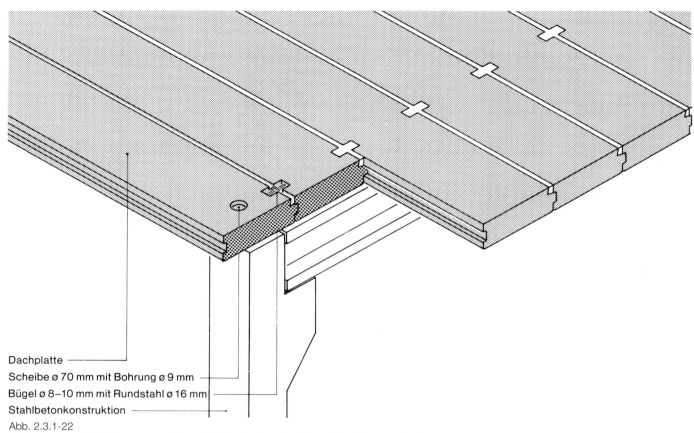

Dachplatte
Scheibe ø 70 mm mit Bohrung ø 9 mm
Bügel ø 8–10 mm mit Rundstahl ø 16 mm
Stahlbetonkonstruktion

Abb. 2.3.1-22
Endauflager mit Auskragung auf einer Stahlbetonkonstruktion; Verankerung durch Hammerkopfschrauben mit Ringmutter in durchlaufenden Ankerschienen.

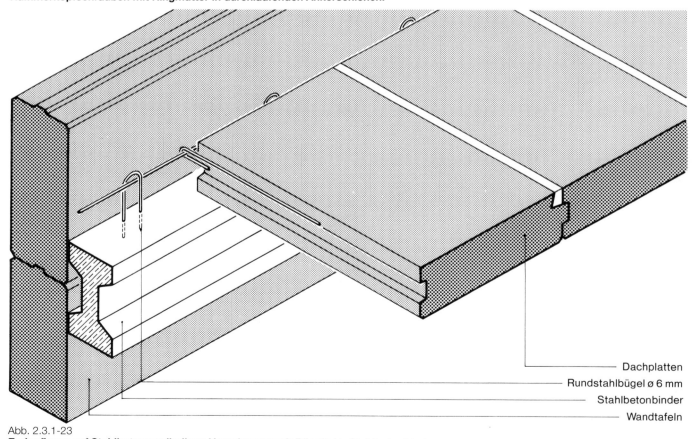

Dachplatten
Rundstahlbügel ø 6 mm
Stahlbetonbinder
Wandtafeln

Abb. 2.3.1-23
Endauflager auf Stahlbetonrandbalken; Verankerung mit Bügeln im Stahlbetonbinder.

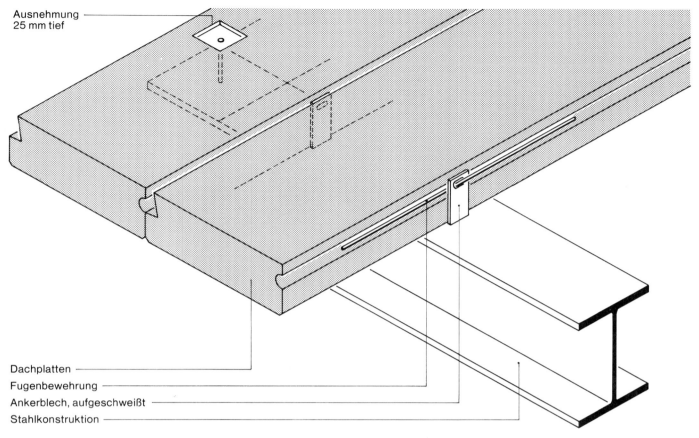

Ausnehmung
25 mm tief

Dachplatten
Fugenbewehrung
Ankerblech, aufgeschweißt
Stahlkonstruktion

Abb. 2.3.1-24
Endauflager mit Auskragung und Eckausbildung auf einer Stahlkonstruktion; Verankerung mit Ankerblechen.

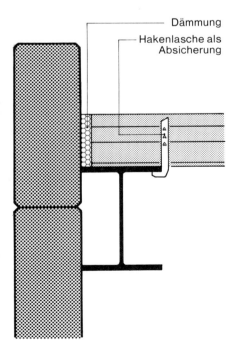

Dämmung
Hakenlasche als
Absicherung

Abb. 2.3.1-25
Endauflagerung auf einer Stahlkonstruktion; Verankerung mit Hakenlasche.

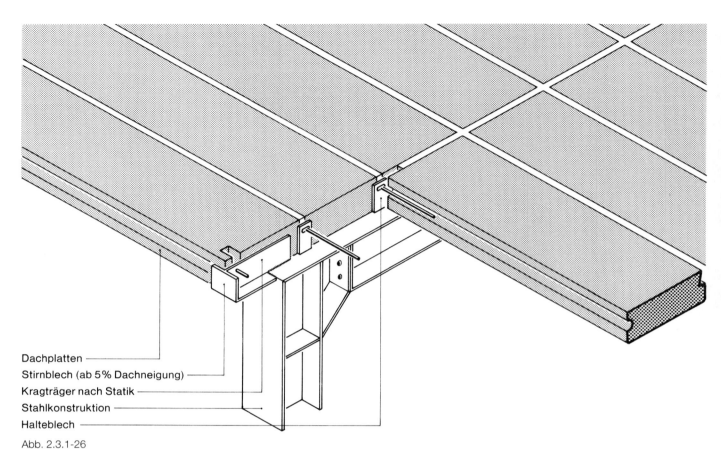

Dachplatten
Stirnblech (ab 5% Dachneigung)
Kragträger nach Statik
Stahlkonstruktion
Halteblech

Abb. 2.3.1-26
Endauflager („Traufseite") mit Auskragung auf einer Stahlkonstruktion; Verankerung mit Ankerblechen.

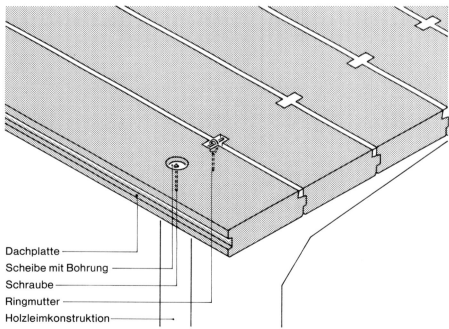

Dachplatte
Scheibe mit Bohrung
Schraube
Ringmutter
Holzleimkonstruktion

Abb. 2.3.1-27
**Endauflager und Verankerung im Eckbereich auf einer Holzleimkonstruktion;
Verankerung mit Holzschrauben und Ringmuttern.**

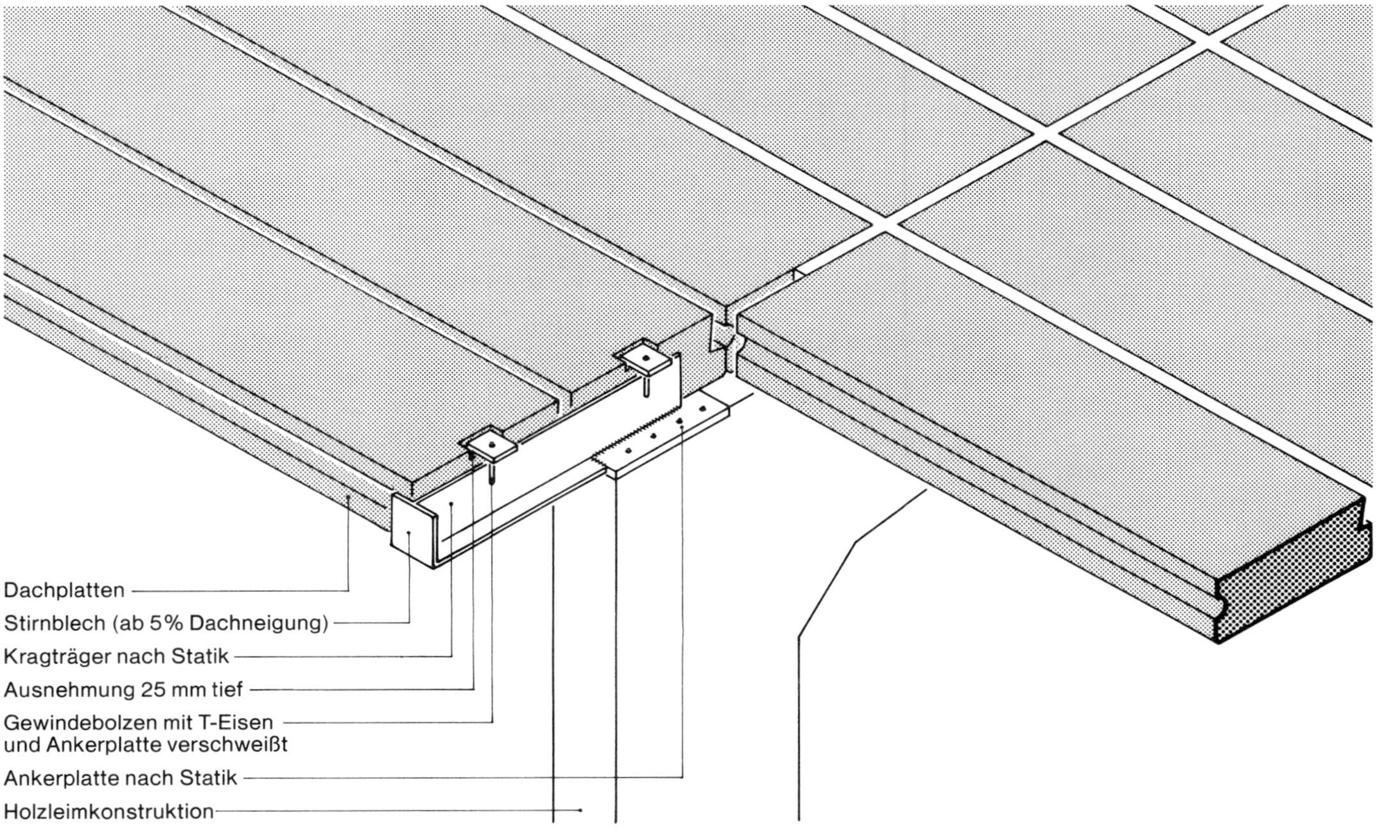

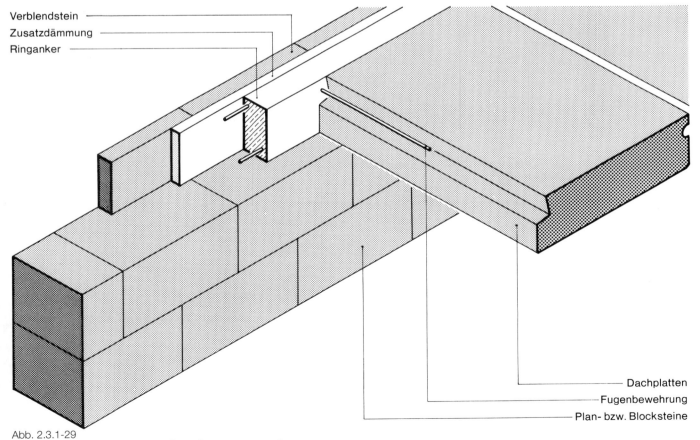

Dachplatten
Stirnblech (ab 5% Dachneigung)
Kragträger nach Statik
Ausnehmung 25 mm tief
Gewindebolzen mit T-Eisen
und Ankerplatte verschweißt
Ankerplatte nach Statik
Holzleimkonstruktion

Abb. 2.3.1-28
Endauflager „Traufseite" und Auskragung auf einer Holzleimkonstruktion.

Verblendstein
Zusatzdämmung
Ringanker

Dachplatten
Fugenbewehrung
Plan- bzw. Blocksteine

Abb. 2.3.1-29
Endauflager mit Ringanker auf Porenbetonmauerwerk.

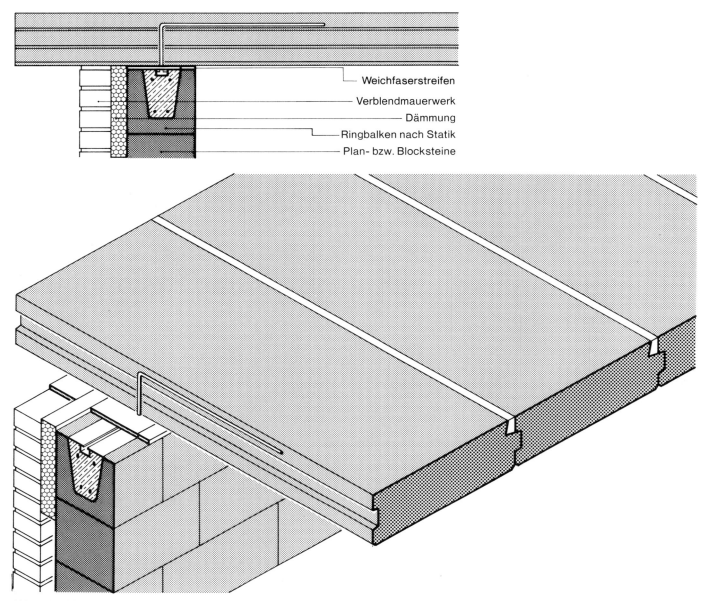

Abb. 2.3.1-30
Endauflager mit Auskragung auf Mauerwerk. Der Ringanker ist in U-Schalen bzw. Mehrzwecksteinen unterhalb der Dachfläche angeordnet.

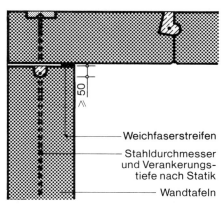

Verankerung der Längsseite in den Vertikalfugen

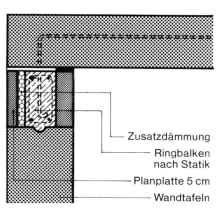

Verankerung der Stirnseite im Ringanker

Abb. 2.3.1-31
Endauflager und Verankerung von Dachplatten auf Porenbeton-Wandtafeln.

Durchbrüche und Auswechslungen

Öffnungen in Flachdächern aus Porenbeton sind in unterschiedlichen Abmessungen möglich. Dabei wird unterschieden zwischen Durchbrüchen in einzelnen Platten, z. B. für Rohrdurchführung – die maximal möglichen Abmessungen sind in Abb. 2.3.1-32 dargestellt – und Auswechslungen.

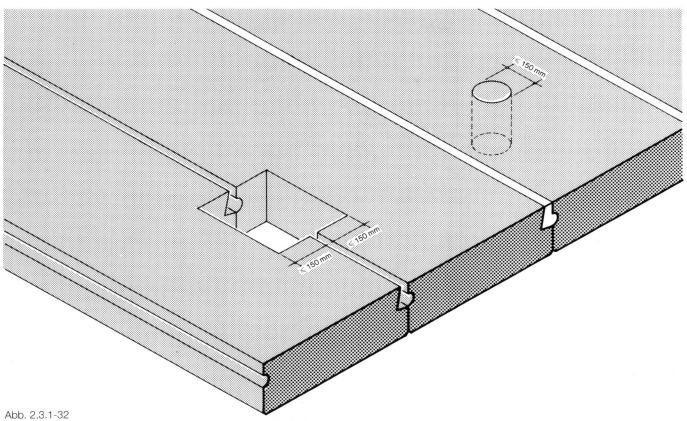

Abb. 2.3.1-32
**Runde und rechteckige Durchbrüche in Porenbeton-Dachplatten;
rechteckige Aussparungen in gegenüberliegenden Dachplatten nach Zulassung.**

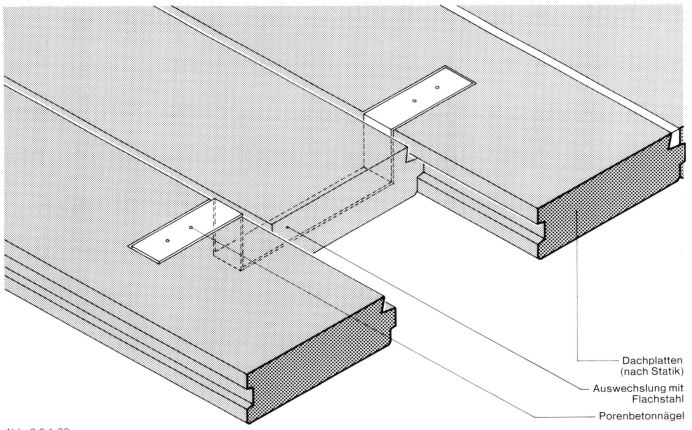

Dachplatten
(nach Statik)

Auswechslung mit
Flachstahl

Porenbetonnägel

Abb. 2.3.1-33
Auswechslung einer Dachplatte mit Flachstahl. Die seitlich angrenzenden Dachplatten erhalten eine Sonderbewehrung nach Statik.

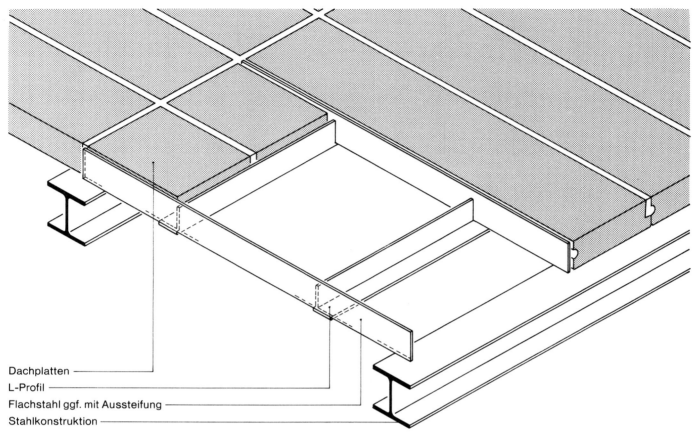

Dachplatten ————————
L-Profil ————————
Flachstahl ggf. mit Aussteifung ————————
Stahlkonstruktion ————————

Abb. 2.3.1-34
Dachauswechslung mit Stahlrahmen für zwei Plattenbreiten. Die Bemessung des Stahlrahmens erfolgt nach Statik. Die seitlichen Flachstähle erhalten ggf. eine Aussteifung.

Bewegungsfugen

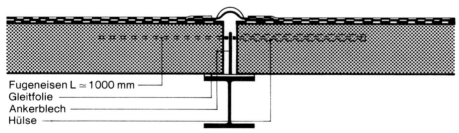

Fugeneisen L ≃ 1000 mm ————————
Gleitfolie ————————
Ankerblech ————————
Hülse ————————

Abb. 2.3.1-35
Bewegungsfuge über einem Stahlträger (auf Stahlbetonbindern sinngemäß).

Dacheindeckung

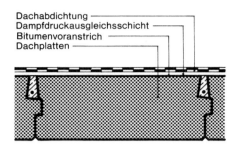

Dachabdichtung
Dampfdruckausgleichsschicht
Bitumenvoranstrich
Dachplatten

Porenbetonwarmdach

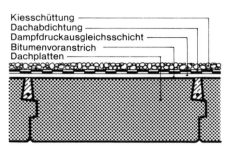

Kiesschüttung
Dachabdichtung
Dampfdruckausgleichsschicht
Bitumenvoranstrich
Dachplatten

Porenbetonwarmdach mit Kiesschüttung

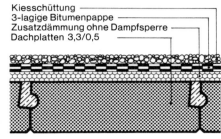

Kiesschüttung
3-lagige Bitumenpappe
Zusatzdämmung ohne Dampfsperre
Dachplatten 3,3/0,5

Porenbetonwarmdach mit Zusatzdämmung

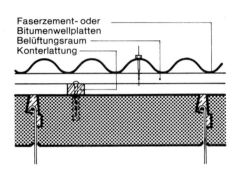

Faserzement- oder
Bitumenwellplatten
Belüftungsraum
Konterlattung

Porenbetonkaltdach mit Faserzement- oder
Bitumenwellplatten

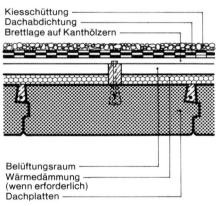

Kiesschüttung
Dachabdichtung
Brettlage auf Kanthölzern

Belüftungsraum
Wärmedämmung
(wenn erforderlich)
Dachplatten

Porenbetonkaltdach mit Dachabdichtung,
Kiesschüttung und Zusatzdämmung

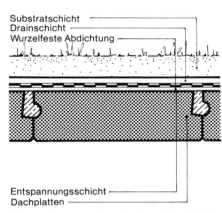

Substratschicht
Drainschicht
Wurzelfeste Abdichtung

Entspannungsschicht
Dachplatten

Porenbetonwarmdach als begrüntes Dach

Abb. 2.3.1-36
Dacheindeckungen auf Porenbeton-Dachplatten (Alternativen für Flachdächer und flach geneigte Dächer). Neben den hier dargestellten bituminösen Dichtungsbahnen können auch Dichtungsbahnen aus Kunststoffen eingesetzt werden.

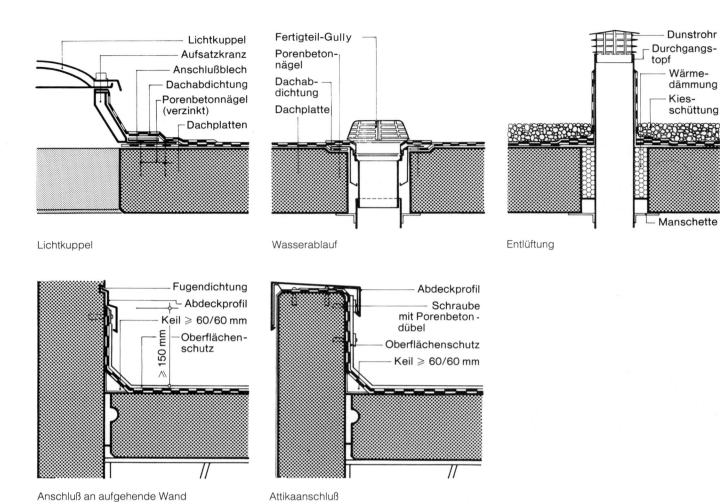

Lichtkuppel

Wasserablauf

Entlüftung

Anschluß an aufgehende Wand

Attikaanschluß

Abb. 2.3.1-37
Durchbrüche und Anschlüsse in Porenbetonwarmdächern.

2.3.2 **Geneigte Dächer**

Verankerung, Auflagerung

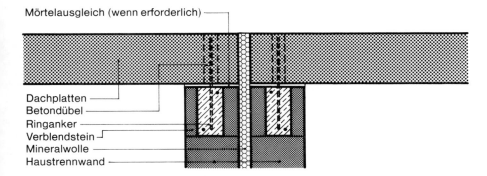

Mörtelausgleich (wenn erforderlich)

Dachplatten
Betondübel
Ringanker
Verblendstein
Mineralwolle
Haustrennwand

Abb. 2.3.2-1
Zwischenauflager auf zweischaliger Haustrennwand mit Ringankern. Die Ringanker können – wie dargestellt – unterhalb als auch in der Ebene der Dachplatten angeordnet werden.

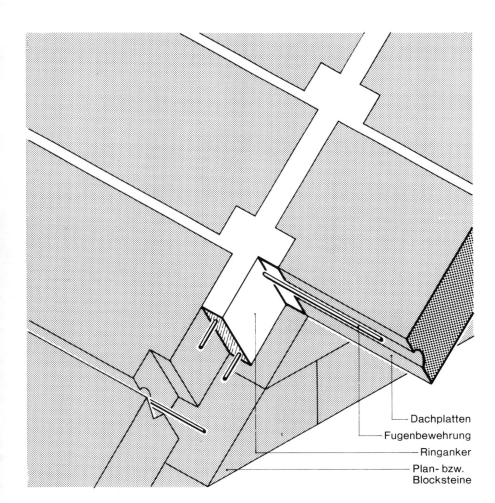

Dachplatten
Fugenbewehrung
Ringanker
Plan- bzw. Blocksteine

Abb. 2.3.2-2
Zwischenauflager auf einschaliger Giebelwand mit Ringanker in Dachebene.

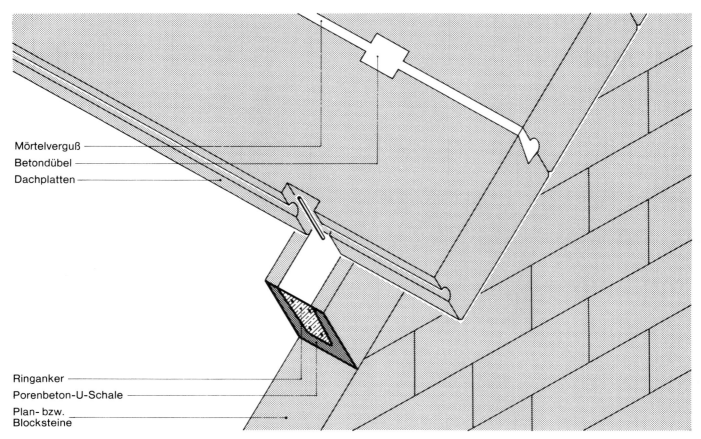

Mörtelverguß
Betondübel
Dachplatten

Ringanker
Porenbeton-U-Schale
Plan- bzw.
Blocksteine

Abb. 2.3.2-3
Endauflager am Ortgang mit Auskragung (nach Statik). Der Ringanker ist in einer Porenbeton-U-Schale unterhalb der Dachplatten angeordnet.

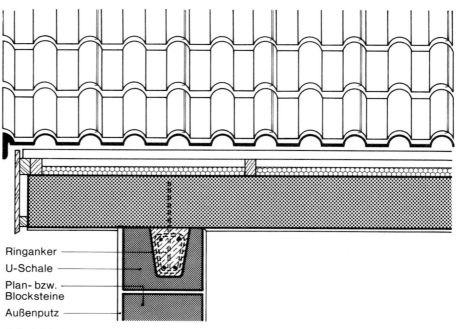

Ringanker
U-Schale
Plan- bzw.
Blocksteine
Außenputz

Abb. 2.3.2-4
Ortgang mit auskragender Porenbeton-Dachplatte.

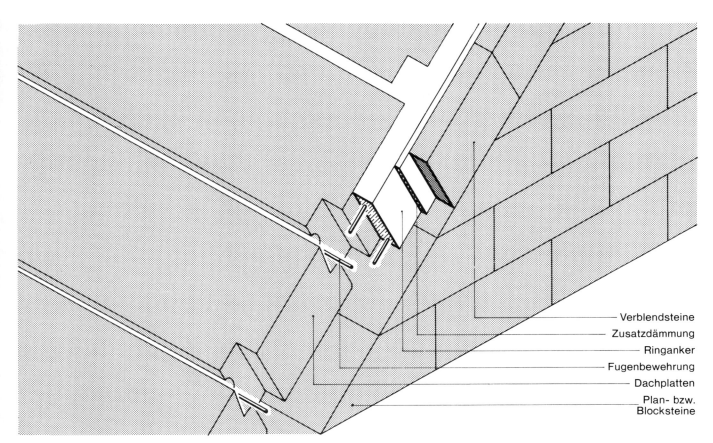

Verblendsteine
Zusatzdämmung
Ringanker
Fugenbewehrung
Dachplatten
Plan- bzw.
Blocksteine

Abb. 2.3.2-5
Endauflager am Ortgang. Ringanker in der Ebene der Dachplatten.

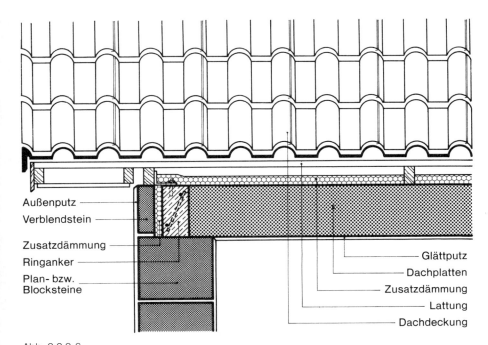

Außenputz
Verblendstein
Zusatzdämmung
Ringanker
Plan- bzw.
Blocksteine

Glättputz
Dachplatten
Zusatzdämmung
Lattung
Dachdeckung

Abb. 2.3.2-6
Ortgang mit Ringanker in der Ebene der Dachplatten.

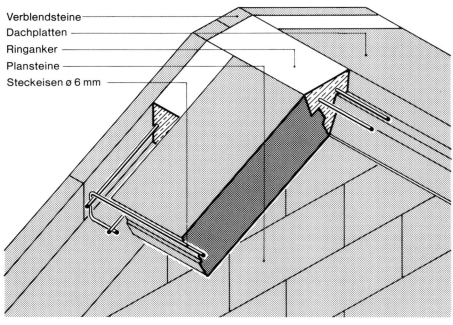

Verblendsteine
Dachplatten
Ringanker
Plansteine
Steckeisen ø 6 mm

Abb. 2.3.2-7
**Anschluß First/Giebel mit Ringanker in
der Ebene der Dachplatten.**

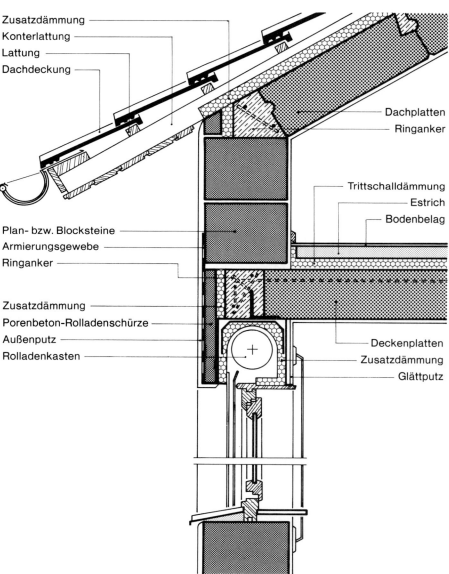

Zusatzdämmung
Konterlattung
Lattung
Dachdeckung

Dachplatten
Ringanker

Trittschalldämmung
Estrich
Bodenbelag

Plan- bzw. Blocksteine
Armierungsgewebe
Ringanker

Zusatzdämmung
Porenbeton-Rolladenschürze
Außenputz
Rolladenkasten

Deckenplatten
Zusatzdämmung
Glättputz

Abb. 2.3.2-8
**Traufe mit Kniestock, Deckenanschluß
und nichttragendem Rolladenkasten.**

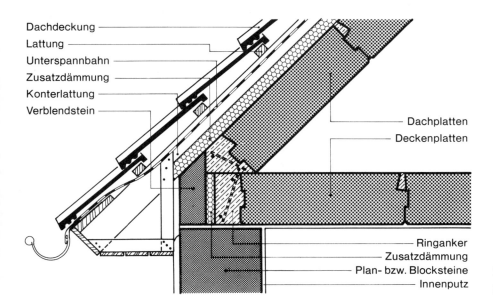

Dachdeckung
Lattung
Unterspannbahn
Zusatzdämmung
Konterlattung
Verblendstein

Dachplatten
Deckenplatten

Ringanker
Zusatzdämmung
Plan- bzw. Blocksteine
Innenputz

Abb. 2.3.2-9
Traufe mit Ringanker in Dach- und Deckenebene.

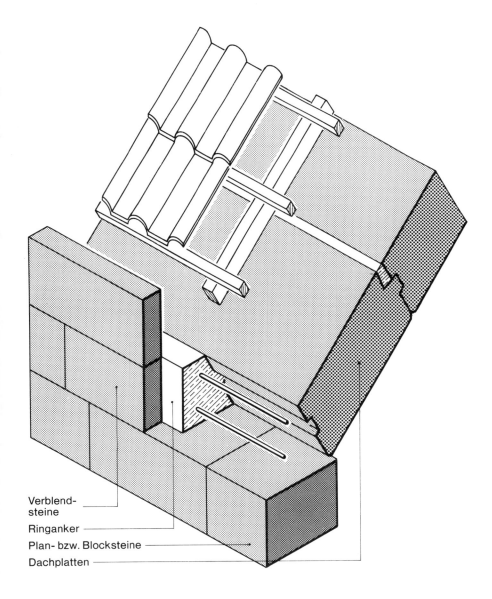

Verblend-steine
Ringanker
Plan- bzw. Blocksteine
Dachplatten

Abb. 2.3.2-10
Traufe für innenliegende Rinne.

**Durchbrüche, Gauben,
Auswechslungen**

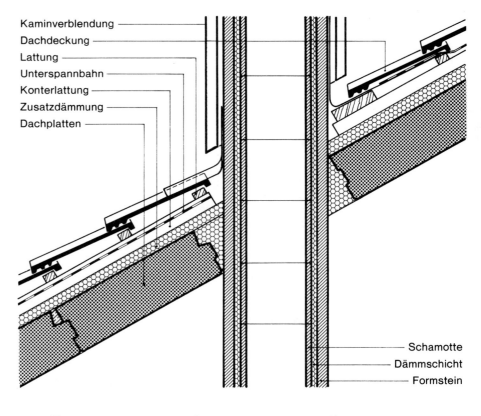

Kaminverblendung
Dachdeckung
Lattung
Unterspannbahn
Konterlattung
Zusatzdämmung
Dachplatten

Schamotte
Dämmschicht
Formstein

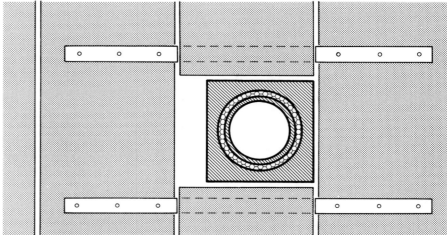

Abb. 2.3.2-11
**Kamindurchführung durch ein Poren-
betonmassivdach, Auswechslung mit
Flachstahlbügeln.**

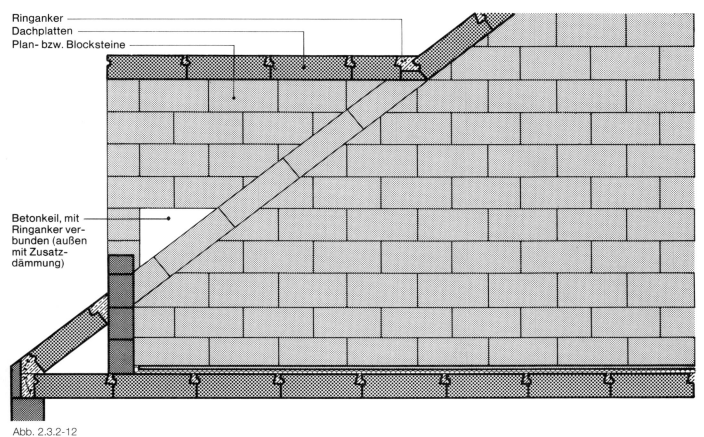

Ringanker
Dachplatten
Plan- bzw. Blocksteine

Betonkeil, mit
Ringanker ver-
bunden (außen
mit Zusatz-
dämmung)

Abb. 2.3.2-12
Gaube mit Lastabtragung über seitliche Wand.

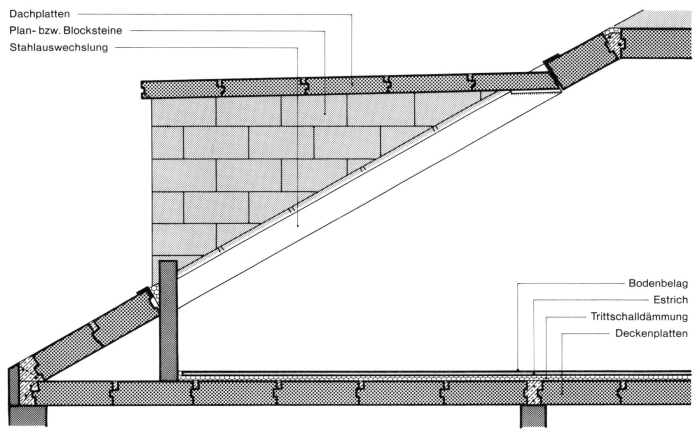

Dachplatten
Plan- bzw. Blocksteine
Stahlauswechslung

Bodenbelag
Estrich
Trittschalldämmung
Deckenplatten

Abb. 2.3.2-13
Gaube mit Auswechslung in der Dachebene.

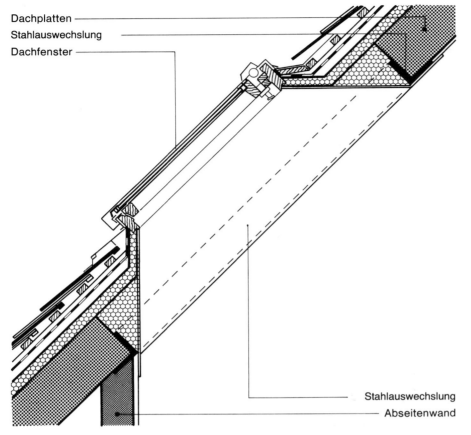

Dachplatten
Stahlauswechslung
Dachfenster

Stahlauswechslung
Abseitenwand

Abb. 2.3.2-14
Dachflächenfenster mit Auswechslung in der Dachebene.

Eindeckung

Auf Porenbetonmassivdächern sind alle Materialien zur Eindeckung möglich, wie sie für geneigte Dächer üblich sind – Dachziegel, Dachsteine, Welltafeln oder auch Trapezbleche. Das dargestellte Beispiel zeigt eine von vielen Möglichkeiten.

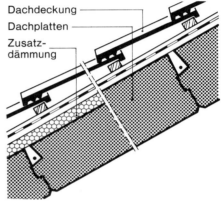

Dachdeckung
Dachplatten
Zusatz-dämmung

Abb. 2.3.2-15
Geneigtes Porenbetonmassivdach mit Dachsteinen; mit oder ohne Zusatzdämmung.

2.3.3 Decken

Verankerung, Auflagerung

Die grundsätzlichen Möglichkeiten für die Auflagerung von Porenbeton-Deckenplatten

- auf Mauerwerk
- auf Stahlbeton
- auf Porenbetonbauteilen
- auf Stahl
- auf Holz

entsprechen denen für Porenbeton-Dachplatten (s. Kap. 2.3.1). Zusätzlich können Deckenplatten auch in der Ebene von Stahlträgern verlegt werden.

Die konstruktive Ausbildung der Auflager von Porenbeton-Deckenplatten auf Stahlbeton entspricht der von Porenbeton-Dachplatten. Die im Kap. 2.3.1 dargestellten Anschlußdetails können hier sinngemäß übernommen werden.

Für Zwischenauflager und Endauflager von Porenbeton-Deckenplatten auf Stahl- und Holzkonstruktionen können die Ausführungsformen sinngemäß übernommen werden, wie sie im Kap. 2.3.1 für Dachplatten dargestellt sind. Porenbeton-Dach- und Deckenplatten können durch konstruktive Maßnahmen zu horizontalen Scheiben zusammengeschlossen werden. Genauere Hinweise hierzu finden sich im Kap. 2.1.7 „Dach- und Deckenscheiben".

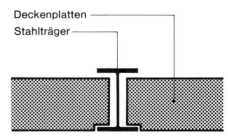

Deckenplatten
Stahlträger

Abb. 2.3.3-1
Porenbeton-Deckenplatten in der Ebene eines Stahlträgers.

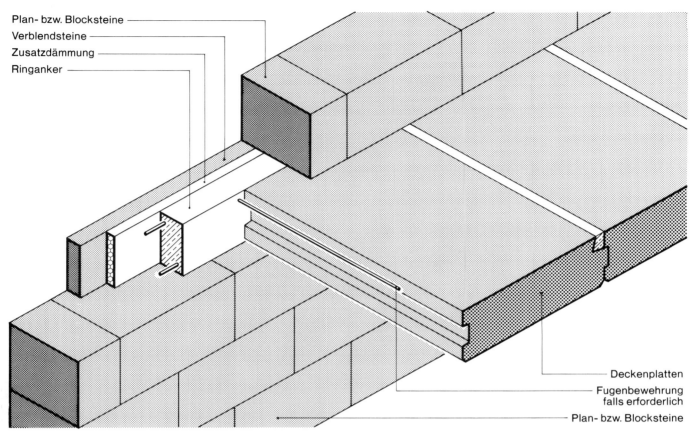

Plan- bzw. Blocksteine
Verblendsteine
Zusatzdämmung
Ringanker

Deckenplatten
Fugenbewehrung
falls erforderlich
Plan- bzw. Blocksteine

Abb. 2.3.3-2
Endauflager von Deckenplatten mit Ringanker auf Mauerwerk.

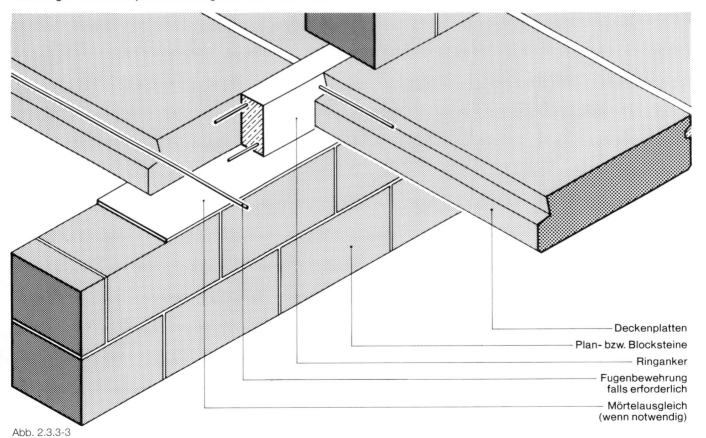

Deckenplatten
Plan- bzw. Blocksteine
Ringanker
Fugenbewehrung
falls erforderlich
Mörtelausgleich
(wenn notwendig)

Abb. 2.3.3-3
Zwischenauflager von Deckenplatten mit Ringanker auf tragender Innenwand.

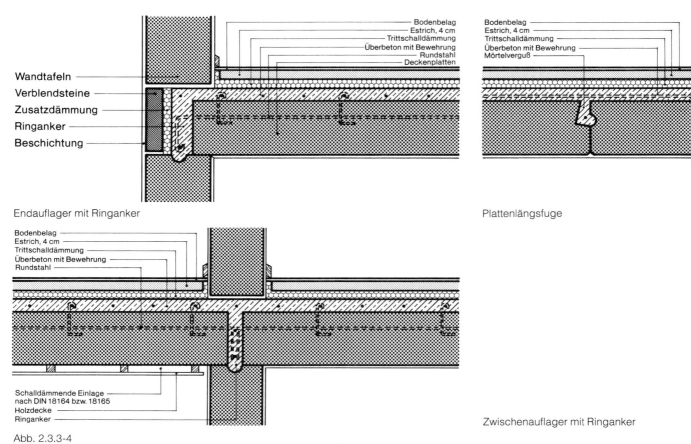

Wandtafeln

Verblendsteine

Zusatzdämmung

Ringanker

Beschichtung

Bodenbelag
Estrich, 4 cm
Trittschalldämmung
Überbeton mit Bewehrung
Rundstahl
Deckenplatten

Bodenbelag
Estrich, 4 cm
Trittschalldämmung
Überbeton mit Bewehrung
Mörtelverguß

Endauflager mit Ringanker

Plattenlängsfuge

Bodenbelag
Estrich, 4 cm
Trittschalldämmung
Überbeton mit Bewehrung
Rundstahl

Schalldämmende Einlage
nach DIN 18164 bzw. 18165
Holzdecke
Ringanker

Zwischenauflager mit Ringanker

Abb. 2.3.3-4
End- und Zwischenauflager von Porenbeton-Deckenplatten mit Überbeton (Verkehrslasten $\leq$ 5.0 kN/m².

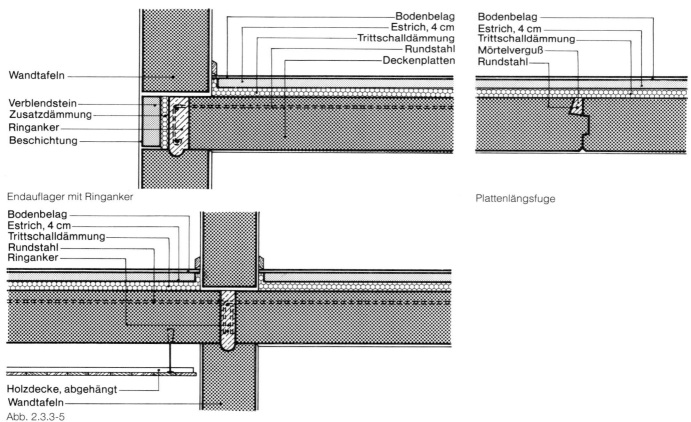

Wandtafeln

Verblendstein
Zusatzdämmung
Ringanker
Beschichtung

Bodenbelag
Estrich, 4 cm
Trittschalldämmung
Rundstahl
Deckenplatten

Bodenbelag
Estrich, 4 cm
Trittschalldämmung
Mörtelverguß
Rundstahl

Endauflager mit Ringanker

Plattenlängsfuge

Bodenbelag
Estrich, 4 cm
Trittschalldämmung
Rundstahl
Ringanker

Holzdecke, abgehängt
Wandtafeln

Abb. 2.3.3-5
End- und Zwischenauflager von Porenbeton-Deckenplatten (Verkehrslasten $\leq$ 3.5 kN/m².

Auswechslungen, Durchbrüche

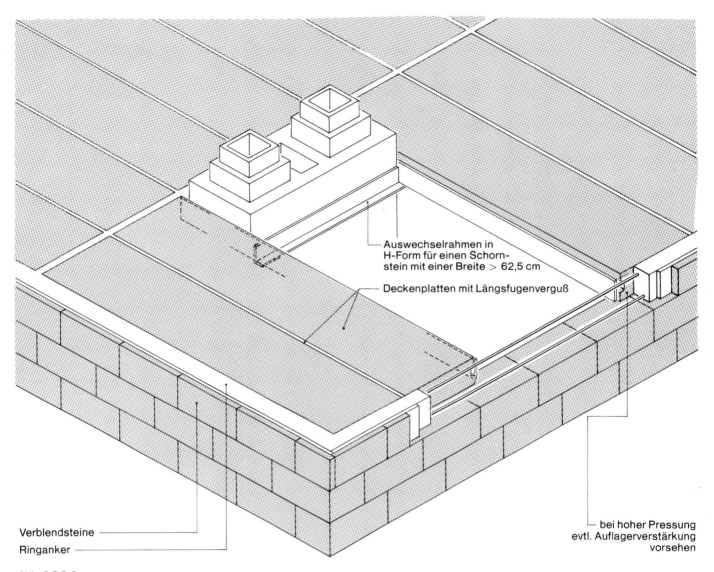

Auswechselrahmen in
H-Form für einen Schorn-
stein mit einer Breite > 62,5 cm

Deckenplatten mit Längsfugenverguß

bei hoher Pressung
evtl. Auflagerverstärkung
vorsehen

Verblendsteine

Ringanker

Abb. 2.3.3-6
H-förmiger Wechselrahmen aus Stahl für Durchbrüche von mehr als einer Plattenbreite.

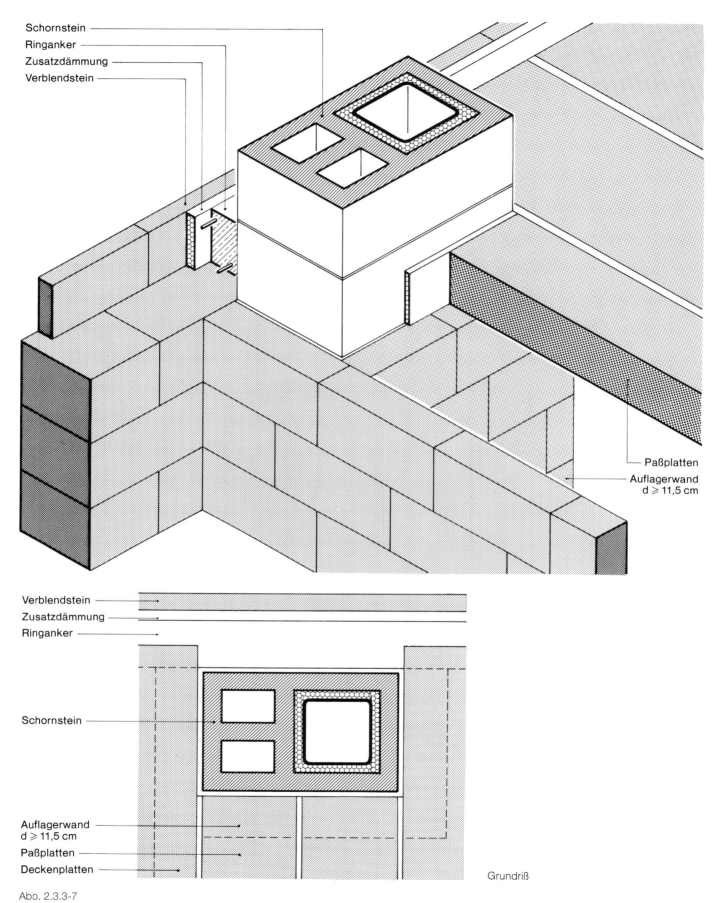

Schornstein
Ringanker
Zusatzdämmung
Verblendstein

Paßplatten
Auflagerwand
d ⩾ 11,5 cm

Verblendstein
Zusatzdämmung
Ringanker

Schornstein

Auflagerwand
d ⩾ 11,5 cm

Paßplatten

Deckenplatten

Grundriß

Abb. 2.3.3-7
Deckenaussparung für einen Kamin, Auflagerung der Deckenplatten auf Auflagerwand d ⩾ 115 mm.

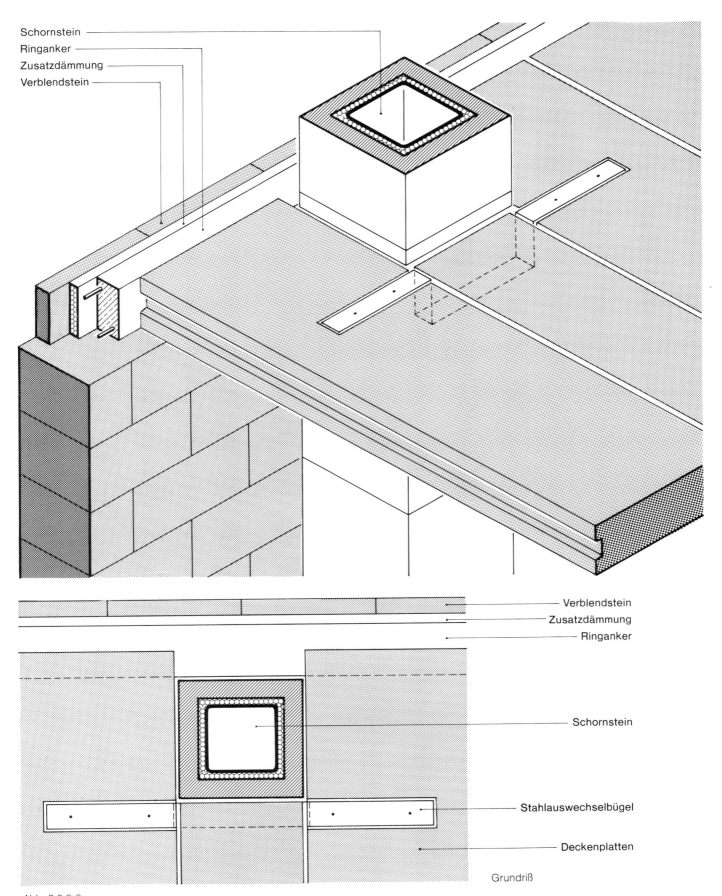

Schornstein
Ringanker
Zusatzdämmung
Verblendstein

Verblendstein
Zusatzdämmung
Ringanker

Schornstein

Stahlauswechselbügel

Deckenplatten

Grundriß

Abb. 2.3.3-8
Deckenaussparung mit Auswechselbügel aus Stahl für einen Kamin.

Oberflächen

ohne Trittschallschutz mit Teppich o. ä.

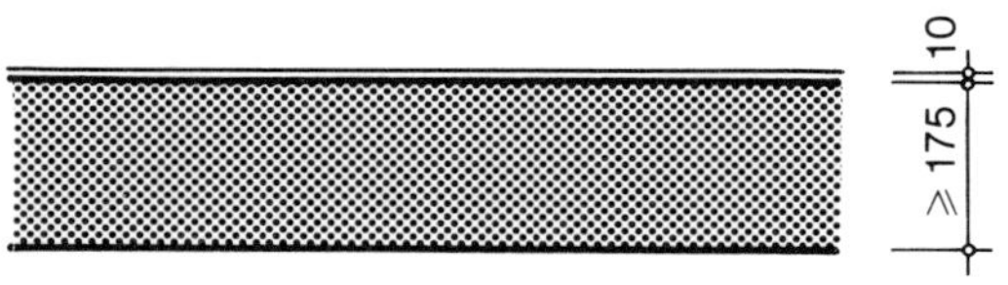

Teppichboden o. a.
Spachtelmasse kunst-
stoffvergütet
Deckenplatten 4,4

ohne Trittschallschutz mit Parkett

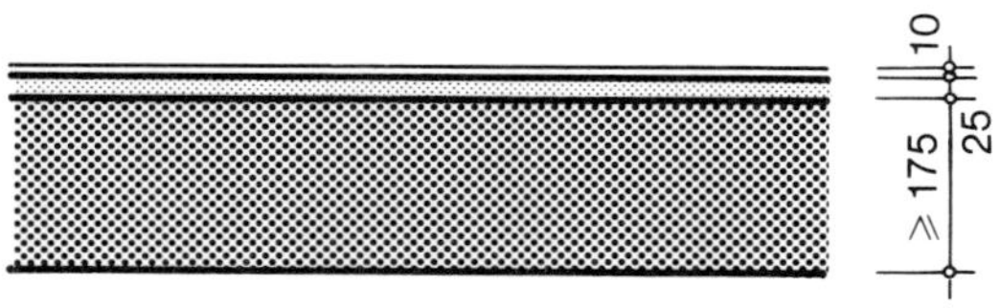

z. B. Parkett
Estrich
Deckenplatten 4,4

Decke zum nicht ausgebauten Dachgeschoß

Deckenplatten 3,3/0,5
Glättputz

mit schwimmendem Estrich für R'$_w$ = 53 dB
(TSM = + 16 dB)

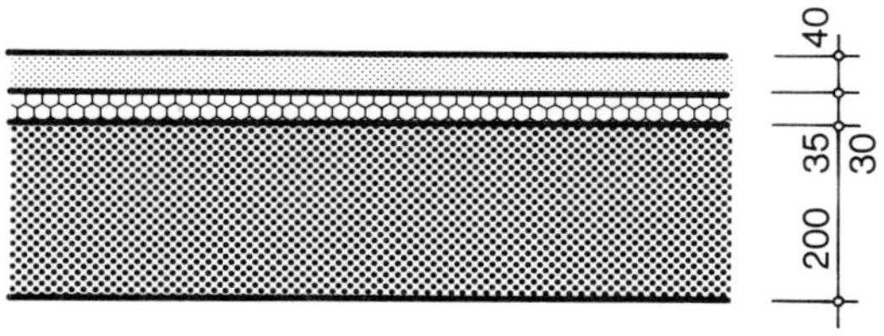

Zementestrich
Trittschalldämmung
Deckenplatten 4,4/0,7

mit schwimmendem Estrich für R'$_w$ = 55 dB
(TSM = + 16 dB)

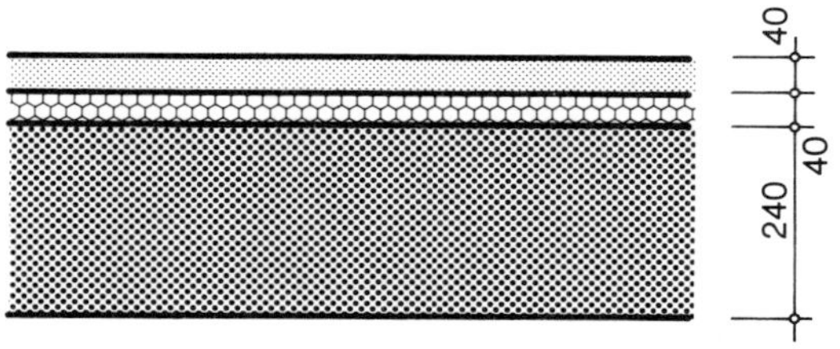

Zementestrich
Trittschalldämmung
Deckenplatten 4,4/0,7

mit schwimmendem Estrich auf versetzt ver-
legter Dämmatte für R'$_w$ = 57 dB (TSM =
+ 19 dB)

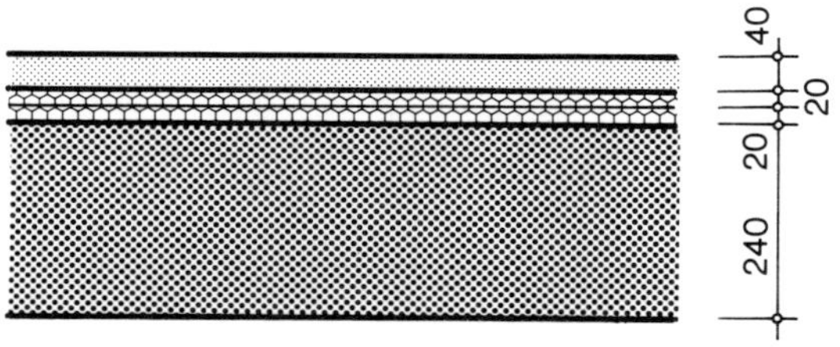

Zementestrich
Trittschalldämmung
(versetzt verlegt)
Deckenplatten 6,6/0,8

mit schwimmendem Estrich und Unterdecke
für R'$_w$ = 56 dB (TSM = + 21 dB)

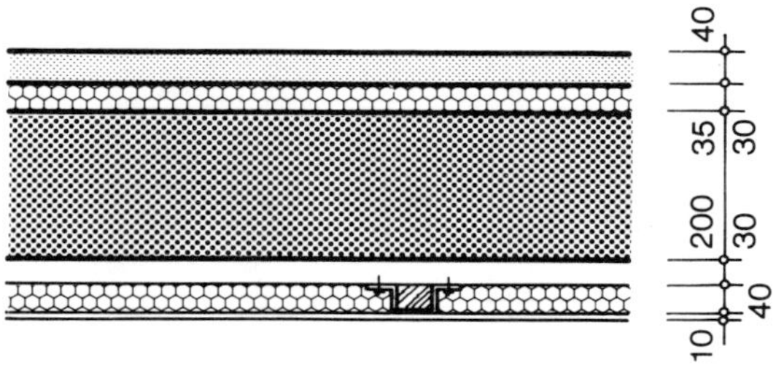

Zementestrich
Trittschalldämmung
Deckenplatten 4,4/0,7
Grundlattung 3/5
Konterlattung 3/5
Unterdecke incl.
Faserdämmstoff

Abb. 2.3.3-9
Fußböden auf Keller- und Geschoßdecken.

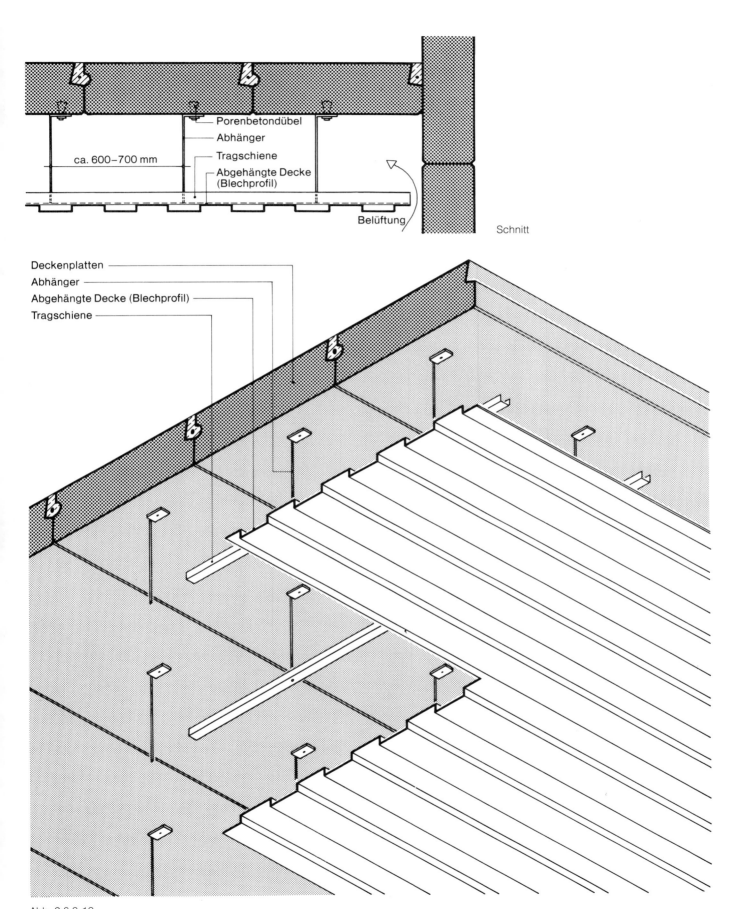

Porenbetondübel
Abhänger
Tragschiene
Abgehängte Decke (Blechprofil)

ca. 600–700 mm

Belüftung

Schnitt

Deckenplatten
Abhänger
Abgehängte Decke (Blechprofil)
Tragschiene

Abb. 2.3.3-10
Abgehängte Unterdecke aus Metallprofilen, abgehängt an Porenbetondübeln und Schlitzbandeisen o. ä.

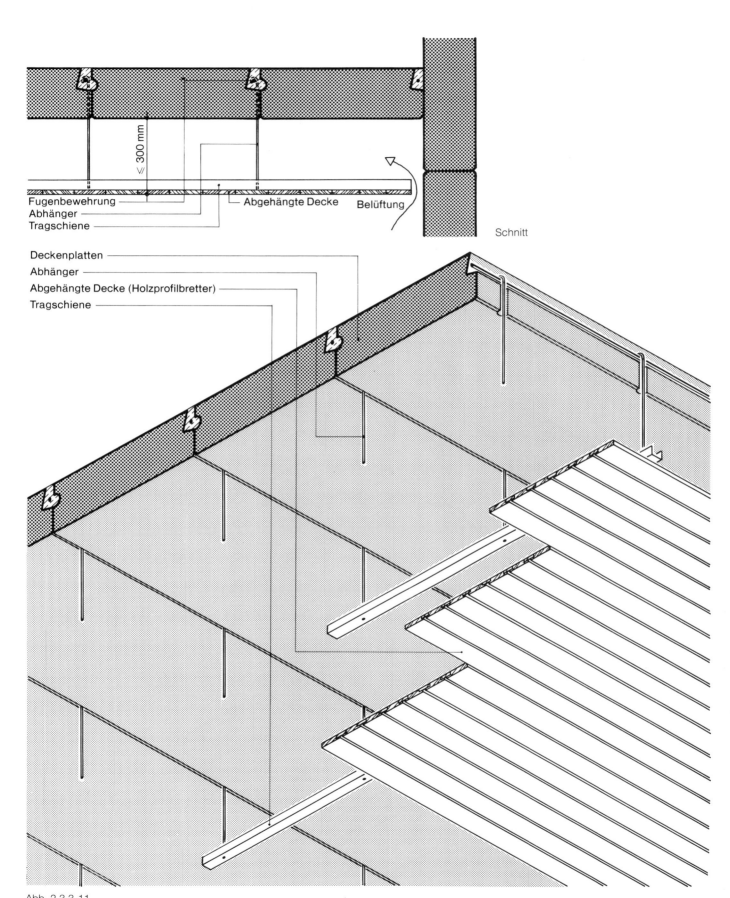

Fugenbewehrung

Abhänger

Tragschiene

Abgehängte Decke

Belüftung

300 mm

Schnitt

Deckenplatten

Abhänger

Abgehängte Decke (Holzprofilbretter)

Tragschiene

Abb. 2.3.3-11
**Abgehängte Unterdecke aus Holzprofilbrettern, abgehängt an Schlitzbandeisen o. ä.,
die bei der Montage in die Fugen eingebaut wurden.**

Loggien, Balkone

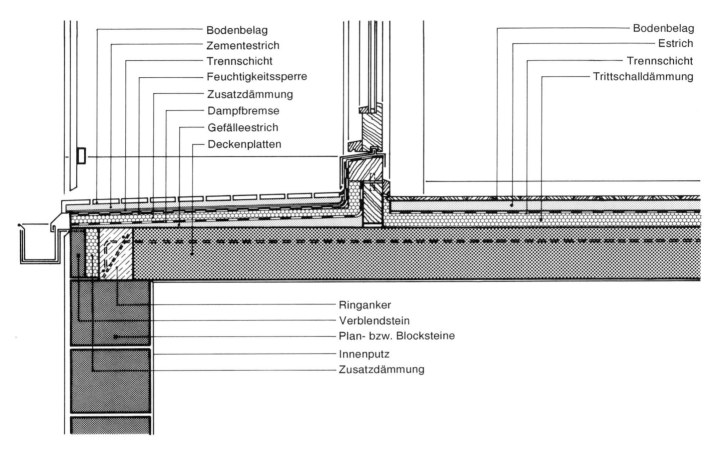

Bodenbelag
Zementestrich
Trennschicht
Feuchtigkeitssperre
Zusatzdämmung
Dampfbremse
Gefälleestrich
Deckenplatten

Bodenbelag
Estrich
Trennschicht
Trittschalldämmung

Ringanker
Verblendstein
Plan- bzw. Blocksteine
Innenputz
Zusatzdämmung

Abb. 2.3.3-12
Loggia auf Porenbeton-Deckenplatten mit Ringanker.

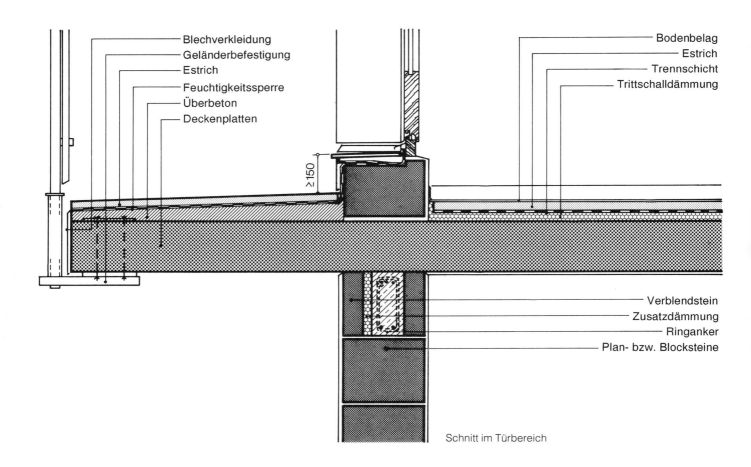

Blechverkleidung
Geländerbefestigung
Estrich
Feuchtigkeitssperre
Überbeton
Deckenplatten

≥150

Bodenbelag
Estrich
Trennschicht
Trittschalldämmung

Verblendstein
Zusatzdämmung
Ringanker
Plan- bzw. Blocksteine

Schnitt im Türbereich

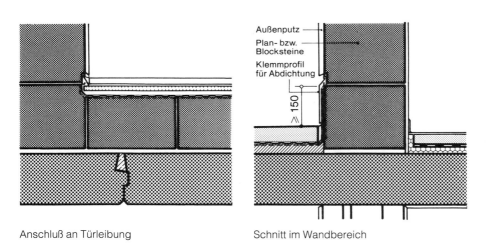

Anschluß an Türleibung

Außenputz
Plan- bzw. Blocksteine
Klemmprofil für Abdichtung

≥ 150

Schnitt im Wandbereich

Abb. 2.3.3-13
Balkon auf auskragender Porenbeton-Deckenplatte (nach Statik).

2.3.4 **Mauerwerk**

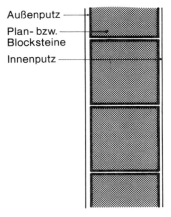

Außenputz —
Plan- bzw. Blocksteine —
Innenputz —

Außenwand, verputzt

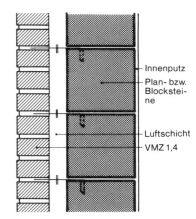

Innenputz
Plan- bzw. Blockstei-ne
Luftschicht
VMZ 1,4

Außenwand mit Verblendschale und Luft-schicht

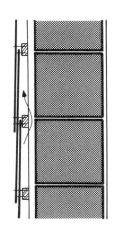

Außenwand mit hinterlüfteter Fassadenbe-kleidung

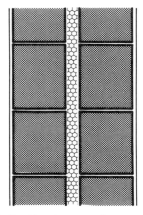

Zweischalige Haustrennwand,
Fuge ≥ 40 mm mit min. Fasermatte

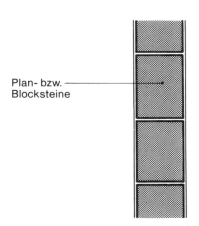

Plan- bzw. Blocksteine —

Innenwand

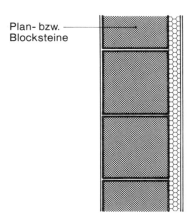

Plan- bzw. Blocksteine —

Wand mit biegeweicher Vorsatzschale

Abb. 2.3.4-1
Ausführungsmöglichkeiten von Porenbetonmauerwerk.

Außenmauerwerk

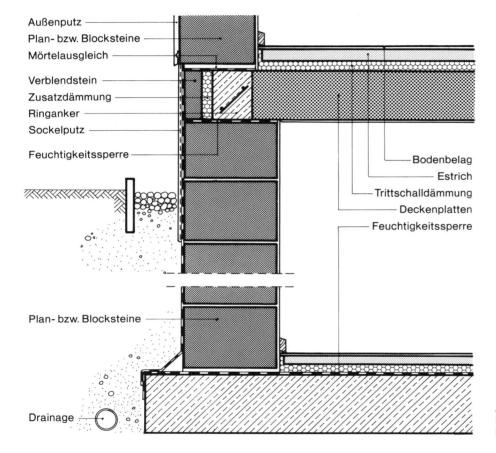

Außenputz

Plan- bzw. Blocksteine

Mörtelausgleich

Verblendstein

Zusatzdämmung

Ringanker

Sockelputz

Feuchtigkeitssperre

Bodenbelag

Estrich

Trittschalldämmung

Deckenplatten

Feuchtigkeitssperre

Plan- bzw. Blocksteine

Drainage

Abb. 2.3.4-2
**Kelleraußenwand aus Porenbeton-
Plan- bzw. -Blocksteinen.**

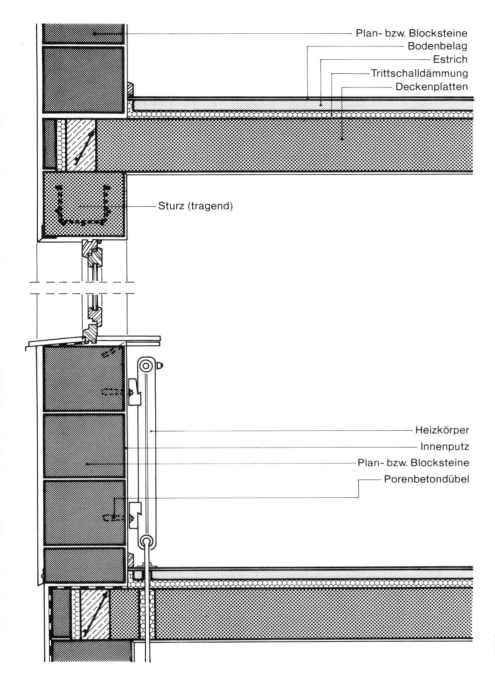

Plan- bzw. Blocksteine
Bodenbelag
Estrich
Trittschalldämmung
Deckenplatten

Sturz (tragend)

Heizkörper
Innenputz
Plan- bzw. Blocksteine
Porenbetondübel

Abb. 2.3.4-3
Aufgehendes einschaliges Mauerwerk aus Porenbeton-Plan- bzw. -Blocksteinen.

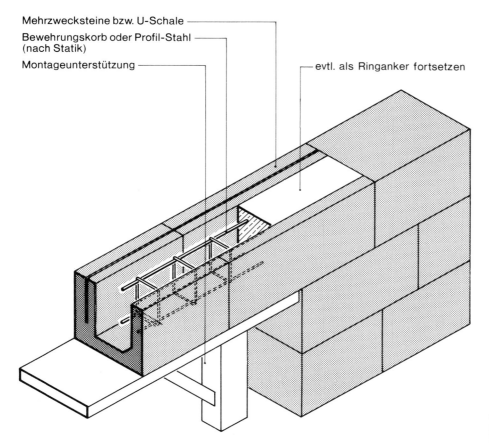

Mehrzwecksteine bzw. U-Schale

Bewehrungskorb oder Profil-Stahl
(nach Statik)

Montageunterstützung

evtl. als Ringanker fortsetzen

Abb. 2.3.4-4
**Alternative Sturzausbildung mit
Mehrzwecksteinen bzw. U-Schalen.**

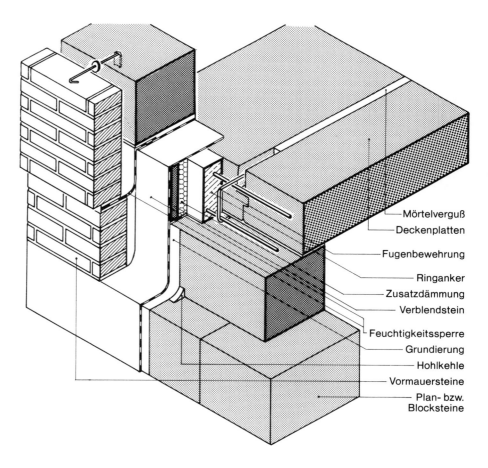

Mörtelverguß

Deckenplatten

Fugenbewehrung

Ringanker

Zusatzdämmung

Verblendstein

Feuchtigkeitssperre

Grundierung

Hohlkehle

Vormauersteine

Plan- bzw.
Blocksteine

Abb. 2.3.4-5
**Aufgehendes Mauerwerk mit Verblend-
schale und Luftschicht, Sockelanschluß.**

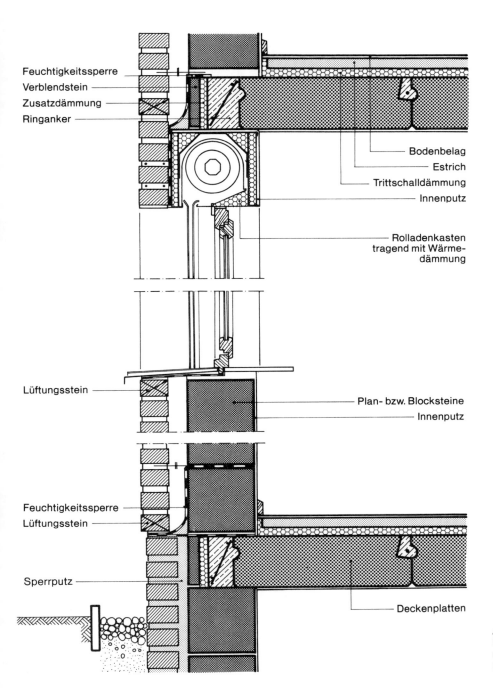

Feuchtigkeitssperre

Verblendstein

Zusatzdämmung

Ringanker

Bodenbelag

Estrich

Trittschalldämmung

Innenputz

Rolladenkasten tragend mit Wärme-dämmung

Lüftungsstein

Plan- bzw. Blocksteine

Innenputz

Feuchtigkeitssperre

Lüftungsstein

Sperrputz

Deckenplatten

Abb. 2.3.4-6
Porenbetonaußenwand mit Verblend-mauerwerk, Fenster und tragendem Rolladenkasten.

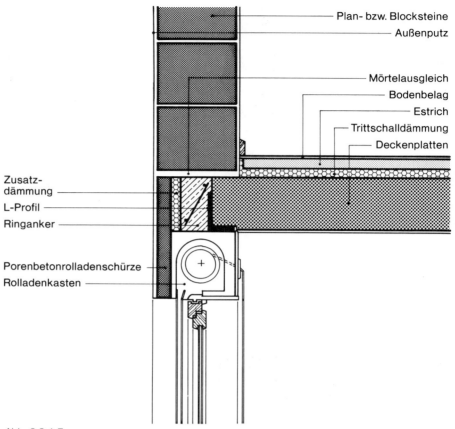

Plan- bzw. Blocksteine
Außenputz
Mörtelausgleich
Bodenbelag
Estrich
Trittschalldämmung
Deckenplatten
Zusatzdämmung
L-Profil
Ringanker
Porenbetonrolladenschürze
Rolladenkasten

Abb. 2.3.4-7
Einschalige Porenbetonaußenwand mit Fenster und nichttragendem Rolladenkasten.

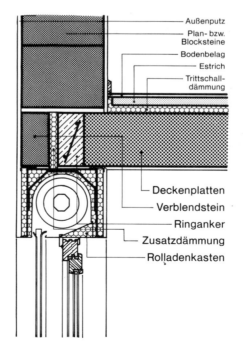

Außenputz
Plan- bzw. Blocksteine
Bodenbelag
Estrich
Trittschalldämmung
Deckenplatten
Verblendstein
Ringanker
Zusatzdämmung
Rolladenkasten

Abb. 2.3.4-8
Tragender Rolladenkasten in verputztem Mauerwerk aus Porenbeton-Plan- bzw. -Blocksteinen.

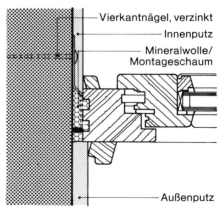

Vierkantnägel, verzinkt
Innenputz
Mineralwolle/ Montageschaum
Außenputz

Abb. 2.3.4-9
Fensteranschluß in Porenbetonleibung.

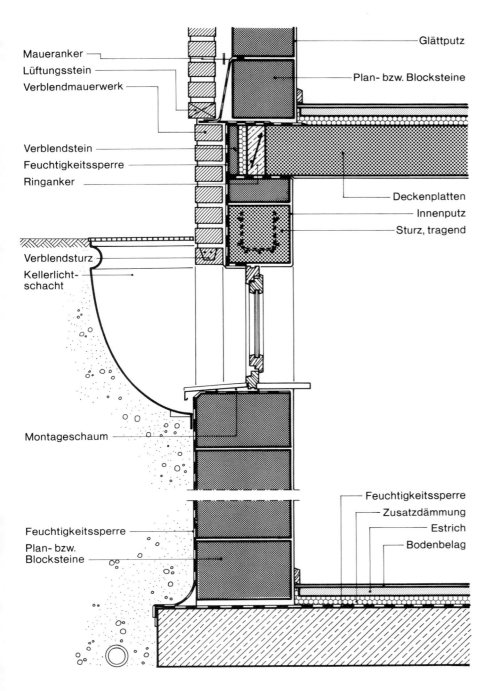

Mauranker
Lüftungsstein
Verblendmauerwerk

Verblendstein
Feuchtigkeitssperre
Ringanker

Verblendsturz
Kellerlichtschacht

Montageschaum

Feuchtigkeitssperre
Plan- bzw. Blocksteine

Glättputz
Plan- bzw. Blocksteine

Deckenplatten
Innenputz
Sturz, tragend

Feuchtigkeitssperre
Zusatzdämmung
Estrich
Bodenbelag

Abb. 2.3.4-10
Kelleraußenwand mit Fenster und tragendem Porenbetonsturz.

Grundputz ─

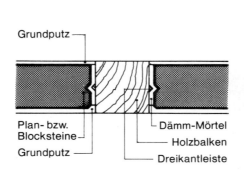

Plan- bzw.
Blocksteine ─
Grundputz ─

─ Dämm-Mörtel
─ Holzbalken
─ Dreikantleiste

Außen und innen bündig mit dem Fachwerk

Glättputz ─   ─ Dreikantleiste
                     ─ Luft

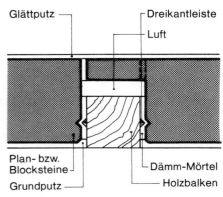

Plan- bzw.
Blocksteine ─
Grundputz ─

─ Dämm-Mörtel
─ Holzbalken

Ummauerung innen. Hinter dem Fachwerk sollte an der Innenseite eine Luftschicht angeordnet sein

Gipskartonplatte ─   ─ Dämm-Mörtel
Armierungsgewebe ─

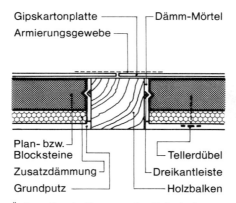

Plan- bzw.
Blocksteine ─
Zusatzdämmung ─
Grundputz ─

─ Tellerdübel
─ Dreikantleiste
─ Holzbalken

Äußere Zusatzdämmung im Gefach, innere Bekleidung der Wand mit Gipskarton

Plan- bzw. Blocksteine ─
Holzständer ─
Thermopanzer ─

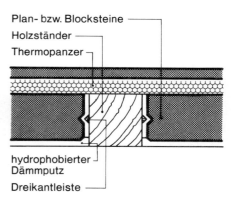

hydrophobierter ─
Dämmputz
Dreikantleiste ─

Innenliegende Wärmedämmung (Verbundkonstruktion aus Mineralwolle und Porenbeton). Ein diffusionstechnischer Nachweis ist bei dieser Ausführung erforderlich

Abb. 2.3.4-11
Fachwerkausmauerung mit Porenbeton-Plan- bzw. -Blocksteinen.

Innenmauerwerk

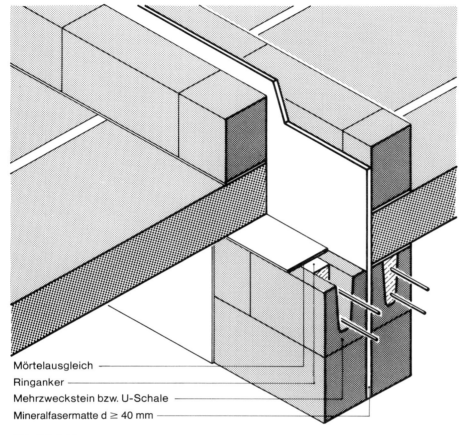

Mörtelausgleich ——————————
Ringanker ——————————
Mehrzweckstein bzw. U-Schale ——————————
Mineralfasermatte d ≥ 40 mm ——————————

Abb. 2.3.4-12
Tragende zweischalige Haustrennwand mit Ringanker und Deckenanschluß.

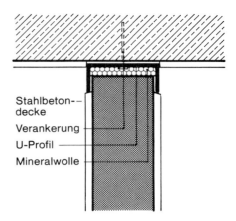

Stahlbeton-
decke
Verankerung
U-Profil
Mineralwolle

Abb. 2.3.4-15
Deckenanschluß einer nichttragenden Trennwand mit U-Profil.

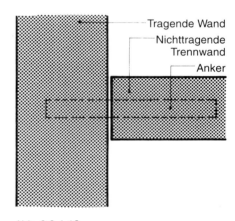

Tragende Wand
Nichttragende
Trennwand
Anker

Abb. 2.3.4-16
Seitlicher Stumpfstoß einer nicht-tragenden Trennwand; Anschluß mit Flachstahlankern.

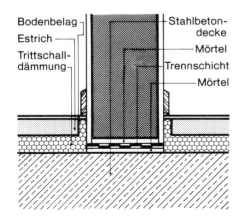

Bodenbelag
Estrich
Trittschall-
dämmung

Stahlbeton-
decke
Mörtel
Trennschicht
Mörtel

Abb. 2.3.4-13
Fußpunkt einer nichttragenden Trennwand mit Anschluß auf der tragenden Decke.

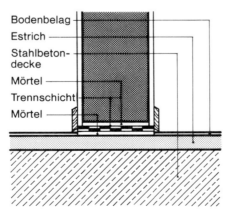

Bodenbelag
Estrich
Stahlbeton-
decke
Mörtel
Trennschicht
Mörtel

Abb. 2.3.4-14
Fußpunkt einer nichttragenden Trennwand mit Anschluß auf einem Verbundestrich.

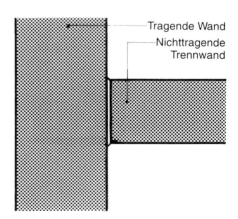

Tragende Wand
Nichttragende
Trennwand

Abb. 2.3.4-17
Seitlicher Anschluß einer nichttragenden Trennwand mit Dünnbettmörtel.

2.3.5 **Wandplatten (ausfachend)**

Liegende Wandplatten

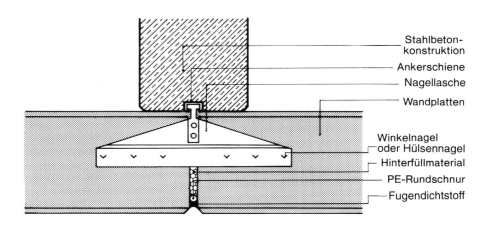

Stahlbeton-
konstruktion
Ankerschiene
Nagellasche
Wandplatten

Winkelnagel
oder Hülsennagel
Hinterfüllmaterial
PE-Rundschnur
Fugendichtstoff

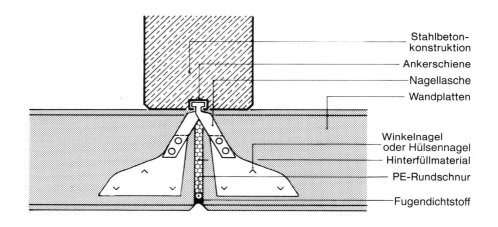

Stahlbeton-
konstruktion
Ankerschiene
Nagellasche
Wandplatten

Winkelnagel
oder Hülsennagel
Hinterfüllmaterial
PE-Rundschnur
Fugendichtstoff

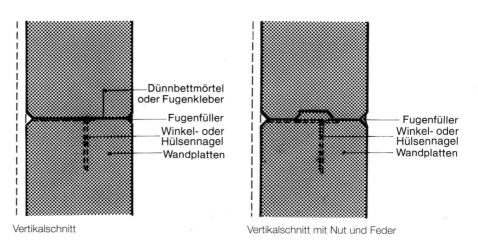

Dünnbettmörtel
oder Fugenkleber
Fugenfüller
Winkel- oder
Hülsennagel
Wandplatten

Fugenfüller
Winkel- oder
Hülsennagel
Wandplatten

Vertikalschnitt

Vertikalschnitt mit Nut und Feder

Abb. 2.3.5-1
**Befestigung nichttragender, liegender Montagebauteile (Wandplatten) an
Stahlbetonstützen.**

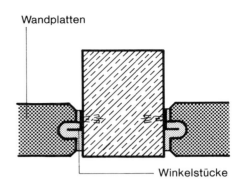

Wandplatten

Winkelstücke

Befestigung nach Statik

Abb. 2.3.5-4
**Befestigung zwischen Stahlbeton-
stützen. Bei Außenanwendung wird ggf.
eine zusätzliche Wärmedämmung der
Stahlbetonbauteile erforderlich.**

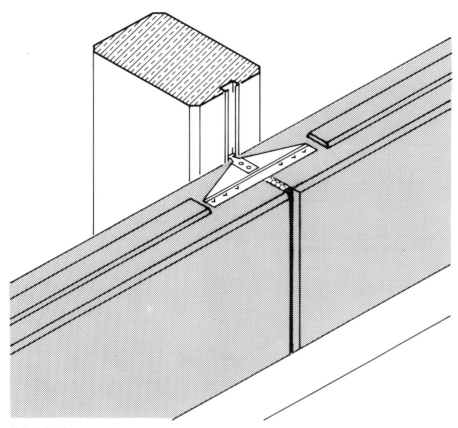

Abb. 2.3.5-2
Befestigung von Wandplatten mit Nagellaschen an Stahlbetonstützen.

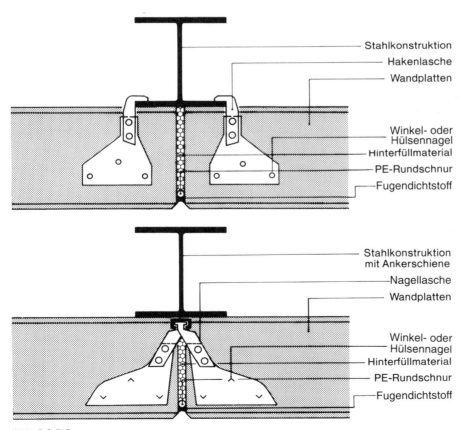

Stahlkonstruktion
Hakenlasche
Wandplatten

Winkel- oder
Hülsennagel
Hinterfüllmaterial
PE-Rundschnur
Fugendichtstoff

Stahlkonstruktion
mit Ankerschiene
Nagellasche
Wandplatten

Winkel- oder
Hülsennagel
Hinterfüllmaterial
PE-Rundschnur
Fugendichtstoff

Abb. 2.3.5-3
Befestigung nichttragender, liegender Montagebauteile (Wandplatten) an Stahlstützen.

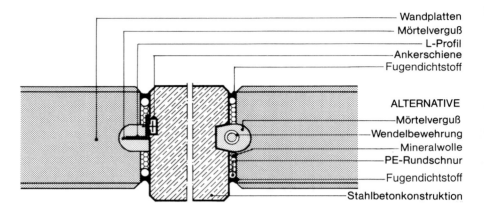

Wandplatten
Mörtelverguß
L-Profil
Ankerschiene
Fugendichtstoff

ALTERNATIVE
Mörtelverguß
Wendelbewehrung
Mineralwolle
PE-Rundschnur
Fugendichtstoff
Stahlbetonkonstruktion

Abb. 2.3.5-5
**Befestigung zwischen Stahlbetonstützen mit Winkel und Ankerschiene;
Alternative mit Wendelbewehrung.**

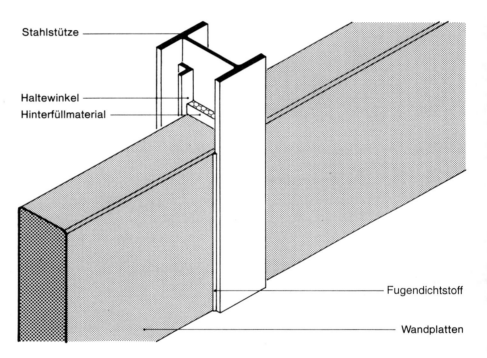

Stahlstütze

Haltewinkel
Hinterfüllmaterial

Fugendichtstoff

Wandplatten

Abb. 2.3.5-6
Befestigung von Wandplatten zwischen Stahlstützen.

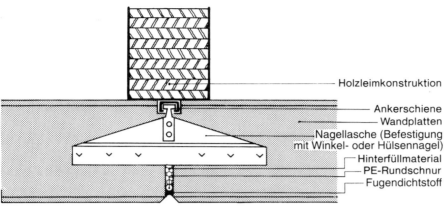

Holzleimkonstruktion

Ankerschiene

Wandplatten

Nagellasche (Befestigung mit Winkel- oder Hülsennagel)

Hinterfüllmaterial

PE-Rundschnur

Fugendichtstoff

Horizontalschnitt

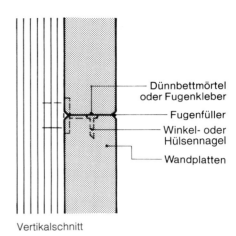

Dünnbettmörtel oder Fugenkleber

Fugenfüller

Winkel- oder Hülsennagel

Wandplatten

Vertikalschnitt

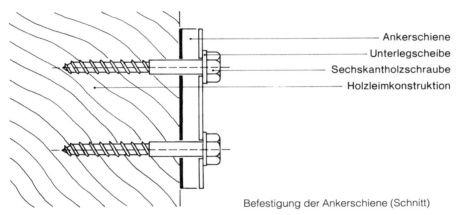

Ankerschiene

Unterlegscheibe

Sechskantholzschraube

Holzleimkonstruktion

Befestigung der Ankerschiene (Schnitt)

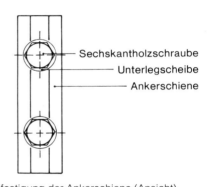

Sechskantholzschraube

Unterlegscheibe

Ankerschiene

Befestigung der Ankerschiene (Ansicht)

Abb. 2.3.5-7
Befestigung von Wandplatten an Holzkonstruktionen mit Nagellaschen.

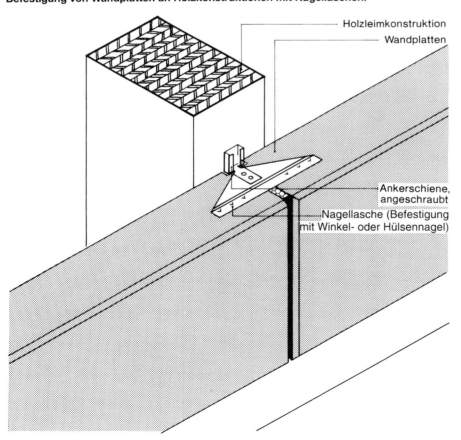

Holzleimkonstruktion

Wandplatten

Ankerschiene, angeschraubt

Nagellasche (Befestigung mit Winkel- oder Hülsennagel)

Abb. 2.3.5-8
Befestigung an Holz mit Nagellaschen.

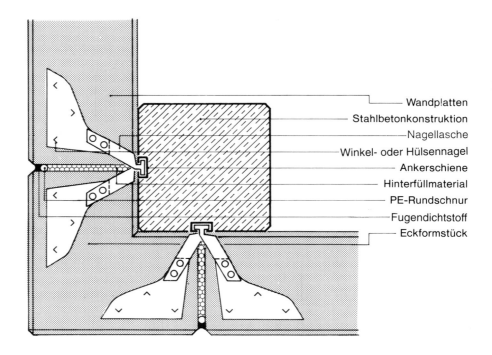

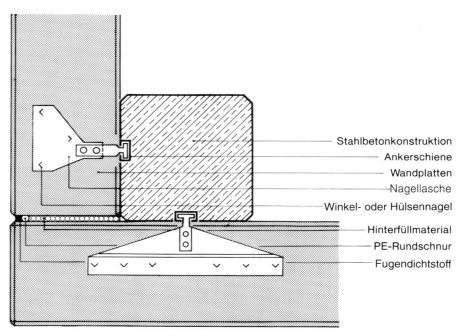

Abb. 2.3.5-9
Eckverankerungen von Wandplatten an Stahlbetonstützen.

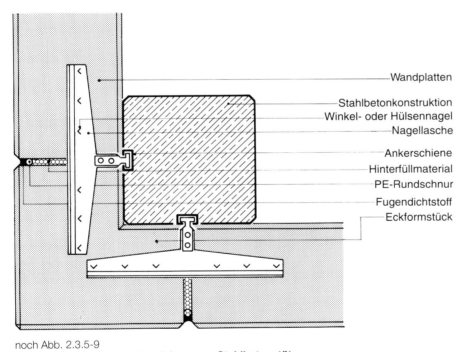

Wandplatten
Stahlbetonkonstruktion
Winkel- oder Hülsennagel
Nagellasche
Ankerschiene
Hinterfüllmaterial
PE-Rundschnur
Fugendichtstoff
Eckformstück

noch Abb. 2.3.5-9
Eckverankerungen von Wandplatten an Stahlbetonstützen.

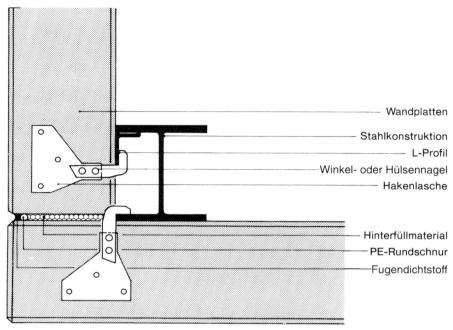

Wandplatten
Stahlkonstruktion
L-Profil
Winkel- oder Hülsennagel
Hakenlasche

Hinterfüllmaterial
PE-Rundschnur
Fugendichtstoff

Eckverbindung mit Hakenlaschen

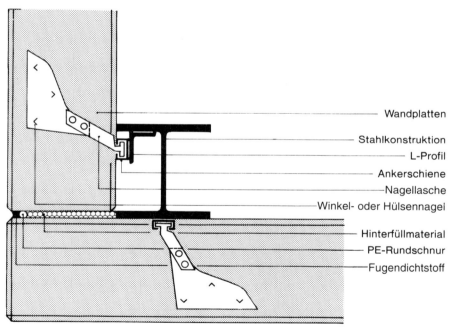

Wandplatten
Stahlkonstruktion
L-Profil
Ankerschiene
Nagellasche
Winkel- oder Hülsennagel

Hinterfüllmaterial
PE-Rundschnur
Fugendichtstoff

Abb. 2.3.5-10
**Eckverankerungen von
Wandplatten an Stahlstützen.**

Eckverbindung mit Nagellasche

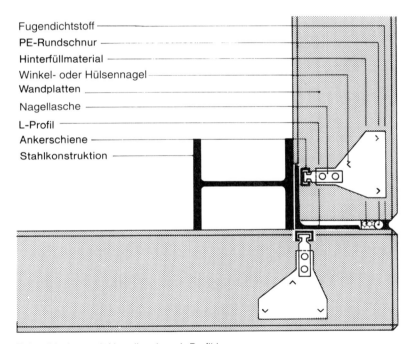

Wandplatten
Stahlkonstruktion
Winkel- oder Hülsennagel
L-Profil
Ankerschiene
Fugendichtstoff
PE-Rundschnur
Hinterfüllmaterial

Nagellasche

Fugendichtstoff
PE-Rundschnur
Hinterfüllmaterial
Winkel- oder Hülsennagel
Wandplatten
Nagellasche
L-Profil
Ankerschiene
Stahlkonstruktion

Eckverbindung mit Nagellaschen, L-Profil im
Attikabereich

noch Abb. 2.3.5-10
**Eckverankerung von
Wandplatten an Stahlstützen.**

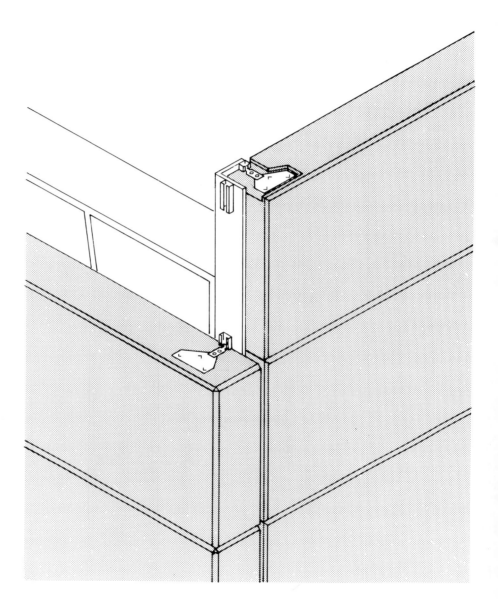

Abb. 2.3.5-11
**Eckverbindung von Wandplatten mit
Nagellaschen im Attikabereich an einer
Stahlkonstruktion.**

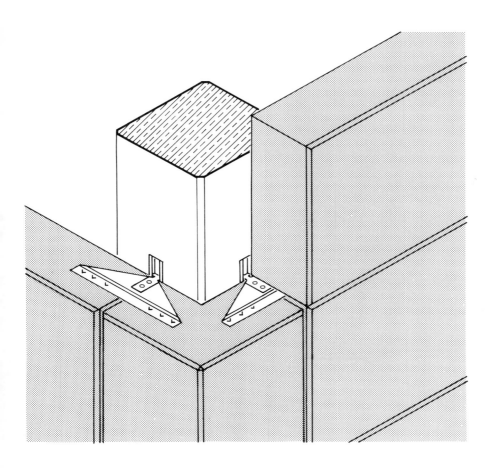

Abb. 2.3.5-12
Ecke mit Eckformstücken (Nagellaschen an Stahlbeton).

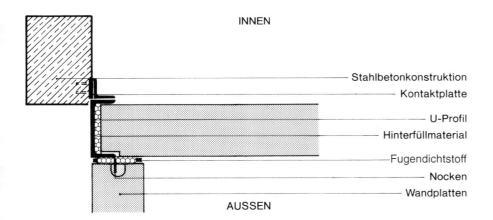

INNEN

— Stahlbetonkonstruktion
— Kontaktplatte
— U-Profil
— Hinterfüllmaterial
— Fugendichtstoff
— Nocken
— Wandplatten

AUSSEN

Abb. 2.3.5-13
Innenecke – Befestigung der Wandplatten an Stahlbeton mit angeschweißtem U-Profil.

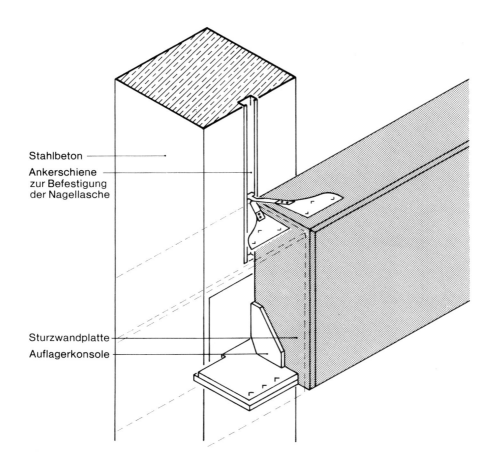

Stahlbeton

Ankerschiene
zur Befestigung
der Nagellasche

Sturzwandplatte
Auflagerkonsole

Abb. 2.3.5-14
**Sturzwandplatte – Auflager und
Befestigung an Stahlbetonstütze.**

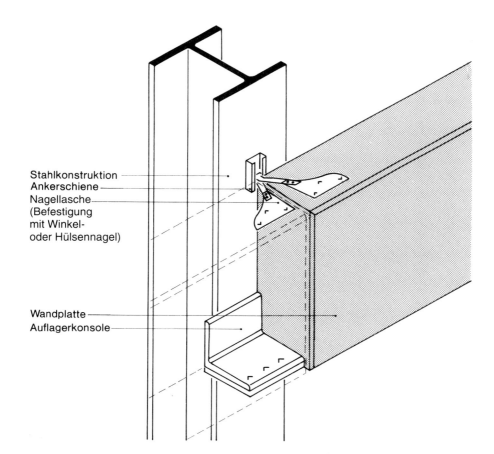

Stahlkonstruktion
Ankerschiene
Nagellasche
(Befestigung
mit Winkel-
oder Hülsennagel)

Wandplatte
Auflagerkonsole

Abb. 2.3.5-15
**Sturzwandplatte – Auflager und
Befestigung an Stahlstütze (Auflager
mit oder ohne Mörtelbett).**

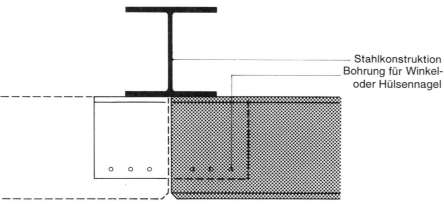

Stahlkonstruktion
Bohrung für Winkel-
oder Hülsennagel

Horizontalschnitt

Abb. 2.3.5-16
Auflagerkonsole für Sturzwandplatte (Konsolabmessungen nach Statik).

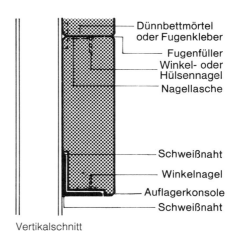

Dünnbettmörtel
oder Fugenkleber

Fugenfüller

Winkel- oder
Hülsennagel

Nagellasche

Schweißnaht

Winkelnagel

Auflagerkonsole

Schweißnaht

Vertikalschnitt

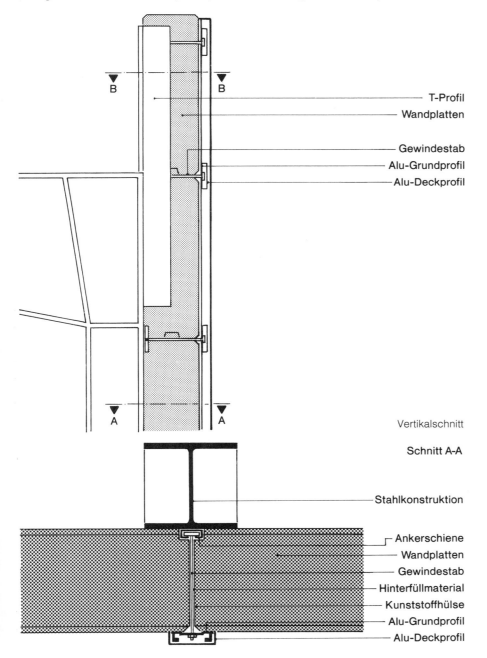

B — B

T-Profil

Wandplatten

Gewindestab

Alu-Grundprofil

Alu-Deckprofil

A — A

Vertikalschnitt

Schnitt A-A

Stahlkonstruktion

Ankerschiene

Wandplatten

Gewindestab

Hinterfüllmaterial

Kunststoffhülse

Alu-Grundprofil

Alu-Deckprofil

Horizontalschnitt im Stützenbereich

Abb. 2.3.5-17
Attikaverankerung an Stahlrahmen mit Deckprofil.

Schnitt B-B

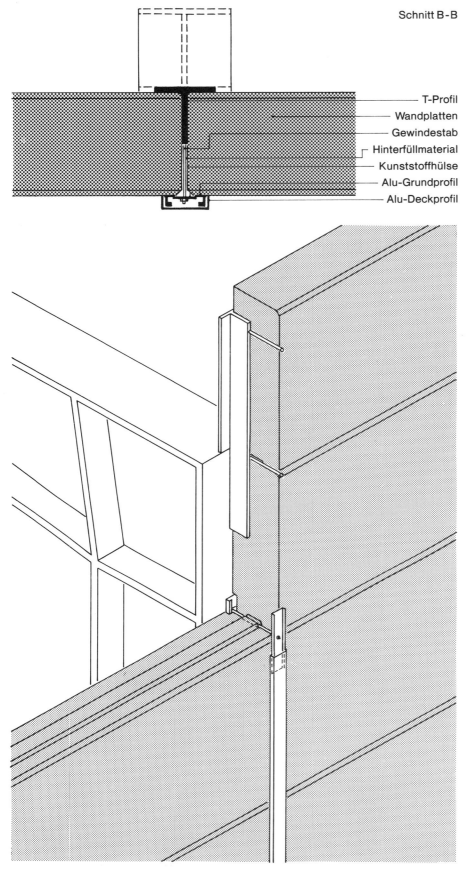

— T-Profil
— Wandplatten
— Gewindestab
⌐ Hinterfüllmaterial
— Kunststoffhülse
— Alu-Grundprofil
— Alu-Deckprofil

Horizontalschnitt im Attikabereich

noch Abb. 2.3.5-17
Attikaverankerung an Stahlrahmen mit Deckprofil.

Abb. 2.3.5-18
Attikaverankerung an Stahlrahmen mit Deckschiene.

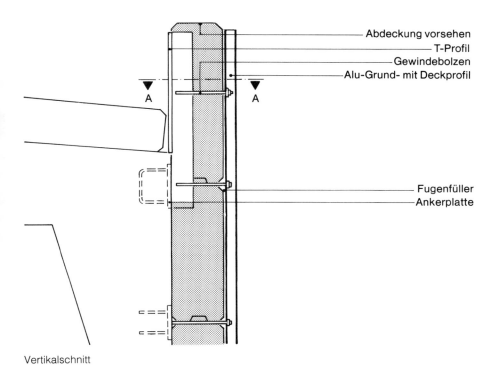

Abdeckung vorsehen
T-Profil
Gewindebolzen
Alu-Grund- mit Deckprofil

Fugenfüller
Ankerplatte

Vertikalschnitt

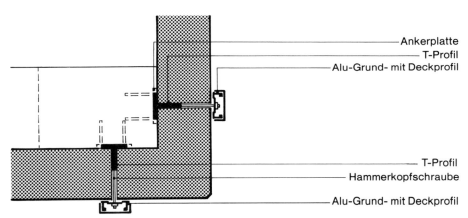

Ankerplatte
T-Profil
Alu-Grund- mit Deckprofil

T-Profil
Hammerkopfschraube

Alu-Grund- mit Deckprofil

Horizontalschnitt A im Attikabereich

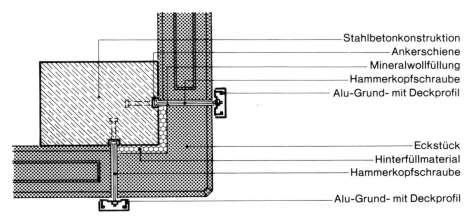

Stahlbetonkonstruktion
Ankerschiene
Mineralwollfüllung
Hammerkopfschraube
Alu-Grund- mit Deckprofil

Eckstück
Hinterfüllmaterial
Hammerkopfschraube

Alu-Grund- mit Deckprofil

Horizontalschnitt im Wandbereich

Abb. 2.3.5-19
Attika mit Eckformstücken an Stahlbetonrahmen.

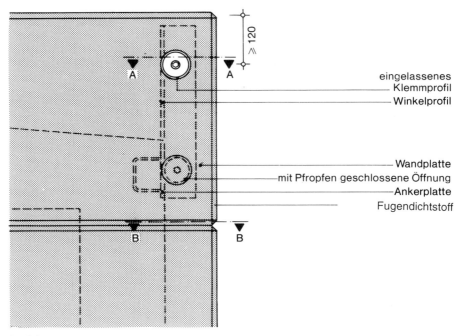

eingelassenes
Klemmprofil
Winkelprofil

Wandplatte
mit Pfropfen geschlossene Öffnung
Ankerplatte
Fugendichtstoff

Ansicht

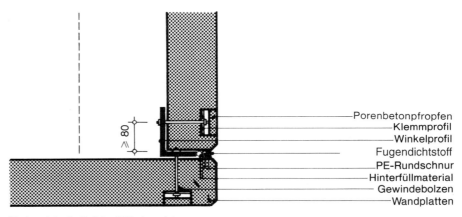

Porenbetonpfropfen
Klemmprofil
Winkelprofil
Fugendichtstoff
PE-Rundschnur
Hinterfüllmaterial
Gewindebolzen
Wandplatten

Horizontalschnitt A im Attikabereich

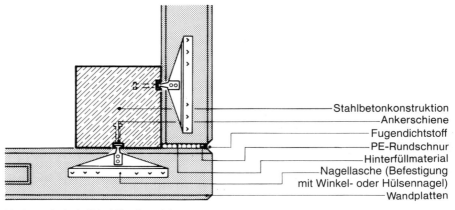

Stahlbetonkonstruktion
Ankerschiene
Fugendichtstoff
PE-Rundschnur
Hinterfüllmaterial
Nagellasche (Befestigung
mit Winkel- oder Hülsennagel)
Wandplatten

Horizontalschnitt B im Wandbereich

Abb. 2.3.5-20 **Attikaecke.**

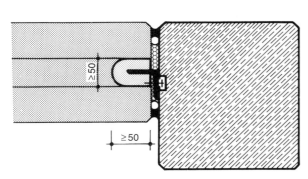

Winkel ≥ 60 x 5 durchgehend
oder in Stücken mit l ≥ 300 mm
und einem Winkelabstand
≤ 200 mm. Befestigung mit
Schrauben ø ≥ 12 mit e ≤
300 mm in Dübeln oder mit
Hammerkopfschrauben Durchmesser ≥ 10 mit e ≤ 300 mm
in Ankerschienen ≥ 28/15

Seitenanschluß

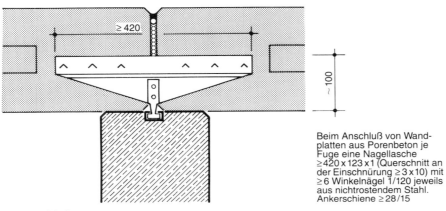

Beim Anschluß von Wand-
platten aus Porenbeton je
Fuge eine Nagellasche
≥ 420 x 123 x 1 (Querschnitt an
der Einschnürung ≥ 3 x 10) mit
≥ 6 Winkelnägel 1/120 jeweils
aus nichtrostendem Stahl.
Ankerschiene ≥ 28/15

Plattenverbindung

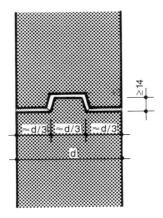

Ausbildung der Längsfugen

Abb. 2.3.5-21
**Brandwandanschlüsse von
nichttragenden, liegend angeordneten
Wandplatten an Stahlbeton-Stützen
bzw. Wandscheiben.**

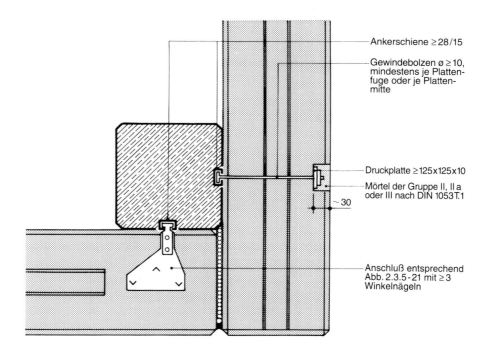

Ankerschiene ≥ 28/15

Gewindebolzen ø ≥ 10, mindestens je Platten-fuge oder je Platten-mitte

Druckplatte ≥ 125x125x10

Mörtel der Gruppe II, II a oder III nach DIN 1053 T.1

~ 30

Anschluß entsprechend Abb. 2.3.5-21 mit ≥ 3 Winkelnägeln

Abb. 2.3.5-22
Brandwandeckanschluß von nichttragenden, liegend angeordneten Wandplatten an Stahlbeton-Eckstützen.

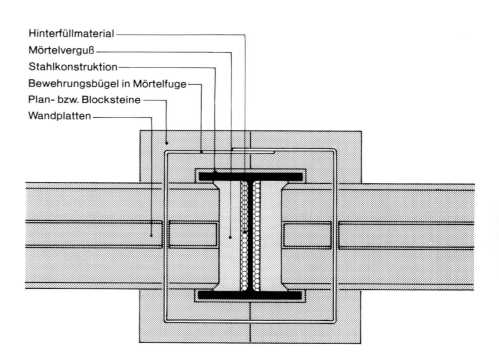

Hinterfüllmaterial

Mörtelverguß

Stahlkonstruktion

Bewehrungsbügel in Mörtelfuge

Plan- bzw. Blocksteine

Wandplatten

Abb. 2.3.5-23
Brandwandanschluß an Stahlstütze.

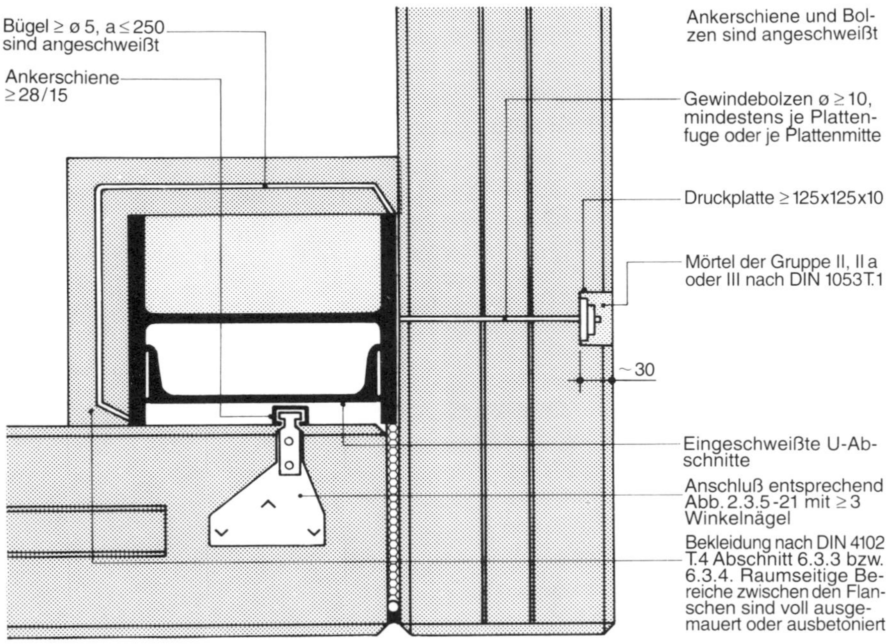

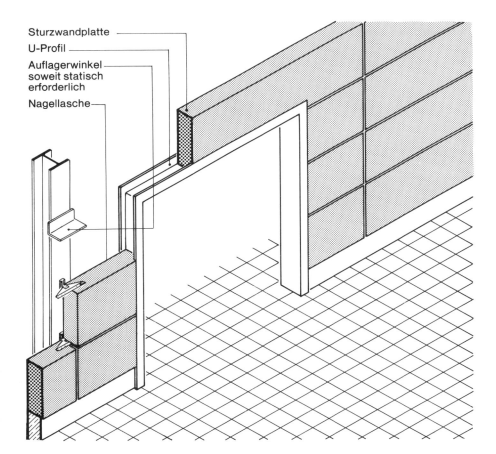

Bügel ≥ ø 5, a ≤ 250
sind angeschweißt

Ankerschiene
≥ 28/15

Ankerschiene und Bol-
zen sind angeschweißt

Gewindebolzen ø ≥ 10,
mindestens je Platten-
fuge oder je Plattenmitte

Druckplatte ≥ 125x125x10

Mörtel der Gruppe II, II a
oder III nach DIN 1053 T.1

~ 30

Eingeschweißte U-Ab-
schnitte

Anschluß entsprechend
Abb. 2.3.5-21 mit ≥ 3
Winkelnägel

Bekleidung nach DIN 4102
T.4 Abschnitt 6.3.3 bzw.
6.3.4. Raumseitige Be-
reiche zwischen den Flan-
schen sind voll ausge-
mauert oder ausbetoniert

Abb. 2.3.5-24
Brandwandeckanschluß von nichttragenden, liegend angeordneten Wandplatten an Stahl- und Verbund-Eckstützen.

Sturzwandplatte

U-Profil

Auflagerwinkel
soweit statisch
erforderlich

Nagellasche

Abb. 2.3.5-25
Tor- oder Türrahmen und Verankerung der anschließenden Bauteile.

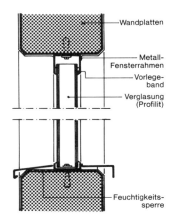

Wandplatten

Metall-
Fensterrahmen

Vorlege-
band

Verglasung
(Profilit)

Feuchtigkeits-
sperre

Abb. 2.3.5-26
Fenster mit Profilverglasung zwischen liegenden Außenwandplatten.

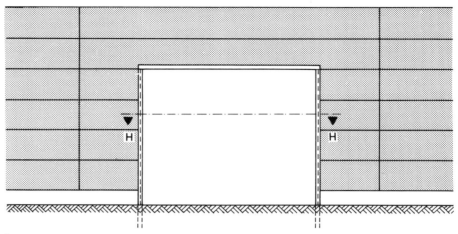

Übersicht

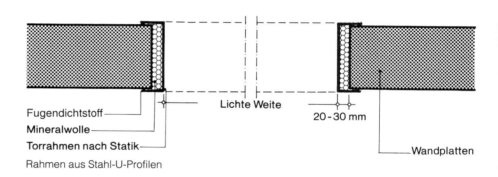

Fugendichtstoff
Mineralwolle
Torrahmen nach Statik
Lichte Weite
20 - 30 mm
Wandplatten

Rahmen aus Stahl-U-Profilen

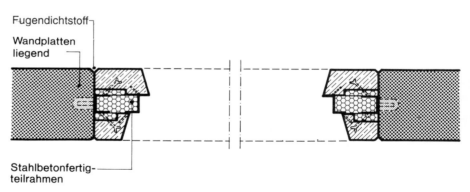

Fugendichtstoff
Wandplatten liegend
Stahlbetonfertigteilrahmen

Rahmen aus Stahlbetonfertigteilen. Diese Konstruktion erfüllt die Anforderungen für F 90

Abb. 2.3.5-27
Tor- oder Türrahmen – Alternativen bei eingespanntem Rahmen.

Stehende Wandplatten

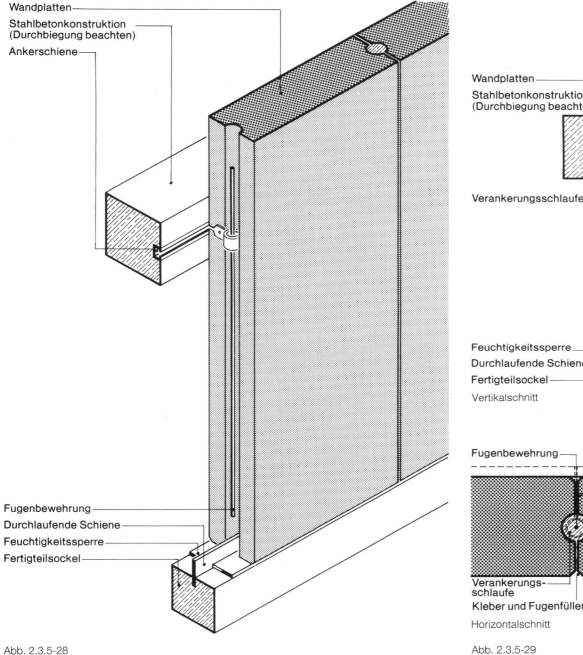

Wandplatten
Stahlbetonkonstruktion
(Durchbiegung beachten)
Ankerschiene

Fugenbewehrung
Durchlaufende Schiene
Feuchtigkeitssperre
Fertigteilsockel

Abb. 2.3.5-28
Brandwandverankerung.

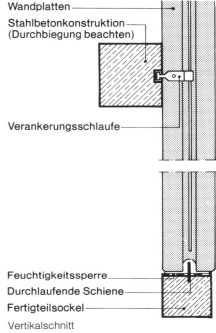

Wandplatten
Stahlbetonkonstruktion
(Durchbiegung beachten)

Verankerungsschlaufe

Feuchtigkeitssperre
Durchlaufende Schiene
Fertigteilsockel

Vertikalschnitt

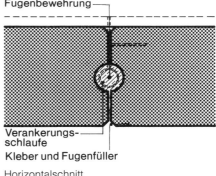

Fugenbewehrung

Verankerungs-
schlaufe
Kleber und Fugenfüller

Horizontalschnitt

Abb. 2.3.5-29
**Brandwandverankerung mit
Verankerungsschlaufe und Rundstahl.**

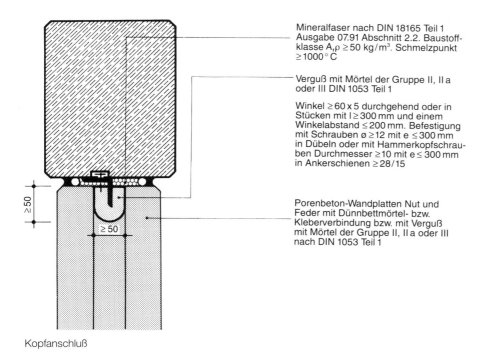

Mineralfaser nach DIN 18165 Teil 1
Ausgabe 07.91 Abschnitt 2.2. Baustoff-
klasse A,$\rho \geq 50$ kg/m³. Schmelzpunkt
$\geq 1000°$ C

Verguß mit Mörtel der Gruppe II, II a
oder III DIN 1053 Teil 1

Winkel $\geq 60 \times 5$ durchgehend oder in
Stücken mit $l \geq 300$ mm und einem
Winkelabstand ≤ 200 mm. Befestigung
mit Schrauben ø ≥ 12 mit e ≤ 300 mm
in Dübeln oder mit Hammerkopfschrauben Durchmesser ≥ 10 mit e ≤ 300 mm
in Ankerschienen $\geq 28/15$

Porenbeton-Wandplatten Nut und
Feder mit Dünnbettmörtel- bzw.
Kleberverbindung bzw. mit Verguß
mit Mörtel der Gruppe II, II a oder III
nach DIN 1053 Teil 1

Kopfanschluß

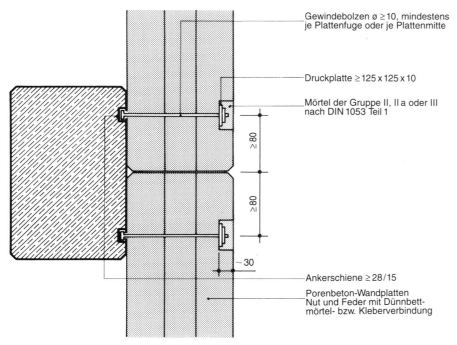

Gewindebolzen ø ≥ 10, mindestens
je Plattenfuge oder je Plattenmitte

Druckplatte $\geq 125 \times 125 \times 10$

Mörtel der Gruppe II, II a oder III
nach DIN 1053 Teil 1

Ankerschiene $\geq 28/15$

Porenbeton-Wandplatten
Nut und Feder mit Dünnbett-
mörtel- bzw. Kleberverbindung

Mittelverankerung

Abb. 2.3.5-30
Anschlüsse für Brandwände bei nichttragenden, stehend angeordneten Wandplatten.

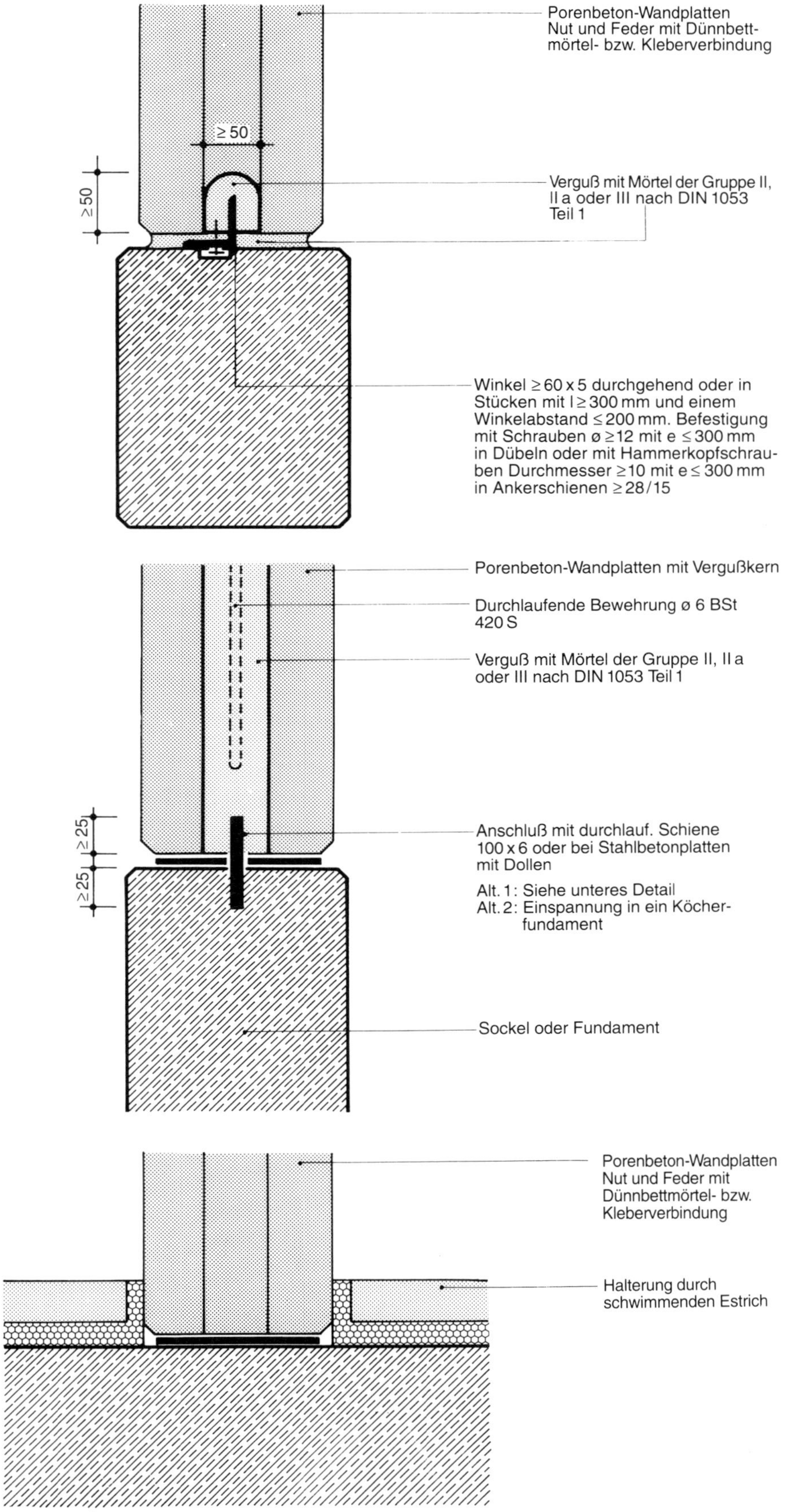

Porenbeton-Wandplatten
Nut und Feder mit Dünnbett-
mörtel- bzw. Kleberverbindung

≥ 50

≥ 50

Verguß mit Mörtel der Gruppe II,
II a oder III nach DIN 1053
Teil 1

Winkel $\geq 60 \times 5$ durchgehend oder in
Stücken mit $l \geq 300$ mm und einem
Winkelabstand ≤ 200 mm. Befestigung
mit Schrauben ø ≥ 12 mit e ≤ 300 mm
in Dübeln oder mit Hammerkopfschrauben Durchmesser ≥ 10 mit e ≤ 300 mm
in Ankerschienen $\geq 28/15$

Porenbeton-Wandplatten mit Vergußkern

Durchlaufende Bewehrung ø 6 BSt
420 S

Verguß mit Mörtel der Gruppe II, II a
oder III nach DIN 1053 Teil 1

≥ 25

≥ 25

Anschluß mit durchlauf. Schiene
100 x 6 oder bei Stahlbetonplatten
mit Dollen

Alt. 1: Siehe unteres Detail
Alt. 2: Einspannung in ein Köcher-
         fundament

Sockel oder Fundament

Porenbeton-Wandplatten
Nut und Feder mit
Dünnbettmörtel- bzw.
Kleberverbindung

Halterung durch
schwimmenden Estrich

Abb. 2.3.5-31
**Sockelanschlüsse für Brandwände von nichttragenden, stehend angeordneten
Wandplatten an Stahlbeton-Riegel.**

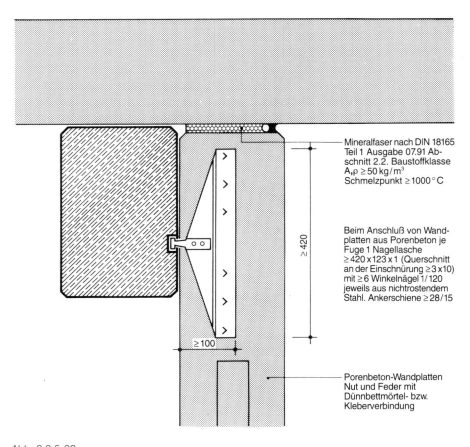

Mineralfaser nach DIN 18165
Teil 1 Ausgabe 07.91 Ab-
schnitt 2.2. Baustoffklasse
A,$\rho \geq 50$ kg/m^3
Schmelzpunkt ≥ 1000°C

Beim Anschluß von Wand-
platten aus Porenbeton je
Fuge 1 Nagellasche
$\geq 420 \times 123 \times 1$ (Querschnitt
an der Einschnürung $\geq 3 \times 10$)
mit ≥ 6 Winkelnägel 1/120
jeweils aus nichtrostendem
Stahl. Ankerschiene $\geq 28/15$

Porenbeton-Wandplatten
Nut und Feder mit
Dünnbettmörtel- bzw.
Kleberverbindung

Abb. 2.3.5-32
**Kopfanschluß von Brandwänden aus nichttragenden, stehend angeordneten
Wandplatten an Stahlbeton-Riegeln.**

2.3.6 **Wandtafeln (tragend)**

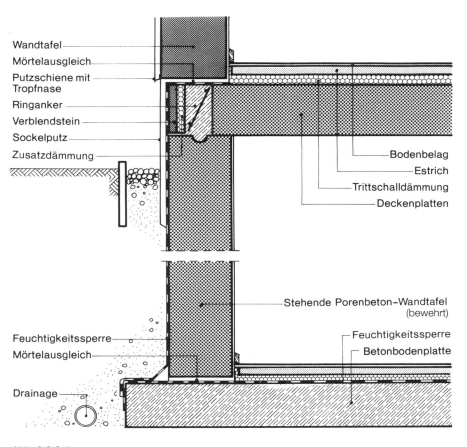

Wandtafel

Mörtelausgleich

Putzschiene mit
Tropfnase

Ringanker

Verblendstein

Sockelputz

Zusatzdämmung

Bodenbelag

Estrich

Trittschalldämmung

Deckenplatten

Stehende Porenbeton-Wandtafel
(bewehrt)

Feuchtigkeitssperre

Mörtelausgleich

Drainage

Feuchtigkeitssperre

Betonbodenplatte

Abb. 2.3.6-1
Porenbeton-Wandtafeln für Kelleraußenwände.

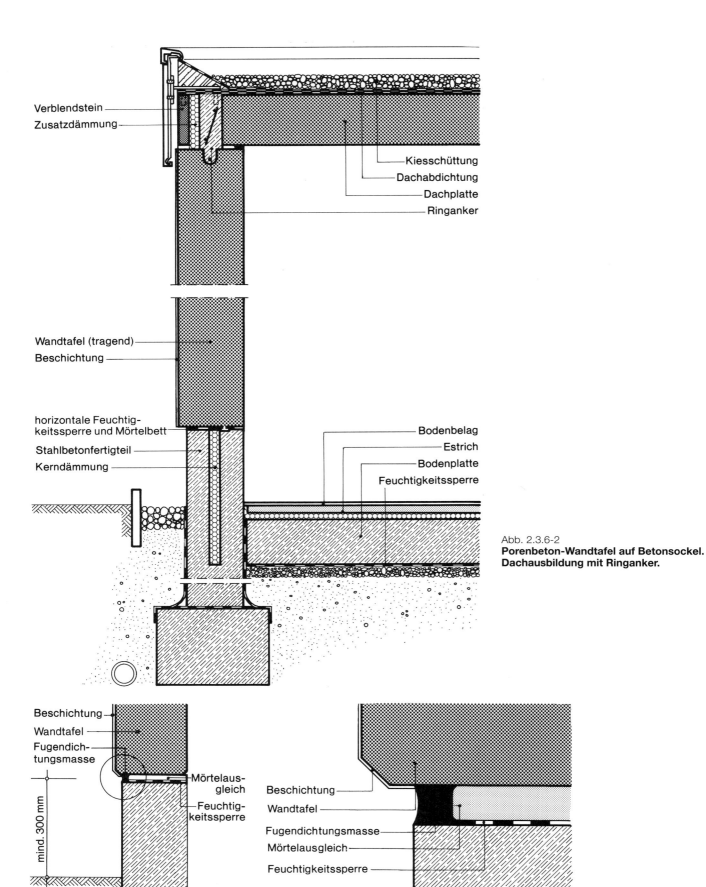

Verblendstein
Zusatzdämmung

Kiesschüttung
Dachabdichtung
Dachplatte
Ringanker

Wandtafel (tragend)
Beschichtung

horizontale Feuchtig-
keitssperre und Mörtelbett
Stahlbetonfertigteil
Kerndämmung

Bodenbelag
Estrich
Bodenplatte
Feuchtigkeitssperre

Abb. 2.3.6-2
**Porenbeton-Wandtafel auf Betonsockel.
Dachausbildung mit Ringanker.**

Beschichtung
Wandtafel
Fugendich-
tungsmasse

Mörtelaus-
gleich
Feuchtig-
keitssperre

mind. 300 mm

Beschichtung
Wandtafel
Fugendichtungsmasse
Mörtelausgleich
Feuchtigkeitssperre

Abb. 2.3.6-3
Sockelanschluß einer Wandtafel.

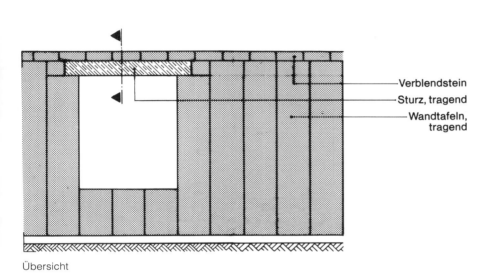

Übersicht

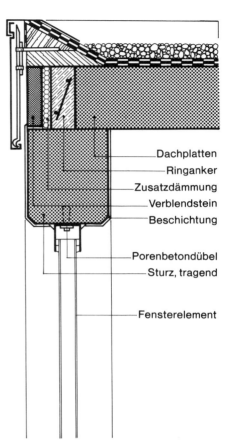

Ringanker- und Sturzausbildung

Abb. 2.3.6-4
Fensterkonstruktion und Verankerung in Wandtafeln.

2.3.7 **Sonderbauteile**

Feuerschutztüren

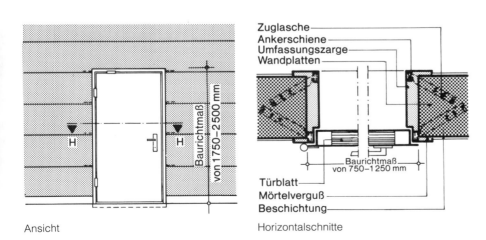

Ansicht

Horizontalschnitte

Abb. 2.3.7-1
Einbau einer zugelassenen Feuerschutztür in eine Brandwand aus liegenden Wandplatten.

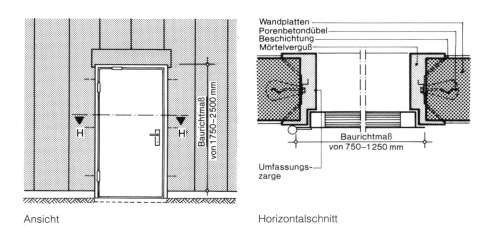

Ansicht   Horizontalschnitt

Abb. 2.3.7-2
Einbau einer zugelassenen Feuerschutztür in eine Brandwand aus stehenden Wandplatten.

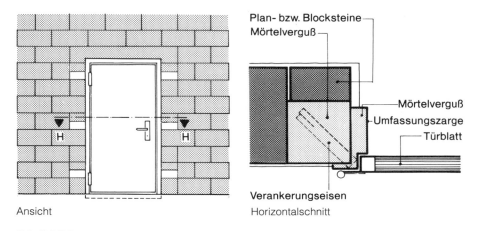

Ansicht   Horizontalschnitt

Abb. 2.3.7-3
Einbau einer zugelassenen Feuerschutztür in eine Brandwand aus Plan- bzw. Blocksteinen.

Bekleidung

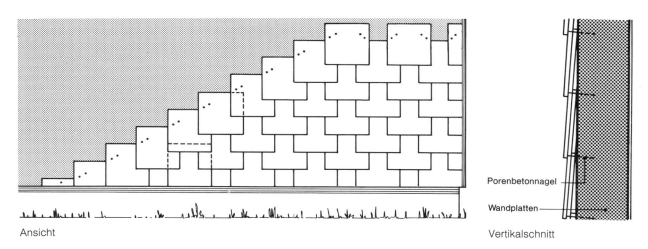

Ansicht   Vertikalschnitt

Abb. 2.3.7-4
Bekleidung einer Außenwand mit kleinformatigen Elementen. Die Elemente werden unmittelbar aufgenagelt.

Konterlattung
Lattung
Kleinformatige Elemente
Porenbeton-dübel
Wandplatten

Abb. 2.3.7-5
Bekleidung einer Außenwand mit kleinformatigen Elementen auf Lattung und Konterlattung.

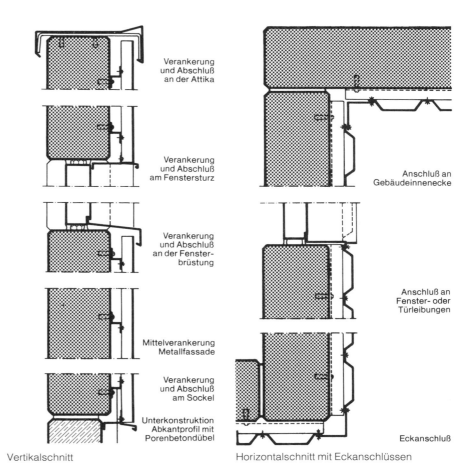

Verankerung und Abschluß an der Attika

Verankerung und Abschluß am Fenstersturz

Verankerung und Abschluß an der Fensterbrüstung

Mittelverankerung Metallfassade

Verankerung und Abschluß am Sockel

Unterkonstruktion Abkantprofil mit Porenbetondübel

Vertikalschnitt

Anschluß an Gebäudeinnenecke

Anschluß an Fenster- oder Türleibungen

Eckanschluß

Horizontalschnitt mit Eckanschlüssen

Abb. 2.3.7-6
Bekleidung von Wandtafeln mit vorgehängten, hinterlüfteten Trapezblechen.

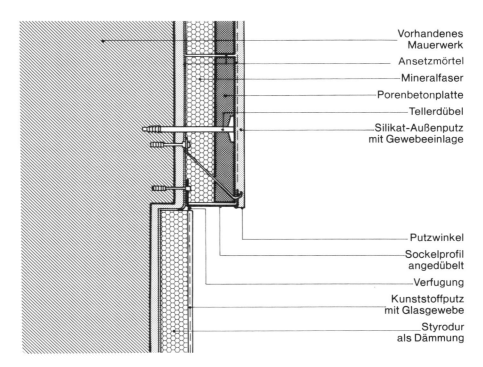

Vorhandenes Mauerwerk
Ansetzmörtel
Mineralfaser
Porenbetonplatte
Tellerdübel
Silikat-Außenputz mit Gewebeeinlage

Putzwinkel
Sockelprofil angedübelt
Verfugung
Kunststoffputz mit Glasgewebe
Styrodur als Dämmung

Abb. 2.3.7-7
Nachträgliche Außendämmung mit einer Verbundkonstruktion aus Mineralwolle und Porenbeton.

Wandplatten mit besonderen Querschnitten

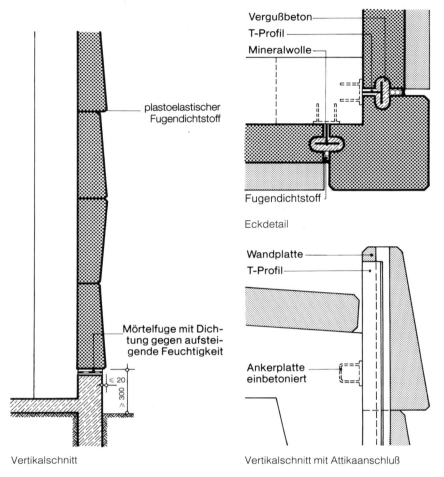

plastoelastischer Fugendichtstoff

Vergußbeton
T-Profil
Mineralwolle

Fugendichtstoff

Eckdetail

Wandplatte
T-Profil

Ankerplatte einbetoniert

Mörtelfuge mit Dichtung gegen aufsteigende Feuchtigkeit

≤ 20
≥ 300

Vertikalschnitt

Vertikalschnitt mit Attikaanschluß

Abb. 2.3.7-8
Liegend angeordnete Wandplatten mit trapezförmigem Querschnitt. Die Befestigung erfolgt wie bei parallelflächigen Wandplatten.

2.4 Verarbeitung und Ausführung

Materialkosten und Lohnkosten sind die beiden großen Anteile, welche die Kosten und damit die Wirtschaftlichkeit der Bauausführung beeinflussen. Ihre angemessene Reduzierung – bei gleicher Qualität – führt zu wirtschaftlicher Bauausführung. Eine solche wirtschaftliche Bauausführung ergibt sich besonders dann, wenn die Teile eines Bausystems gut aufeinander abgestimmt sind, so daß entweder nachgeschaltete Arbeitsgänge vereinfacht werden können (wie z. B. die Oberflächenveredlung und Aussparungen bei Porenbetonbauteilen) oder daß sie auch völlig entfallen können (wie z. B. die Vermörtelung von Stoßfugen bei Mauerwerk aus Porenbeton-Plansteinen).

2.4.1 Mauerwerk

Traditionelles Mauerwerk ist durch einen hohen **Mörtelverbrauch** gekennzeichnet, der bis zu 20 % und mehr des Gesamtbauteilvolumens betragen kann. Neben den Ungenauigkeiten in der Verarbeitung hat das einen hohen handwerklichen Aufwand und auch lange Austrocknungszeiten zur Folge.

Porenbetonbauteile, industriell hergestellt und mit besonders geringen Toleranzen, erlauben deutliche Einsparungen im Materialverbrauch und im Zeitaufwand bei der Herstellung.

Porenbeton-Blocksteine nach DIN 4165 sind Mauersteine für die Verarbeitung mit normalen ca. 10 mm dicken Fugen. Dringend zu empfehlen ist dabei Dämm-Mörtel, der Wärmebrücken im Fugenbereich vermeidet.

Blocksteine mit Nut und Feder werden nur im Lagerfugenbereich vermörtelt. Im Stoßfugenbereich entfällt die herkömmliche Vermörtelung mit der Kelle. Statt dessen werden die Steine knirsch aneinander gestoßen. Blocksteine mit Mörteltaschen werden knirsch gestoßen, die Mörteltaschen werden mit Mörtel verfüllt. Blocksteine eignen sich für alle tragenden und aussteifenden Wände nach DIN 1053 T. 1 bis T. 3.

Der sog. Euroblock unterscheidet sich vom Blockstein im wesentlichen nur durch sein schlankeres Format (590 mm lang und 190 mm hoch) und durch abgefaste Kanten. Dadurch ist er optisch sehr ansprechend. Bei Sichtmauerwerk kann das Ergebnis noch verbessert werden, wenn die Fugen mit der Fugenkelle gefugt werden.

Auch **Kelleraußen- und -innenwände** können mit Blocksteinen aller Festigkeitsklassen ausgeführt werden.

Blocksteinmauerwerk erfüllt alle Anforderungen an massives einschaliges und zweischaliges Mauerwerk (auch bei mehrgeschossigen Gebäuden), ebenso die Schallschutzanforderungen. Außerdem lassen sich die Vorschriften der Wärmeschutzverordnung ohne zusätzliche Dämm-Maßnahmen, erfüllen.

Aufgrund des geringen Gewichtes eignet sich Blocksteinmauerwerk besonders auch für leichte Trennwände. Vorteilhaft sind Blocksteine für **Ausfachungen** von Skelettbauten aus Stahl oder Stahlbeton sowie als nichttragende Außenwände bei Schottenbauweise. Besonders vorteilhaft sind sie beim Ausmauern von Holzfachwerk, da sie sich einerseits maßgenau einpassen lassen, andererseits aber konventionell, also flexibel zu vermauern sind.

Wie alle anderen Mauersteine auch, lassen sich Blocksteine mit allen normgerechten Mörtelarten vermauern. Die Festigkeit des Blocksteinmauerwerks hängt dabei natürlich auch von der verwendeten Mörtelgruppe ab.

Um Blocksteinmauerwerk in seiner Wärmedämmfähigkeit optimal zu gestalten, wird Leichtmauermörtel LM 21 und LM 36 nach DIN 1053 T. 1 empfohlen. Die Wärmeleitfähigkeit wird dadurch reduziert. Dämm-Mörtel wird in Säcken angeliefert und läßt sich leicht mit Wasser anmachen und sofort verarbeiten. Man rechnet dabei je 1 m³ Blocksteinmauerwerk mit 75 l Mörtelbedarf.

Plansteine, die die konventionellen Blocksteine mehr und mehr verdrängen, werden mit äußerst geringen Maßtoleranzen (± 1 bis ± 1,5 mm) gefertigt. Deshalb können sie im Dünn-

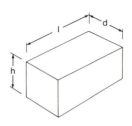

Tab. 2.4.1-1
Porenbeton-Blocksteine nach DIN 4165 und Bauplatten nach DIN 4166 – Abmessungen

Blocksteine und Bauplatten		
Formate		
Standard-Format:		
Länge:	490; 615; (323)	mm
Höhe:	240	mm
Dicken bzw.	50; 75; 100; 125	
Breiten:	(115); 150; 175;	
	200; 240; 300;	
	375 (365)	mm
Sonderformate auf Anfrage		

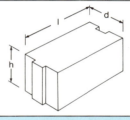

Blocksteine mit Nut und Feder		
Formate		
Standard-Format:		
Länge:	500; 625; (332)	mm
Höhe:	240	mm
Dicken bzw.	175; 200; 240;	
Breiten:	300; 375	mm
Sonderformate auf Anfrage		

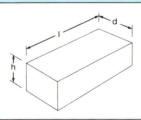

Euroblöcke		
Formate		
Standard-Format:		
Länge:	590	mm
Höhe:	190	mm
Dicken bzw.	50; 75; 100; 150;	
Breiten:	200; 240; 300	mm
Sonderformate auf Anfrage		

bettverfahren vermauert werden. Die Fuge ist 1–3 mm dick (ca. 6–10 l Dünnbettmörtel pro m³). Plansteine sind die konsequente Weiterentwicklung der üblichen bewährten Mauerwerkstechnik. Durch die Verarbeitung im Dünnbettverfahren entsteht ein besonders hochwertiges Mauerwerk mit homogener Wärmedämmung ohne Wärmebrücken und mit besonders ebenen Wandflächen. Ein weiterer wesentlicher Vorteil ist die schnelle Verarbeitung mit geringem Zeitaufwand.

Dabei ist Plansteinmauerwerk auch besonders für den Selbstbau geeignet. Die Hersteller leisten hier Hilfe, indem sie erfahrene Vorführmeister zur Verfügung stellen, die den Laien einweisen.

Tab. 2.4.1-2
Mörtelbedarf für die Herstellung von Mauerwerk aus Porenbeton-Blocksteinen
(Steinformat: 490 x d x 240 mm)

Dicke bzw. Breite d	Mörtelbedarf		Mörtelbedarf Blockstein mit Nut und Feder
[mm]	[l/m²]	[l/m³]	[l/m³]
50	4,0	80	–
75	6,0	80	–
100	7,5	75	–
115	9,5	75	–
125	9,5	75	–
150	11,0	75	–
175	13,0	75	50
200	15,0	75	50
240	18,0	75	50
300	22,5	75	50
375	28,0	75	50

Tab. 2.4.1-3
Mörtelbedarf für die Herstellung von Mauerwerk aus Porenbeton-Euroblöcken
(Steinformat: 590 x d x 190 mm)

Dicke bzw. Breite d [mm]	Mörtelbedarf	
	[l/m²]	[l/m³]
50	4,00	80
75	6,00	80
100	8,00	80
150	12,00	80
200	16,00	80
240	19,20	80
300	24,00	80

Plansteine mit Nut und Feder empfehlen sich besonders für die rationelle Reihenverlegung: Dünnbettmörtel nur noch auf die Lagerfuge auftragen und Steine knirsch aneinander versetzen. Porenbeton-Plansteine eignen sich für alle tragenden und aussteifenden Wände nach DIN 1053.

Selbstverständlich sind Plansteine aller Festigkeitsklassen auch für Kellermauerwerk einsetzbar. Mit ihren günstigen Wärmedämmeigenschaften geben sie den Kellerräumen einen besonders hohen Nutzwert.

Plansteine erfüllen die statischen Anforderungen an **tragende Außenwände**, auch für mehrgeschossige Gebäude. Sie eignen sich sowohl für einschaliges als auch als Innenschale für zweischaliges Mauerwerk. Ohne zusätzliche Maßnahmen sind Außenwände aus Plansteinen gut wärmedämmend und erfüllen die Schallschutzanforderungen.

Mit Plansteinen lassen sich **tragende** und **aussteifende Innenwände** nach DIN 1053 in Verbindung mit dem Außenwerk erstellen. Aufgrund ihres geringen Gewichtes und der sauberen Verarbeitungsweise eignen sie sich aber auch besonders zum nachträglichen Ein-/Ausbau als leichte Trennwände. Planbauplatten werden auch in den Abmessungen 750/500 mm angeboten.

Vorteilhaft sind die Plansteine für **Ausfachungen** von Skelettbauten bzw. als nichttragende Außenwände bei Schottenbauweisen sowie für Holzfachwerk. Hier wirkt sich das niedrige Gewicht auf die statische Bemessung günstig aus. **Planelemente** werden wie Plansteine im Dünnbettmörtelverfahren, d. h. mit einer 1–3 mm dicken Fuge vermauert. Sie haben auch die gleichen bauphysikalischen und statischen Eigenschaften wie die Plansteine. Der wesentliche Unterschied liegt im Format. Nur zwei Planelemente ergeben bereits 1,5 m² Wand. Damit wird am Bau ein noch höherer Rationalisierungseffekt erreicht.

Die großformatigen Planelemente machen Rationalisierungsvorteile besonders deutlich bei der Verwendung dieser Bauteile für Haustrennwände, Außen- und Innenwände sowie im Keller.

Tab. 2.4.1-4
Porenbeton-Plansteine und -Planbauplatten nach DIN 4165 und DIN 4166 – Abmessungen

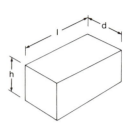

Plansteine und Planbauplatten		
Formate		
Standard-Format:		
Länge:	299; 332; 499;	
	599; 624; 749	mm
Höhe:	249	mm
Dicken bzw.	50; 75; 100; 115;	
Breiten:	125; 150; 175;	
	200; 240; 250;	
	300; 365; 375	mm
Sonderformate auf Anfrage		

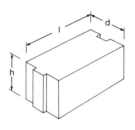

Plansteine mit Nut und Feder	
Formate	
Standard-Format:	
Länge:	499; 624 mm
Höhe:	249 mm
Dicken bzw.	175; 200; 240;
Breiten:	250; 300; 365; 375 mm
Sonderformate auf Anfrage	

Tab. 2.4.1-5
Formate von Porenbeton-Planelementen

Formate	
Standardformat:	
Länge:	625; 750; 1000 mm
Höhe:	625; 750; 1000 mm
Breite:	125; 175; 240; 250;
	300; 365; 375 mm
Alle Formate sind auch in 500 mm Höhe lieferbar. Sonderlänge auf Anfrage.	

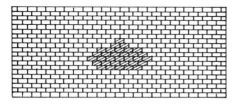

Konventionelles Mauerwerk
32 Steine 2DF/3DF für 1 m² Wand

Plan- bzw. Blocksteine
6 Steine für bis zu 1 m² Wand

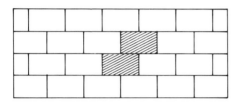

Großformatige Planelemente
2 Stück für bis zu 1,5 m² Wand

Abb. 2.4.1-6
**Rationalisierung und Kostensenkung
durch großformatige Porenbetonbauteile**

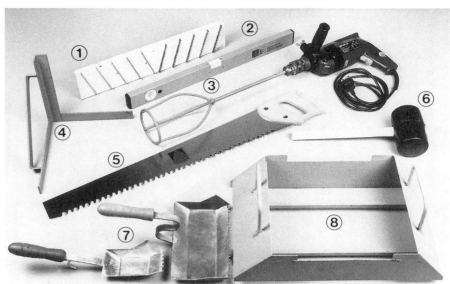

1 Hobel zum Abgleichen eventueller Unebenheiten in den Lagen
2 Wasserwaage zum Ausrichten der Steine
3 Rührquirl zum Anrühren des Dünnbettmörtels (wichtig für das Anrühren des Dünnbettmörtels sind eine Handbohrmaschine mit Langsam-Gang und ein Kunststoffeimer)
4 Anreißwinkel als Hilfe für winkelgenaues Sägen
5 Widia-Säge zum Schneiden von Paßstücken, Überständen u. a. (wahlweise Elektrosäge)
6 Gummihammer zum Gegeneinandertreiben und Ausrichten der gesetzten Steine
7 Plansteinkellen in verschiedenen Breiten zum Auftragen des Dünnbettmörtels
8 Mörtelschlitten zum Auftragen des Dämm-Mörtels bei der Blockstein-Reihenverlegung

Abb. 2.4.1-7
Werkzeuge zur Be- und Verarbeitung von Porenbeton

Die Verarbeitung erfolgt generell wie bei Plansteinen. Gearbeitet wird mit einem 2-Mann-Team. Die Planelemente werden mit Hilfe einfacher mechanischer Verarbeitungsgeräte, wie z. B. einem Minikran, versetzt.

Ein Mann bedient den Minikran und schafft damit die Planelemente zur Einbaustelle. Er rührt den Dünnbettmörtel an und schneidet im Bedarfsfall die Planelemente maschinell zurecht. Der zweite Mann zieht den Mörtel auf, versetzt die Planelemente, richtet sie aus, legt Öffnungen an, baut Maueranker ein etc.

Von der **Materialbearbeitung** sind in besonderem Maße die Lohnkosten abhängig. Porenbeton hat neben den anderen positiven Eigenschaften den Vorteil, besonders leicht bearbeitbar zu sein. Durch Sägen, Bohren oder Fräsen können Zuschnitte und Aussparungen, Durchbrüche und Schlitze hergestellt werden. Technik, Werkzeuge und Maschinen entsprechen weitgehend denen, die auch für die Bearbeitung von Holzwerkstoffen eingesetzt werden.

1 Schleifbrett zum Abgleichen evtl. Unebenheiten in den Wandflächen
2 Schlitzkratzer für Installationsschlitze
3 Steckdosenbohrer für Schalter- und Steckdosenöffnungen

Abb. 2.4.1-8
Werkzeuge zum Schleifen und Bohren von Porenbeton

Abb. 2.4.1-9
Elektrobandsäge für ein maßgenaues Zuschneiden von Paßstücken aus Porenbetonsteinen

Abb. 2.4.1-10
Transportfahrzeug mit hydraulischem Kran zum Abladen und ggf. auch zum Verlegen von Porenbetonbauteilen

So werden – auch im Vergleich mit anderen Rohbaumaterialien – extrem kurze Bearbeitungszeiten bei hoher Genauigkeit ermöglicht.

Eventuelle Beschädigungen von Porenbetonbauteilen können leicht ausgebessert werden. Mit speziellem Ausbesserungsmörtel wird eine Struktur erreicht, die der des Porenbetons entspricht. Die ausgebesserte Stelle kann dann so abgerieben werden, daß sie gegenüber der Bauteiloberfläche nicht aufträgt.

Abb. 2.4.1-11
Transportkarre für Porenbetonsteine.
Mit Hilfe der Transportkarre kann ein Teil einer Verpackungseinheit (Palette) ohne Umpacken an die Verarbeitungsstelle transportiert werden

Diese einfachen Möglichkeiten einer sehr exakten Materialbearbeitung wirken sich besonders dann positiv auf die Wirtschaftlichkeit aus, wenn viele Anpassungen erforderlich sind. Modernisierungen und andere Bauaufgaben mit differenzierten oder unregelmäßigen Anschlüssen sind hierfür ein besonders gutes Beispiel.

Der **Transport** ist ein weiterer wichtiger Faktor für eine wirtschaftliche Bauausführung. Dabei ist sowohl

- der **Transport zur Baustelle** als auch
- die **Zwischenlagerung** und
- der **Transport auf der Baustelle**

von Bedeutung.

Grundsätzlich gilt für alle Porenbetonbauteile, daß aufgrund des geringen spezifischen Gewichtes auch geringe Transportkosten vom Werk zur Baustelle entstehen. Hinzu kommt, daß Porenbetonwerke in der Bundesrepublik Deutschland so verteilt sind, daß vom Werk zur Baustelle kaum Transportentfernungen von mehr als 150 km entstehen. Das günstige Verhältnis von Gewicht zu Volumen erlaubt es, die Transportkapazitäten voll auszunutzen. Entsprechend günstig können die Materialkosten »frei Baustelle« kalkuliert werden.

Porenbetonsteine sind als Transporteinheiten auf Paletten in Schrumpffolien verpackt, so daß auch eine

Abb. 2.4.1-12
Krangreifer für den Transport geteilter Porenbetonsteinpaletten.
Der Krangreifer erlaubt eine Aufteilung der Paletten, wenn z. B. Gerüste nicht das volle Palettengewicht aufnehmen können

Zwischenlagerung im Freien ohne Probleme möglich ist. Die Steinpaletten können, soweit die Baustellenverhältnisse dies erlauben, unmittelbar am Einbauort abgestellt oder aber mit geeigneten Transporthilfen (z. B. Transportkarren für Paletten, Krangreifer für geteilte Paletten) dorthin geschafft werden.

Tab. 2.4.1-13
Richtwerte für den Zeitaufwand in Mann-Stunden zur Herstellung von 1 m³ Mauerwerk aus Porenbeton. Der Aufwand sinkt mit abnehmender Rohdichte und mit größeren Steinformaten

Stoßfuge	Wanddicke [mm]				
	175	200	250	300	365
Volle Fuge	2,65	2,45	2,25	2,20	2,15
Nut/Feder	2,40	2,30	2,15	2,10	2,05

a) Plansteinmauerwerk
  Rohdichte: 0,6 kg/dm³
  Steinformat: 500/d/249 mm

Stoßfuge	Wanddicke [mm]			
	175	240	300	365
Tasche	3,65	2,85	2,65	2,45
Volle Fuge	3,55	2,80	2,60	2,45
Nut/Feder	3,35	2,70	2,55	2,35

b) Blocksteinmauerwerk
  Rohdichte: 0,6 kg/dm³
  Steinformat: 490/d/240 mm

2.4.2 **Montagebauteile**

Alle Montagebauteile erhalten eine punktgeschweißte Stahlmatten-Bewehrung, die nach den statischen Erfordernissen ausgelegt ist. Die Bewehrung ist durch ein geprüftes Rostschutzmittel dauerhaft gegen Korrosion geschützt. Alle bewehrten Montagebauteile erhalten auf einer Stirnseite einen Prägestempel mit dem Firmenzeichen, Herstellungstag, der Festigkeitsklasse, Überwachungszeichen und der Zulassungsnummer. Der Stempel enthält außerdem Auftrags- und Positionsnummer, so daß alle Angaben jederzeit prüfbar sind. Feuerbeständige Platten sind besonders gekennzeichnet. Montagebauteile zeichnen sich durch die Vorteile des Porenbetons – geringes Gewicht, guter Wärmeschutz, homogener Baustoff – aus. Sie erlauben im Wirtschafts- und im Wohnbau die Montage von Außen- und Innenwänden, Decken und Dächern mit großer Genauigkeit.

Bewehrte Montagebauteile ermöglichen einen besonders rationellen Einbau. So setzen z. B. die Hersteller geschulte Montagekolonnen ein, die die Montagebauteile ohne Zwischenlagerung auf der Baustelle unmittelbar vom Lkw aus verlegen.

Wandplatten aus Porenbeton werden als bewehrte Bauteile für massive und wärmedämmende (Außen-)Konstruktionen im Wirtschafts- und Kommunalbau in Verbindung mit Tragkonstruktionen aus Stahl, Stahlbeton oder auch Holz vor, hinter oder zwischen den Stützen verlegt.

Tab. 2.4.2-1
Verbrauch von Fugenmörtel beim Verlegen von Dach- und Deckenplatten

Dicke	Breite	Richtwerte für Verbrauch von Fugenvergußmörtel[1)
[mm]	[mm]	[l/m²]
100		2,6
125	Standard	3,2
150	600;625;	3,4
200	750	4,2
240	Minimum	5,3
300	20	6,5

[1)] gilt für Dachplatten mit Nut- und Federverbindungen mit Fugenverguß bei 625 mm Breite

Als Sonderbauteile werden Eckformstücke für Gebäudeecken als Ergänzungen zu den Wandplatten angeboten. Sie ermöglichen gleiche Plattenlängen und werden nach den Abmessungen der verwendeten Bauteile dimensioniert.

Wandplatten werden zur Abtragung des Eigengewichtes und zur Aufnahme von senkrecht zur Platte wirkenden Windlasten gemäß DIN 1055 Teil 4 verwendet.

Sturzwandplatten sind Platten über Türöffnungen und Fensterbändern, die nicht in ihrer vollen Länge aufliegen, sondern nur jeweils im Stützbereich von Konsolen gehalten werden. Als Belastung wirken hier vertikal das Eigengewicht, horizontal Winddruck und -sog aus der Plattenfläche und gegebenenfalls anteilig aus dem Fensterband.

Porenbeton-Dachplatten sind bewehrte, tragende, großformatige Montagebauteile für massive Dächer im Wirtschafts-, Kommunal- und Wohnbau. Sie sind für die verschiedensten Dachformen wie flache und geneigte

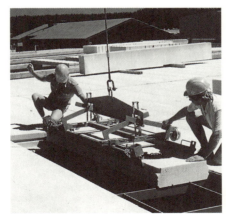

Abb. 2.4.2-2
Verlegezange für Porenbeton-Dach- oder -Deckenplatten

Abb. 2.4.2-3
Verlegezange für Porenbeton-Wandplatten

Dächer, nichtbelüftete und belüftete Ausführungen geeignet und werden auf alle flachen Tragkonstruktionen montiert (z. B. auf Stahl, Stahlbeton, Holzleimbinder und Mauerwerk). Die Ausbildung und Bemessung von Dachscheiben ist möglich. Bei entsprechender Ausführung können sie horizontale Kräfte aufnehmen und somit der Gebäudeaussteifung dienen.

Porenbeton-Deckenplatten bestehen wie Dachplatten aus bewehrtem

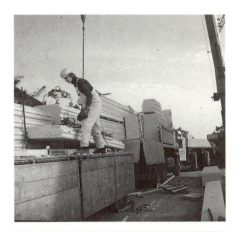

Abb. 2.4.2-4
Rationelle Montage von Porenbeton-Dachplatten unmittelbar vom Transportfahrzeug aus

Abb. 2.4.2-5
Montage von Deckenplatten im Wohnbau mit dem Hebezeug des Transportfahrzeugs

Abb. 2.4.2-6
Montage von stehenden Wandplatten

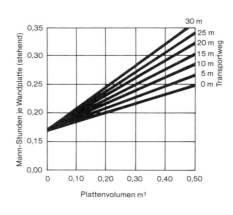

Abb. 2.4.2-7
Richtwerte für den Zeitaufwand bei der Montage von Wandtafeln mit Hilfe eines Montagewagens.
Die Montagezeit ergibt sich entsprechend den örtlichen Bedingungen aus der Multiplikation der angegebenen Werte mit dem Faktor 1,3 bis 1,45 (im Mittel 1,35)

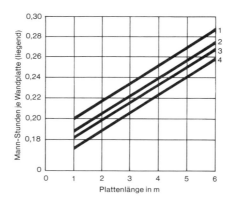

Abb. 2.4.2-8
Richtwerte für den Zeitaufwand für die Montage von liegend angeordneten Wandplatten in Abhängigkeit von der Plattenlänge, der Dicke der Befestigungstechnik und Fugenausbildung
1 Vertikalfugen verfugt, Plattendicke 200 mm
2 Vertikalfugen verfugt, Plattendicke 150 mm
3 Vertikalfugen mit Metallabdeckung, Plattendicke 200 mm
4 Vertikalfugen mit Metallabdeckung, Plattendicke 150 mm
Die Montagezeit ergibt sich aus der Multiplikation der angegebenen Werte mit dem Faktor 1,3 bis 1,45 (im Mittel 1,35) entsprechend den örtlichen Bedingungen

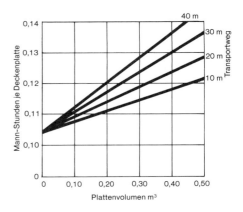

Abb. 2.4.2-9
Richtwerte für den Zeitaufwand bei der Montage von Deckenplatten mit Hilfe eines Montagewagens.
Die Montagezeit ergibt sich aus der Multiplikation der angegebenen Werte mit dem Faktor 1,2 bis 1,5 (im Mittel 1,3) entsprechend den örtlichen Bedingungen. Der Ausgangswert für Kranmontage beträgt 0,1 Mannstunde je Deckenplatte

Wegen der hervorragenden Wärmedämmfähigkeit des Porenbetons erfüllen Deckenplatten als Keller- oder Obergeschoßdecken, in Verbindung mit den üblichen Deckenauflagen, die Wärmeschutzforderungen in der Regel bereits ohne Zusatzdämmung.

Die Produktkennzahlen sowie Abmessungen, Rechenwerte und Montagezeiten (siehe hierzu Abb. 2.4.2-9) entsprechen denen von Porenbeton-Dachplatten.

Für die **Materialbearbeitung** bei Montagebauteilen aus Porenbeton werden die gleichen Vorteile wirksam, wie sie schon für Mauerwerk aus Porenbeton dargestellt wurden. So können Anpassungen, Bohrungen und Durchbrüche sowie Ausbesserungen im Bedarfsfall leicht und mit geringem Aufwand durchgeführt werden. Die Grenzen hierfür sind durch die Bewehrung und die Dimensionierung gegeben. Für die Baustellenbearbeitung stehen speziell entwickelte Bohr- und Fräsmaschinen zur Verfügung.

Insbesondere im Wirtschaftsbau, dem Hauptanwendungsbereich von Montagebauteilen aus Porenbeton, aber auch im Wohnbau, sind die materialbedingten Vorteile bei **Transport und Montage** von besonderer Bedeutung für eine wirtschaftliche Bauausführung:

- optimale Ausnutzung der Transportkapazitäten,

Porenbeton nach DIN 4223. Als einbaufertige Montagebauteile besitzen sie bereits bei Anlieferung volle Tragfähigkeit. Sie lassen sich einfach verlegen und verankern (Abb. 2.4.2-2). Lediglich die Fugen und die Verankerungen müssen mit Beton vergossen werden. Der Einbau erfolgt also weitgehend trocken. Schalungen sind dazu nicht notwendig.

Porenbeton-Deckenplatten gibt es in verschiedenen Dicken und Spannweiten mit unterschiedlichen Tragfähigkeiten. Sie eignen sich für alle Zwischen- und Abschlußdecken von Gebäuden.

Die Ausbildung und Bemessung von Deckenscheiben ist wie bei Dachscheiben möglich.

- vergleichsweise leichte Hebezeuge,
- lückenlose Transportkette vom Werk bis zum Einbau, ohne die Notwendigkeit einer Zwischenlagerung,
- spezielle Transporthilfen und Hebezeuge für das rationelle Versetzen bzw. Verlegen auf der Baustelle.
- Belastbarkeit der Montagebauteile unmittelbar nach der Montage.

Richtwerte für den Zeitaufwand bei der Montage werden in den Abb. 2.4.2-7 bis 2.4.2-9 angegeben. Sie sind abhängig von den Abmessungen der Bauteile, dem Transportweg auf der Baustelle und von der Einbautechnik (z. B. der Befestigungsart).

Im Sinne einer technisch einwandfreien und wirtschaftlich optimalen Montage ist besonders zu beachten:

- Vor Montagebeginn sind die Tragkonstruktion und die bauseitigen Vorleistungen zu prüfen.
- Maßabweichungen der Unterkonstruktion sind mit dem Auftraggeber zu klären.
- Die Befahrbarkeit der Baustelle mit einem 40-t-Lkw muß gewährleistet sein.
- Falls nicht unmittelbar vom Transportfahrzeug aus montiert wird, muß ausreichende Lagerfläche in unmittelbarer Nähe der Verwendungsstelle vorhanden sein.
- Zum Verlegen der Montagebauteile sind nur geeignete Hebezeuge zu verwenden (wie Verlegezangen, Verlegebügel, ggf. Gurte). Die Tragfähigkeit der Hebezeuge und der Krane ist zu beachten.
- Aufgrund der Plattenabmessungen können maximale Plattengewichte von 1,4 t auftreten.
- Eine Lagerung der Montagebauteile hat auf Kanthölzern zu erfolgen.
- Werden die Montagebauteile in mehreren Lagen übereinander gestapelt, so ist darauf zu achten, daß die Lagerhölzer jeweils fluchtend übereinander liegen.
- Je nach Witterung sind die Montagebauteile mit Folien oder Planen gegen Feuchtigkeit zu schützen.

2.4.3 **Sonderbauteile**

Was für alle Bauteile und Bausysteme gilt, hat gerade bei industriell hergestellten Systemen eine besondere Bedeu-tung: das System ist um so besser, je besser es an unterschiedliche Funktionen und Maße angepaßt werden kann. Paßstücke und Sonderbauteile sind »Ausgleichselemente«, die solche Anpassungen ermöglichen.

Sonderbauteile aus unbewehrtem Porenbeton werden für verschiedene Funktionen geliefert:

- **U-Schalen** finden Anwendung z. B. als »verlorene Schalung« für Stahlbetonteile im Mauerwerksbau. Beispiele hierfür sind Ringanker, Stürze oder auch Mauerpfeiler (s. a. Abb. 1.2.1-6).
- **Mehrzwecksteine** werden für die gleichen Funktionen wie U-Schalen eingesetzt. Bei ihnen kann der freie innere Querschnitt (Freiraumquerschnitt) durch Herausbrechen einzelner Scheiben je nach Bedarf hergestellt werden.
- **Verblendsteine** werden z. B. für die Verblendung von Deckenauflagern oder Ringankern eingesetzt. Dadurch ist für eine gesamte Wandfläche ein völlig homogener Putzgrund zu erreichen.

Darüber hinaus können unbewehrte Porenbetonbauteile problemlos zugeschnitten werden, so daß auch Bauteile mit unüblichen Abmessungen problemlos auf der Baustelle hergestellt werden können. Dies kann besonders bei Modernisierungsarbeiten eine große Bedeutung erhalten.

Sonderbauteile aus bewehrtem Porenbeton werden als Ergänzungen der standardmäßigen bewehrten Porenbetonbauteile (d. h. Dach- und Deckenplatten, Wandplatten) eingesetzt. Wegen der Auslegung der Bewehrung werden sie im Werk in ihren endgültigen Abmessungen hergestellt. Entsprechend ihrer Tragfunktion bedürfen sie auch des entsprechenden rechnerischen Nachweises.

Durchbrüche und Auswechslungen in Porenbetonmauerwerk und in Porenbetonbauteilen sind in ihrer Konstruktion der jeweiligen Tragfunktion des Bauteils anzupassen:

- Durchbrüche in Porenbetonmauerwerk können, wie im Mauerwerksbau üblich, angelegt werden. Bei der Herstellung wirkt sich die gute Bear-beitbarkeit des Materials besonders günstig aus. Durchbrüche, Ausnehmungen etc. dürfen nicht gestemmt werden. Es sind immer materialgerechte Werkzeuge wie Fräsen, Sägen und Bohrer zu verwenden.
- Kleinere Durchbrüche in bewehrten Porenbetonbauteilen (Dach- und Deckenplatten) bis zu einem Durchmesser von 150 mm und bis zu einer Breite von 150 mm am Plattenrand können bereits im Werk oder bei der Verlegung angelegt werden (s. a. Abb. 2.3.1-32).
- Durchbrüche von der Breite einer Dach- oder Deckenplatte werden durch eine Auswechslung mit Flachstahl hergestellt. Die seitlich anschließenden Platten erhalten eine entsprechende Sonderbewehrung (s. a. Abb. 2.3.1-33).
- Durchbrüche mit einer Breite von mehr als der einer Dach- oder Deckenplatte erhalten eine H-förmige Auswechslung aus Stahl. In diesem Fall werden die Lasten unmittelbar zum Auflager abgeleitet, ohne die angrenzenden Platten zusätzlich zu belasten (s. a. Abb. 2.3.1-34).

2.4.4 **Oberflächen und Fugen**

Bauteile aus Porenbeton sind Rohbauteile, aber im Vergleich zu anderen Rohbauteilen haben sie Eigenschaften, die ein besonders breites Spektrum für die Oberflächengestaltung bieten. Diese Eigenschaften sind:

- die Oberflächen sind besonders eben;
- superglatte Porenbetonoberflächen erfordern nur noch einen direkt aufgebrachten Dünnspachtel; sie sind bis auf Null abziehbar;
- der Putzgrund besteht durchgehend aus dem gleichen Material;
- der Wärmeschutz ist schon bei einschaliger Bauweise ausreichend;
- Befestigungen sind problemlos anzubringen.

So reicht das Spektrum bei Oberflächen von Wänden vom Putz über Beschichtung bis zu Verblendungen und Bekleidungen. Die Auswahl kann weitgehend nach funktionalen und gestalterischen Kriterien oder auch in Anlehnung an die am jeweiligen Ort üblichen Ausführungen erfolgen.

Außenputze – in der Regel auf Mauerwerk – haben die Aufgabe, die Außenwand vor Witterungseinflüssen zu schützen. Gleichzeitig sind sie nach Struktur und Farbe ein wesentliches Gestaltungselement für das Gebäude. Der Witterungsschutz ist um so wirkungsvoller, je mehr bereits durch konstruktive Maßnahmen ein gewisser Schutz gegen Feuchtigkeit, Regen und Beschädigungen geschaffen wird. Solche konstruktiven Maßnahmen sind:

- ausreichende **Überstände** von Fensterbänken (mind. 5 cm) zur Vermeidung von Schmutzfahnen,
- ausreichende **Dachüberstände** zum Schutz der Wand vor starker Beregnung,
- Beachten von **Bewegungsfugen,**
- Einbettung von **Rißbrücken** (z. B. Glasgittergewebe) an Übergängen zu anderem Putzgrund, wie z. B. Beton oder Leichtbauplatten, und im Bereich von Fensterbrüstungen und Stürzen,
- verzinkte, kunststoffüberzogene **Eckschutzschienen** und **Sockelabschlußschienen** zur Sicherung von Mauerwerkskanten,
- grundsätzlich sollten Außenputze auf Porenbeton ähnliche Rohdichten und Festigkeiten wie der Putzgrund aufweisen.

Auf Wänden aus Porenbeton können folgende Arten von Außenputz angewendet werden:

Außenwandputze nach DIN 18550

Hier wird ein herkömmlicher Putzaufbau angewendet mit den Komponenten

- Vornässen,
- Spritzbewurf,
- Unterputz,
- Oberputz,
- ggf. Anstrich.

Die Anforderungen an die Komponenten und Arbeitsgänge sind in DIN 18550 festgelegt.

Grundputze

Als Basis für weiteren Deckputz oder für Anstriche werden durch die Porenbetonhersteller einlagig verarbeitbare Grundputze angeboten. Sie werden in folgenden Arbeitsgängen aufgebracht:

- Staubfreimachen der Oberflächen (z. B. durch Abfegen mit scharfem Besen),

Abb. 2.4.4-1
Anbringen der Sockelabschluß- und Eckschutzschiene zur Sicherung der Mauerwerkskanten

Abb. 2.4.4-2
Auftrag des Grundputzes von Hand

Abb. 2.4.4-3
Auftrag der Deckschicht

Abb. 2.4.4-4
Verreiben der Putzoberfläche mit Filzbrett oder Schwammscheibe

- ggf. Vornässen der Oberfläche (erforderlich bei großer Hitze oder Trockenheit sowie bei anhaltendem Wind),
- Auftragen des Grundputzes von Hand mit Aufzieher oder Traufel oder mit einer Putzmaschine für pulverförmige Putzmaterialien in einer Dicke von mindestens 10 mm einlagig,
- Einebnen mit Richtscheit und Verreiben mit Filzbrett oder Schwammscheibe.

Diese Grundputze sind auch ohne Deckschichten bereits wasserabweisend und schlagregendicht.

Strukturputze

Hierbei handelt es sich um einlagige, wasserabweisende Außenputze, die aufgrund ihrer Kornanteile zu glatten oder strukturierten Oberflächen verarbeitet werden können. Eine Einfärbung ist möglich, ein zusätzlicher Anstrich nicht erforderlich. Strukturputze werden in folgenden Arbeitsgängen aufgebracht:

- Staubfreimachen der Oberfläche,
- ggf. Vornässen der Oberfläche (s. o.),
- Aufbringen der ersten Schicht von Hand oder mit einer Putzmaschine für pulverförmige Putzmaterialien und Ebnen mit dem Richtscheit,
- Auftragen der dünneren Deckschicht (ca. 3 mm) nach Erhärten der ersten Schicht,
- Strukturieren der Deckschicht z. B. mit Holzbrett oder mit Kunststoffscheibe.

Farbgebung und Struktur des Oberputzes bieten die Möglichkeit einer dem Projekt angepaßten Gestaltung.

Sockelputze

Zum Schutz gegen Witterungseinflüsse durch Schlagregen, Spritzwasser und Bodenfeuchtigkeit sind im Sockelbereich sowohl die geltenden Vorschriften der DIN 18550 »Putz, Baustoffe und

Ausführung« als auch der DIN 18195 »Bauwerksabdichtungen« zu beachten.

Der Sockelputz muß ausreichend fest, wasserabweisend und widerstandsfähig gegen kombinierte Einwirkungen von Feuchtigkeit und Frost sein.

Kellerwandaußenputze

Im Erdreich muß ein Mörtel der Gruppe P III gewählt werden. Die Gesamtdicke des Putzes muß mind. 20 mm betragen.

Wie bei der Vorbearbeitung des Putzgrundes für einen Außenputz gilt auch hier, daß der Spritzbewurf ausreichend aushärten und entspannen muß. Das heißt, der Spritzbewurf muß rissig werden. Dies kann 8–14 Tage dauern.

Der Putz ist von der Hohlkehle am Fundamentabsatz bis mind. 30 cm über Gelände auszuführen.

Da DIN 18195 nicht zwingend einen Putz zur Feuchtigkeitsabdichtung vorschreibt – es ist lediglich ein glatter Untergrund für den Dichtungsaufbau zu schaffen –, kann bei Kellermauerwerk aus Porenbeton-Plansteinen wegen der glatten, fast fugenlosen Oberfläche auf einen Kellerwandaußenputz verzichtet werden.

Eine farbliche Gestaltung von Wänden, die aus Porenbetonbauteilen errichtet wurden, ist problemlos durchzuführen. Dabei sollten helle Farben eingesetzt werden, um Temperatursprünge an der Oberfläche so gering wie möglich zu halten.

Die Originalfarbe der Porenbetonbauteile ist weiß bis weißgrau. Bei Lagerung kann jedoch eine Oberflächenfärbung entstehen, so daß einzelne Bauteile ein dunkleres Aussehen bekommen. Die an der Oberfläche auftretenden Poren (mit unterschiedlich großem Durchmesser) sind spezifisch für Porenbeton und stellen keine Qualitätsminderung dar.

Mit **Außenbeschichtungen** werden in der Regel Wandflächen aus Montagebauteilen vor Witterungseinflüssen geschützt und farblich gestaltet. Für Beschichtungssysteme dürfen nur solche Materialien verwendet werden, deren besondere Eignung für Porenbeton-

bauteile vom Hersteller nachgewiesen werden kann. Grundsätzlich sind nur Beschichtungssysteme eines Herstellers zu verwenden, der für eine optimale Abstimmung aller Arbeitsgänge und Materialien garantiert. Entsprechende Beschichtungssysteme können unmittelbar durch die Porenbetonhersteller geliefert werden.

Eine dauerhafte, materialgerechte Beschichtung auf Porenbeton muß vor allem schlagregendicht sein, trotzdem aber in hohem Maße dampfdurchlässig. Dies gilt selbstverständlich neben den allgemeinen Qualitäten wie Haftfestigkeit, Lichtbeständigkeit, Wetterbeständigkeit und Elastizität. Die Feuchtigkeitsabgabe muß also größer sein als die Wasseraufnahme. Dies führt zu folgenden Anforderungen an die Wasserdampfdurchlässigkeit und Wassereindringzahl der Beschichtung bzw. des Außenputzes (lt. Institut für Bauphysik, Stuttgart, Freiland-Versuchsstelle, Holzkirchen):

- Wasseraufnahmekoeffizient:
  $w \leq 0,5 \ kg/(m^2 \cdot h^{0,5})$

- Diffusionsäquivalente Luftschichtdicke:
  $s_d \leq 2 \ m$

- Produkt $w \cdot s_d$:
  $w \cdot s_d \leq 0,2 \ kg/(m \cdot h^{0,5})$

So hat z. B. eine Beschichtung mit einem $s_d = 2 \ m$ die gleichen Diffusionseigenschaften wie eine vergleichsweise 2 m dicke Luftschicht.

Der Wasseraufnahmekoeffizient $w \leq 0,5$ bedeutet, daß abhängig von der Zeit nur eine sehr geringe Menge Feuchtigkeit aufgenommen wird.

Das Produkt $w \cdot s_d$ beschreibt, ob z. B. eine Beschichtung in der Lage ist, den Witterungsschutz zu gewährleisten. Je größer w (Grenzwert jedoch $\leq 0,5$), desto kleiner muß sd sein; oder: je kleiner w ist, desto größer kann s_d werden (Grenzwert $\leq 2 \ m$).

Aufgrund dieser hohen Anforderungen, die an einen Witterungsschutz der Außenhaut gestellt werden müssen, sind Beschichtungen grundsätzlich dünnen Anstrichen vorzuziehen. Als Witterungsschutz haben sich Beschichtungsmaterialien auf Acrylharzbasis bewährt. Die Materialdicken für

Beschichtungen sind im allgemeinen nur ungenau meßbar. Der Verbrauch ist von der Bindemittelbasis, den Füllstoffen und sonstigen Zuschlägen abhängig. Der Aufbau der Beschichtungen, von der Grundierung bis zur Deckschicht, ist bei den einzelnen Fabrikaten zum Teil verschieden. Deshalb sind entsprechend der gewählten Materialien die speziellen Empfehlungen und Hinweise der Hersteller zu beachten.

Für die einzelnen Arbeitsgänge werden in der Regel Mindestmengen je m² angegeben. Allgemein sind für einen ordnungsgemäßen Beschichtungsaufbau folgende Mengen erforderlich:

- Bei Streichtechnik wird in zwei Arbeitsgängen eine Materialmenge von mindestens *1800 g/m²* aufgetragen. Zusätzlich ist eine Grundierung zweckmäßig.
- Bei Spachteltechnik erhöht sich die Auftragsmenge auf mindestens *2200–2500 g/m²*, wobei der erste Arbeitsgang in Spachteltechnik mit ca. *1400 g/m²* erfolgt. Auch hier ist zusätzlich eine Grundierung zu empfehlen.

Die **Ausbildung von Fugen** hat bei großformatigen Bauteilen aus Porenbeton eine besondere Bedeutung: die Fugen müssen eine dichte Außenwand garantieren, auch wenn in ihnen aus Bewegungen des Gebäudes oder Formänderungen der Bauteile zusätzlich Zug- oder Druckbelastungen auftreten. Darüber hinaus trägt die Fugenstruktur auch zum Erscheinungsbild des Gebäudes bei und gibt ihm ggf. seinen unverwechselbaren Charakter.

Nach der Art ihrer Beanspruchung können folgende Fugenarten unterschieden werden:

- Fugen mit ausschließlich dichtender Funktion (z. B. Horizontalfugen zwischen liegend angeordneten Porenbeton-Wandplatten),
- Fugen mit nur dichtender Funktion (z. B. Vertikalfugen bei stehenden Wandplatten),
- Fugen mit dichtender Funktion bei geringer Zug- und Druckbeanspruchung wie z. B.:
  - Vertikalfugen bei liegenden Porenbeton-Wandplatten,
  - Horizontalfugen im Bereich der Abfangkonstruktion (z. B. Konsolen),

- Wechsel der Befestigungsart (z. B. im Bereich der Attika),
- Fugen im Bereich von intensiven Farbtonwechseln,
- Sockelfugen (überwiegend dichtende Funktion),
- Vertikalfugen im Bereich von stehenden Wandplatten im Raster der Unterkonstruktion,
- Vertikalabschlußfugen bei zwischen bzw. hinter Stützen montierten Porenbeton-Wandplatten,
- Fugen mit dichtender Funktion bei größerer Zug- und Druckbeanspruchung wie z.B.:
  - Anschlußfugen zwischen Porenbeton und anderen Baustoffen oder Bauteilen,
  - Gebäudetrennfugen.

Zur Ausführung der Fugen werden unterschiedliche Materialien eingesetzt, die im folgenden erläutert werden.

Fugen mit ausschließlich dichtender Funktion (z. B. Horizontalfugen bei liegend angeordneten Wandplatten)

Diese Fugen werden in der Regel innerhalb der gefasten äußeren Längskanten der Elemente ausgeführt. Der Kunstharzmörtel soll nach dem Glattstreichen in dem tiefsten Fugenbereich mindestens eine Dicke von *3 mm* aufweisen.

Es kommen Kunststoffmörtel zum Einsatz, die spritzfähig sind. Es handelt sich um Einkomponentenmaterialien auf verschiedenartiger Bindemittelbasis (z. B. Alsecco Kleber und Fugenfüller, Disbon 202 Klebemörtel WUF).

Fugen mit nur dichtender Funktion (z. B. Vertikalfugen bei stehend angeordneten Wandplatten)

Die Ausführung entspricht weitgehend der in der ersten Gruppe beschriebenen. Es kommen plastische Fugendichtstoffe zum Einsatz. Die Dichtstoffe sind spritzfähige, lufttrocknende Einkomponentenmaterialien, auf verschiedener Bindemittelbasis ohne Rückstellvermögen. Die zulässige Gesamtverformung beträgt *3 . . . 5 %.*

Fugen mit dichtender Funktion bei geringer Druck- und Zugbeanspruchung

Die Fugenbreite beträgt in der Regel *10–15 mm,* die Dichtstofftiefe soll *8–10 mm* nicht unterschreiten.

Es kommen elastoplastische Fugendichtstoffe zum Einsatz. Die Dichtstoffe sind spritzfähige, lufttrocknende Einkomponentenmaterialien, hauptsächlich auf Polyacryl-Dispersionsbasis (z. B. Alsecco-Flex W, Disbofug R 217 Acryl-Fugendicht). Die zulässige Gesamtverformung beträgt *15 %.*

Als Hinterfüllmaterial darf nur eine offenporige Schaumstoffrundschnur mit geflämmter Oberfläche verwendet werden (z. B. PE-Rundschnur). Das Hinterfüllmaterial muß die Fuge voll ausfüllen, auf die erforderliche Tiefe begrenzen und gleichmäßig tief eingebracht werden. Dadurch wird eine Dreiflankenhaftung des Fugendichtstoffes verhindert.

Ebenso ausführbar ist die Ausbildung der Fugen mit Dichtungsbändern (Abb. 2.4.4-8). Bei der Auswahl sollte das komprimierte Band der Fugenbreite entsprechen. Das Einbringen der Dichtungsbänder ist witterungsunabhängig. Die Fugenflanken werden nicht auf Zug beansprucht. Unebenheiten gleicht das Band durch Expandieren aus. Fugendichtungsbänder bestehen aus komprimiertem PUR-Weichschaum (*Rohdichte – 150 kg/m³*); sie sind in der Regel mit einem modifizierten Polyacrylat getränkt und können daher mit den handelsüblichen Beschichtungsmaterialien überstrichen werden.

Eine Lösung erhält man auch mit Aluminiumdeckleisten, welche eine statisch nachweisbare Verankerungstechnik mit der Abdeckung der vertikalen Fugen verbinden. Die Verankerung der Wandplatten erfolgt mittels durchlaufender oder stückweise angebrachter Grundprofile. Bei Grundprofilstücken wird eine Verfugung zwischen den Profilstücken empfohlen. Vor dem Aufklemmen der Deckprofile sollte die Beschichtung der Wandplatten ausgeführt werden.

Fugen mit dichtender Funktion bei größerer Zug- u. Druckbeanspruchung (z. B. Gebäudetrennfugen)

Die Fugenbreite muß für diese Fugenart aufgrund der unterschiedlichen Beanspruchung mindestens *20 mm* betragen, die Dichtstofftiefe sollte *12 mm* nicht unterschreiten.

Es kommen elastische Fugendichtstoffe zum Einsatz. Um einen Bruch im Porenbeton durch hohe Spannungsspitzen zu vermeiden, muß die Festigkeit der Fugendichtstoffe (Grenzwert des E-Moduls: bei *+23 °C* $\leq$ *0,1 N/mm²,* bei *–20 °C* $\leq$ *1,0 N/mm²*) geringer als die Porenbetonfestigkeit sein. Die Dichtstoffe sind spritzfähige Ein- oder Zweikomponentenmaterialien mit unterschiedlichen Bindemitteln, die sowohl lufttrocknend als auch selbstaushärtend sein können (Disbothan-Fugendicht 221). Die zulässige Gesamtverformung der Fuge beträgt *15–25 %.* Auch bei Fugen dieser Art ist eine Abdichtung durch Fugenbänder wie oben beschrieben möglich.

Das Einbringen des Fugendichtstoffes muß bei allen Fugenarten bei geeigneter Witterung erfolgen. Die Temperaturuntergrenze liegt bei *+5 °C,* die Obergrenze bei etwa *35 °C* (Umluft-/ Untergrund- und Werkstofftemperatur). Kunststoffmörtel für Fugen können im frischen Zustand durch Regen ausgewaschen werden. Nach etwa 24 bis 72 Stunden – je nach Witterungsverhältnissen – sind diese Mörtel aber ausreichend durchgehärtet.

Um ein Auswaschen der frischen plastischen bzw. elastoplastischen Fugendichtstoffe zu vermeiden, ist zu beachten, daß die Hautbildung meist nach 15 Minuten beginnt. Die völlige Durchhärtung – je nach Luftfeuchtigkeit, Temperatur und Fugenquerschnitt – ist nach etwa 20 Tagen abgeschlossen. Elastische Fugendichtstoffe können ebenfalls nur bei trockener Witterung verarbeitet werden. Die Hautbildung und Durchhärtung erfolgt hier nach ganz unterschiedlichen Zeiträumen. Diese sind davon abhängig, ob die Herstellungsbasis Polysulfid (Thiokol) oder Polyurethan und ob die Dichtstoffe ein- oder zweikomponentig sind.

Die **Kanten der Bauteile** müssen gefast sein. Im Hinblick auf die Verfugung verhindert die Fase das seitliche Verlaufen des Fugendichtstoffes. Außerdem wird die Abdichtung in einen tieferliegenden Bereich verlagert.

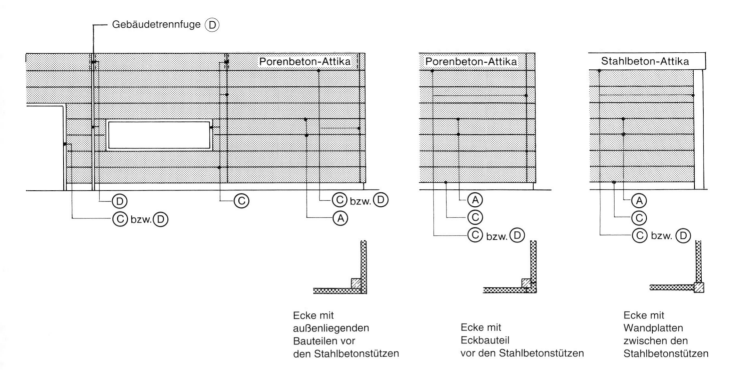

Ecke mit
außenliegenden
Bauteilen vor
den Stahlbetonstützen

Ecke mit
Eckbauteil
vor den Stahlbetonstützen

Ecke mit
Wandplatten
zwischen den
Stahlbetonstützen

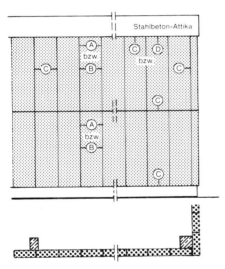

Außenwand vor den Stützen

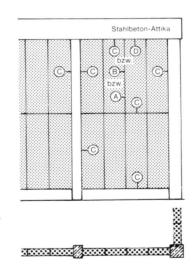

Außenwand zwischen den Stützen

A   Fugen mit ausschließlich dichtender Funktion, z. B. Horizontalfugen bei liegenden Wandplatten
B   Fugen mit nur dichtender Funktion, z. B. Vertikalfugen bei stehenden Wandplatten
C   Fugen mit geringer Zug- und Druckbelastung
D   Fugen mit größerer Zug- und Druckbeanspruchung (z. B. Gebäudetrennfuge)

Abb. 2.4.4-5
Fugenarten bei stehend oder liegend angeordneten Wandplatten und -tafeln

Die **Fugenflanken** müssen parallel verlaufen, genügend fest, lufttrocken sowie ohne haftungsvermindernde Verunreinigungen sein. Ausbesserungen in diesem Bereich müssen rissefrei sein, eine ausreichende Verbindung zum Untergrund aufweisen und nicht mit der nächsten Platte verbunden sein.

Bei Fugen mit ausschließlich dichtender Funktion wird das Material ohne Vorbehandlung der Fugen (kein Voranstrich oder Primer) in den Fugenbereich eingebracht, mit einem Pinsel im gefasten Bereich geglättet und an die Fugenfasen angeglichen. Sind haftmindernde Rückstände (z. B. Schleifstaub) auf den Fugenflanken vorhanden, ist ein auf den Dichtstoff abgestimmter Voranstrich oder Primer – Verarbeitungshinweise der Hersteller beachten – erforderlich. Der Fugendichtstoff ist zügig und ohne Lufteinschlüsse einzubringen. Die Düsenspitze der Spritzpistole bzw. Spritzpumpe ist auf die Fugenbreite abzustimmen. Nach dem Einbringen erfolgt das Glätten des Fugendichtstoffes nach Angabe des Herstellers. Es ist eine nach innen gewölbte Rundung (konkav) einzuarbeiten. Durch die Rundschnurhinterfüllung erhält die Fuge einen bikonkaven Querschnitt. Die Beschichtung darf frühestens 5 Tage nach den Verfugungsarbeiten erfolgen.

Beschichtungen können für eine einheitliche Farbgebung der Wandfläche auf geringer beanspruchten Fugen aufgetragen werden.

Bei Fugen mit geringer Zug- und Druckbelastung wird die Beschichtung auf dem Verfugungsmaterial nur farbdeckend aufgetragen. Ein evtl. Reißen der Beschichtung auf der Fugenfläche ist dabei unbedenklich und beeinträchtigt nicht die Funktionsfähigkeit der Fugendichtung und der Beschichtung.

Auf elastische Fugendichtstoffe bei Fugen mit größeren Verformungen haftet die Beschichtung nicht. Über diese Fugenmasse darf deshalb die Beschichtung nicht aufgetragen werden.

Die Verträglichkeit der Verfugungs- und Beschichtungssysteme miteinander ist zu prüfen. Diesbezüglich sind die Produkthersteller zu befragen.

Weitere Hinweise finden sich in dem Bericht 6 des Bundesverbandes Porenbetonindustrie e. V. (s. Literatur).

Dimensionierung der Vertikalfugen zwischen liegenden Wandplatten

Da DIN 18540 »Abdichtungen von Außenwandfugen im Hochbau mit Fugendichtstoffen« nicht für Fugen zwischen Porenbetonbauteilen gilt, wird hier eine Berechnungsmethode vorgestellt, die eine praxisgerechte Fugenauslegung unter Berücksichtigung der Materialeigenschaften der Dichtstoffe ermöglicht.

Wie bei allen Baustoffen tritt auch beim Porenbeton unter Einwirkung von Wärme eine Formänderung auf. Dabei ist die Auswirkung mehrerer Einflußgrößen zu beachten:

- Wandorientierung (Ost-West),
- Jahreszeit (Sommer-Winter),
- Grad der Absorption der Sonnenbestrahlung (Hellbezugswert),
- Wandplattendicke bzw. -länge.

Der Fugendichtstoff muß folgende Formänderungsgrößen schadenfrei aufnehmen:

- Thermische Längenänderung der Wandplatten in Richtung der Plattenebene,
- Schwinden bzw. Quellen,

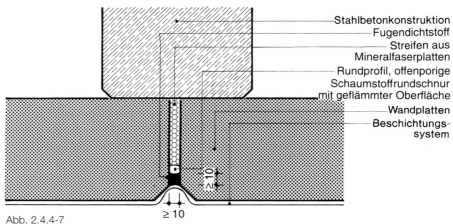

Abb. 2.4.4-7
Fuge mit dichtender Funktion bei geringer Zug- und Druckbelastung (Horizontal- und Vertikalfuge mit Dichtstoff)

- Stahlbetonkonstruktion
- Fugendichtstoff
- Streifen aus Mineralfaserplatten
- Rundprofil, offenporige Schaumstoffrundschnur mit geflämmter Oberfläche
- Wandplatten
- Beschichtungssystem

≥ 10

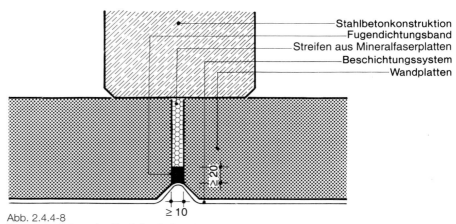

Abb. 2.4.4-8
Fuge mit dichtender Funktion bei geringer Zug- und Druckbelastung (Horizontal- und Vertikalfuge mit Fugendichtungsband)

- Stahlbetonkonstruktion
- Fugendichtungsband
- Streifen aus Mineralfaserplatten
- Beschichtungssystem
- Wandplatten

≥ 10

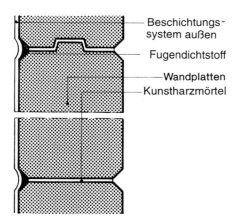

Abb. 2.4.4-6
Fuge mit ausschließlich dichtender Funktion (Horizontalfuge)

- Beschichtungssystem außen
- Fugendichtstoff
- Wandplatten
- Kunstharzmörtel

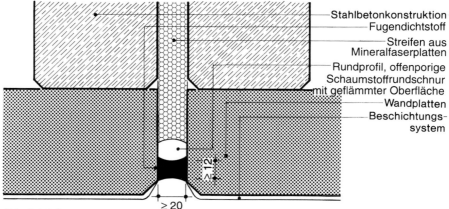

Abb. 2.4.4-9
Fuge mit dichtender Funktion zur Aufnahme größerer Zug- und Druckbelastungen und Vertikalfuge mit Dichtstoff

- Stahlbetonkonstruktion
- Fugendichtstoff
- Streifen aus Mineralfaserplatten
- Rundprofil, offenporige Schaumstoffrundschnur mit geflämmter Oberfläche
- Wandplatten
- Beschichtungssystem

≥ 20

• Stauchung bzw. Dehnung infolge Krümmung der Wandplatten.

Bei Aufnahme dieser Bewegungen muß der Fugendichtstoff seine dichtende Funktion bewahren.

Die **thermische Längenänderung**, also die Dilatation oder die Kontraktion des Porenbetons bzw. des Fugendichtstoffes – tritt im Verlauf des Besonnungsvorganges in Richtung der Plattenebene auf. Die rechnerische Erfassung der **linearen Wärmeausdehnung** kann durch den Wärmeausdehnungsquotienten α gemäß der Gleichung

$$\Delta l = l_O \cdot \alpha_T \cdot \Delta t$$

erfolgen, wobei Δl [m] die Längenänderung bedeutet, welche das Material der ursprünglichen Längenabmessung l_O [m] unter dem Einfluß der Temperaturänderung Δt [K] ausführt.

Der **lineare Wärmeausdehnungskoeffizient** von Porenbeton beträgt $\alpha_T = 8 \times 10^{-6}\ K^{-1}$. Untersuchungen haben jedoch gezeigt, daß die errechnete lineare Wärmeausdehnung bei Porenbeton in Wirklichkeit viel geringer ist [3]. Infolge der wärmedämmenden Wirkung des Porenbetons treten die linearen thermischen Längenänderungen gegenüber der Wölbung in den Hintergrund. Ein großer Teil der Längenänderung wird in die Wölbung umgesetzt. Aus diesem Grund kann für α_T mit

$$\alpha_T = 6 \times 10^{-6}\ K^{-1}$$

gerechnet werden.

So erfährt die größte lineare Längenänderung infolge Wölbung nach außen im Sommer mit *0,26 mm/m* eine dünne, dunkle Platte (*d = 15 cm*). Eine dicke, dunkle Platte (*d = 25 cm*) dehnt sich maximal nur *0,21 mm/m*. Im Winter kann es zu einer linearen Längenänderung infolge Wölbung nach innen bis zu *0,06 mm/m* kommen.

Die temperaturbedingte Krümmung erfolgt infolge der Besonnung im Sommer nach außen bzw. bei Temperaturumkehr im Winter nach innen und erzwingt dadurch eine Stauchung bzw. Dehnung des Fugendichtstoffes.

Für eine ungleichmäßige Temperaturbelastung Δt ergibt sich ein Auflagerdrehwinkel von:

$$\varphi_{o\ (x=o)} = -\ \varphi_{(x=l)} = \frac{l}{2} \cdot \alpha_T \cdot \frac{\Delta t}{d}$$

wobei l [m] die Wandplattenlänge, d [m] die Wandplattendicke und α_T [K^{-1}] der Wärmeausdehnungsquotient ist.

Δt [K] ist die Temperaturspanne innerhalb der Temperaturgrenzen, denen der Baustoff in unseren Breiten ausgesetzt ist. Für die folgenden Überlegungen muß noch eine Bezugstemperatur festgelegt werden. Diese Bezugstemperatur (Herstellungstemperatur) soll hier die Temperatur sein, bei der die Fuge verfüllt wird. Die Verfugungstemperaturgrenze liegt zwischen *+5 °C* und etwa *+35 °C*, wobei in beiden Fällen der jeweils niedrigste bzw. höchste Wert der Oberflächentemperatur des Untergrundes maßgebend ist.

Die Oberflächentemperatur ist im wesentlichen abhängig von der Wandorientierung (Ost-West), von der Jahreszeit (Sommer-Winter) und von der Farbgebung der Außenoberfläche. Während bei hellbeschichteten Wänden mit kleinem Strahlungsabsorptionsvermögen ca. *50 °C* erreicht werden, heizt sich eine dunkle Wandoberfläche mit Westorientierung im Sommer bis *80 °C* auf.

Erfahrungen aus der Praxis haben gezeigt, daß vollständig dunkelbeschichtete Wandplatten i. d. R. nicht zur Anwendung kommen, so daß im Sommer von einer max. Oberflächentemperatur $t_a = 65\ °C$ ausgegangen werden kann.

Aufgrund der in unseren Breiten vorhandenen Außentemperaturen im Winter kann für diesen Lastfall eine max. Oberflächentemperatur $t_a = -15\ °C$ angesetzt werden. Der Wert der Innen-Oberflächentemperatur t_i ist anhand der späteren Nutzung des Gebäudes festzulegen.

Dagegen können die Werte der Oberflächentemperaturen t_{ba} und t_{bi} zum Zeitpunkt der Verfugung in der Planungsphase nur grob abgeschätzt werden. Aufgrund der dabei auftretenden Ungenauigkeiten, wird deren Einfluß nur zur Hälfte berücksichtigt.

Somit kann die Temperaturspanne Δt näherungsweise wie folgt bestimmt werden:

$$\Delta t = \left(t_a - \frac{t_{ba}}{2}\right) - \left(t_i - \frac{t_{bi}}{2}\right)\ [K]$$

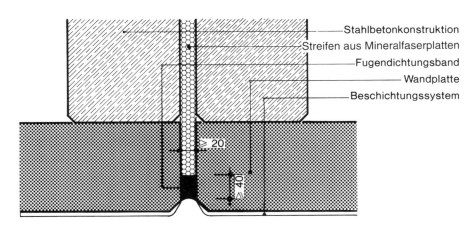

Abb. 2.4.4-10
Fuge mit dichtender Funktion zur Aufnahme größerer Verformungen (Horizontal- und Vertikalfuge mit Fugendichtungsband)

Stahlbetonkonstruktion
Streifen aus Mineralfaserplatten
Fugendichtungsband
Wandplatte
Beschichtungssystem

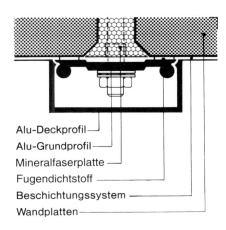

Alu-Deckprofil
Alu-Grundprofil
Mineralfaserplatte
Fugendichtstoff
Beschichtungssystem
Wandplatten

Abb. 2.4.4-11
Vertikalfuge mit Aluminium-Grund- und Deckprofil

wobei gilt:

t_a = Oberflächentemperatur der Wandplatte außen,

t_i = Oberflächentemperatur der Wandplatte innen,

t_{ba} = Oberflächentemperatur der Wandplatte zum Zeitpunkt der Verfugung außen,

t_{bi} = Oberflächentemperatur der Wandplatte zum Zeitpunkt der Verfugung innen.

Aus den geometrischen Bedingungen ergibt sich der Wert der Stauchung bzw. Dehnung zu:

$$h_{sd} = tan\ \varphi\ (x) \cdot t$$

mit

$\varphi\ (x)$ = Drehwinkel der Wandplatte am Auflager

t = $d/2$

Da der Neigungswinkel φ der elastischen Krümmungslinie meist klein ist, kann $\varphi\ (x) = tan\ \varphi\ (x)$ gesetzt werden.

Daraus ergibt sich für die Stauchung bzw. Dehnung der Wert:

$$h_{sd} = \varphi_x \cdot t = \frac{l}{4} \cdot \alpha_T \cdot \Delta t\ [m]$$

Bei Porenbeton ist von einem Schwindmaß von 0,1 mm/m im Anfangszustand auszugehen. Vom Zeitpunkt des Einbaus bis zum Erreichen der Ausgleichsfeuchte bei ca. 20 °C und 45 % relativer Feuchte sind keine Veränderungen zu erwarten. Als Werte können 0,05 bis 0,15 mm/m angesehen wer-

den. Auf der sicheren Stelle liegend wird bei den nachfolgenden Berechnungen von einem Schwindmaß von 0,15 mm/m ausgegangen.

Zur Ermittlung der notwendigen Fugenbreite müssen die vorgenannten Formänderungsgrößen noch in bezug zum Langzeitdehn- bzw. Langzeitstauchverhalten des Fugendichtstoffes gesetzt werden. In Anlehnung an die Fachliteratur soll dieses Langzeitverhalten durch den Faktor des Dichtstoffes F_D beschrieben werden. Für Fugendichtstoffe auf Acrylat-Dispersionsbasis, die meist bei Porenbeton-Wandplatten angewandt werden, wird überschlägig mit einem F_D von 20 % gerechnet. In jedem Fall sind bezüglich des F_D-Wertes die technischen Merkblätter und die Verarbeitungsrichtlinien der Hersteller von Fugendichtstoffen zu beachten.

Unter Berücksichtigung der vorhergehenden Ausführung ergibt sich die erforderliche Fugenbreite einer Vertikalfuge zwischen liegend montierten Porenbeton-Wandplatten zu:

$$b_F = \frac{1,2}{F_D}\ (2 \cdot h_{sd} + \Delta l_{tlin} \cdot l - S \cdot l)\ [m]$$

$$b_F = \frac{1,2}{F_D}\ \left(2 \cdot \frac{1}{4} \cdot \alpha_T \cdot \Delta t \cdot 10^3 + \Delta l_{tlin} \cdot l - 0,15 \cdot l\right) \cdot \frac{1}{1000}\ [m]$$

$$b_F = \frac{0,12 \cdot l}{F_D}\ (0,5 \cdot \alpha_T \cdot \Delta t \cdot 10^3 + \Delta l_{tlin} - 0,15)\ [m]$$

Vorzeichenregelung für b_F:

+ = Stauchung des Fugendichtstoffes

− = Dehnung des Fugendichtstoffes

α_T = $6 \cdot 10^{-6}\ [K^{-1}]$ für Porenbeton

l = Wandplattenlänge [m]

F_D = Faktor des Dichtstoffes [%]

Δt = $(t_a - t_{ba}/2) - (t_i - t_{bi}/2)\ [K]$

t_a = Oberflächentemperatur der Wandplatte außen [°C]

t_i = Oberflächentemperatur der Wandplatte innen [°C]

t_{ba} = Oberflächentemperatur der Wandplatte zum Zeitpunkt der Verfugung außen [°C]

t_{bi} = Oberflächentemperatur der Wandplatte zum Zeitpunkt der Verfugung innen [°C]

Δl_{tlin} = lineare Längenänderung [mm/m]

S = Schwindmaß = 0,15 mm/m für Porenbeton

$1,2$ = Faktor für Maß-, Einbautoleranzen, Setz- und Schwingungsbewegungen.

Die Berechnungen zeigen, daß eine Vertikalfugenbreite von max. 15 mm bei liegend montierten Wandplatten bei Annahme des Faktors des Dichtstoffes F_D = 15–20 % bis zu einer Länge von 7,50 ausreicht. Lediglich bei dunkel beschichteten Wandplatten, die aber selten zur Anwendung kommen und nach Möglichkeit zu vermeiden sind, sollte entweder die Fuge größer dimensioniert oder ein anderer Fugendichtstoff mit größerem Langzeitdehn-/-stauchvermögen verwendet werden. Dies wird auch durch

Tab. 2.4.4-12 Beispielrechnungen

	Platten-dicke [cm]	Platten-länge [m]	t_a [C°]	t_i [C°]	t_{ba} [C°]	t_{bi} [C°]	Δt [K]	Δl_{tlin} [mm/m]	F_D [%]	erf b_F [mm]	gewählt b_F [mm]
1	17,5	6,0	65	12	15	20	55,5	0,26	15	13,3	14
2	17,5	6,0	−15	20	10	8	−36	−0,06	20	−11,4	12
3	20,0	6,0	65	12	5	20	52,5	0,26	15	12,8	13
4	20,0	6,0	−15	20	35	25	−40	−0,06	20	−11,9	12
5	20,0	6,70	65	12	8	15	56,5	0,26	15	14,9	15
6	20,0	6,70	−15	20	9	25	−27	−0,06	20	−11,6	12
7	25,0	7,50	65	12	5	5	53	0,21	20	12,1	13
8	25,0	7,50	−15	20	35	35	−35	−0,06	20	−14,2	15

langjährige Erfahrungen aus der Praxis bestätigt. Aus konstruktiven Gründen darf die Fuge jedoch nicht kleiner als 10 mm sein. In jedem Fall ist die gewählte Fugenbreite mittels der Formel für b_F zu überprüfen.

Bei besonders starker Beanspruchung durch Wind und Regen hat sich die **Verblendung der Außenwand** durch eine Vormauerschale immer wieder besonders bewährt, auch wenn bereits mit modernen Putzsystemen eine schlagregendichte Außenhaut hergestellt werden kann. Im norddeutschen Küstenbereich ist zweischaliges Mauerwerk die gebräuchliche Ausführungsform für eine Außenwand.

Unabhängig davon, welches Material für die äußere Schale, die Verblendung, gewählt wird – Ziegel, Klinker, Kalksandsteine, jeweils in der Ausführung als Vormauersteine oder Verblender – ist Porenbeton das richtige Material für die tragende innere Schale. Hervorragende Wärmedämmung bei hoher Belastbarkeit machen ihn hierfür besonders geeignet. Das zweischalige Mauerwerk kann in unterschiedlicher Form ausgeführt werden, wobei immer die innere Schale die Funktion des Wärmeschutzes und der Lastabtragung und die äußere Schale den Wetterschutz übernimmt:

- zweischaliges Mauerwerk mit einer Luftschicht
- zweischaliges Mauerwerk mit einer Luftschicht und zusätzlich zwischen den Schalen angeordneter Wärmedämmung
- zweischaliges Mauerwerk mit Kerndämmung
- zweischaliges Mauerwerk mit Putzschicht.

Der Ausführung liegen z. B. in bezug auf Verankerung der Schalen, Luftschicht und Belüftung, Sperrschichten, Abfangungen, Bewegungsfugen und zu verwendende Mörtelarten die Vorschriften der DIN 1053 zugrunde. Hierauf und auf die Hinweise der Hersteller der Vormauersteine muß besonders sorgfältig geachtet werden, da sich Innen- und Außenschale aufgrund ihrer unterschiedlichen Eigenschaften (insbesondere der Rohdichte) und der unterschiedlichen thermischen Beanspruchung auch unterschiedlich verhalten. Die wichtigsten dieser Hinweise sind:

- Anordnung von Bewegungsfugen an den Gebäudeecken und in Wandflächen, deren Länge 8 m übersteigt sowie in stark gegliederten Wandflächen.
- Freie Beweglichkeit der Vorsatzschale in vertikaler Richtung.
- Sorgfältige Trennung von innerer und äußerer Schale, auch im Bereich von Tür- und Fensteranschlüssen.
- Sorgfältige Ausführung der Luftschicht in bezug auf ihre Dicke (mind. 40 mm) und die Vermeidung von Mörtelbrücken zwischen beiden Schalen.
- Sorgfältige Ausführung der Putzschicht (bei zweischaligem Mauerwerk mit Putzschicht), da der »Putz« auf der Außenseite der Innenschale wesentlich zur Schlagregendichtigkeit der Wand beiträgt und die Vorsatzschale unabhängig von der Innenschale beweglich sein muß.
- Sorgfältige Verankerung der beiden Schalen miteinander.

Außenwandbekleidungen in Form hinterlüfteter Elemente wie z. B. Trapezprofilen aus Stahl- oder Aluminiumblechen oder auch kleinformatigen Bauteilen – eine bauphysikalisch sehr gute Ausführungsform – können mit Hilfe gebräuchlicher Unterkonstruktionen an der Porenbetonaußenwand befestigt werden.

Bei Metallfassaden können Befestigungselemente während der Montage der Porenbeton-Außenwandplatten in den Plattenfugen oder aber nach der Montage mit geeigneten Dübeln auf der Plattenoberfläche angebracht werden. An diesen Befestigungselementen wird dann die Unterkonstruktion der Metallfassade angebracht, deren Ausführung auf die jeweilige Metallbekleidung abgestimmt sein muß. Aufgrund der günstigen thermischen Eigenschaften des Porenbetons kann in der Regel auf eine zusätzliche Wärmedämmschicht verzichtet werden.

Kleinformatige Elemente, z. B. Schiefer oder Faserzementplatten, werden auf einem in der Dimensionierung dem Bekleidungsmaterial angepaßten Gitter aus Lattung und Konterlattung angebracht. Die Befestigung der Lattung am Porenbeton kann z. B. mit Porenbeton-Spiralnägeln geschehen (s. Abb. 2.4.7-2).

Hinterlüftete Außenwandbekleidungen haben bei Außenwänden aus Porenbeton immer dann eine besondere Bedeutung, wenn der Wärmeschutz wesentlich über die geltenden Anforderungen der Wärmeschutzverordnung hinaus verbessert werden soll. Die Anforderungen der Wärmeschutzverordnung können bereits durch monolithische Porenbetonkonstruktionen erfüllt werden. Noch höhere Ansprüche an den Wärmeschutz werden z. B. durch eine zusätzliche Wärmedämmung (z. B. aus Mineralfaserplatten) erfüllt, die selbst wiederum durch die hinterlüftete Bekleidung ihren Witterungsschutz erhält.

Keramische Beläge auf Außenwandflächen sollten möglichst vermieden werden, da insbesondere wegen der thermischen Beanspruchung die Gefahr eines Abscherens des Belages vom Untergrund besteht. Hier sollte eine mechanische Verankerung des Ansetzmörtels auf dem Untergrund vorgesehen werden. Im übrigen sind die Verarbeitungsrichtlinien der Keramikindustrie zu beachten.

Innenputze auf Porenbetonbauteilen stabilisieren die Luftfeuchte im Raum durch Feuchtigkeitsaufnahme und -abgabe und geben darüber hinaus der Wand und der Decke eine ebene, fugenfreie Oberfläche. Es kommen unterschiedliche Putzarten in Frage:

- Innenputz und Spachtel auf Gipsbasis für normal beanspruchte Räume,
- Innenputz auf Kalk-Zement-Basis für die Verwendung in Feuchträumen,
- Konventionelle Innenputze entsprechend DIN 18550.

Die auf das Grundmaterial Porenbeton abgestimmten Fertigputze und Spachtel der Porenbetonhersteller auf Gips- und auf Kalkbasis gewährleisten dabei die besten Ergebnisse – sowohl bei der Verarbeitung als auch bei den Eigenschaften des fertigen Putzes.

Einlagige Innenputze auf Gipsbasis können sowohl von Hand als auch mit einer Putzmaschine in Dicken von ca. 8 mm aufgebracht werden.

- Zunächst ist der Untergrund vorzubereiten: Staub und lose sitzende Teile werden abgefegt, Ausbrüche und Schlitze verspachtelt, größere Aussparungen und Schlitze mit Dämm-Mörtel verfüllt und mit Glasfasergewebe überspannt.

- Wandecken werden mit nichtrostenden Putzschienen versehen.
- Fugen zwischen Porenbeton-Platten werden mit dem Putzmörtel vorgespachtelt.
- Bei einigen Fabrikaten kann auf ein Vornässen des Untergrunds sowie auf eine Grundierung oder einen Spritzbewurf verzichtet werden.
- Für den Handauftrag wird der trockene Fertigputz mit der erforderlichen Wassermenge zu einem knollenfreien Brei verquirlt.
- Werkzeuge, Eimer, Maschinen etc. müssen gut gesäubert sein, da sich durch Verunreinigungen die Verarbeitungszeit des Mörtels wesentlich verkürzen kann.
- Der Putz wird in einer Lage aufgezogen, mit dem Richtscheit geebnet und mit einem Filzbrett, einer Schwammscheibe oder einer Glättkelle unter Annässen geglättet.

Der fertige Putz trocknet schnell. Entsprechend schnell kann auch die Oberfläche weiterbehandelt werden (z. B. Anstrich, Tapezieren). Je nach Rezeptur des Putzes sind optimale Putzdicken von 8 bis 15 mm möglich. Hier sind die Verarbeitungsrichtlinien der Hersteller im Sinne eines guten Ergebnisses exakt zu beachten.

Bei einem Wechsel des Putzgrundes, z. B. beim Anschluß an Rolladenkästen, sollte durch Einlegen von Glasgewebe dafür gesorgt werden, daß der Putz dauerhaft frei von Rissen bleiben kann.

Bei konventionellen Innenputzen muß entsprechend der DIN 18 550 zunächst ein Spritzbewurf zur Verbesserung der Haftung angeordnet werden.

Auch für das Ansetzen **keramischer Beläge im Innenbereich** sind Wände aus Porenbeton geeignet. In den meisten Fällen sind die Oberflächen bereits so eben, daß im Dünnbettverfahren gearbeitet werden kann. Ein Ansetzen im normalen Mörtelbett ist nur bei unebenen Untergründen und bei Porenbeton-Blockmauerwerk erforderlich. Für beide Verfahren gelten die Festlegungen der DIN 18352.

Das Ansetzen im **Dünnbettverfahren** ist auf den ebenen Porenbetonflächen besonders vorteilhaft:

- die Fliesen können einfach und in kurzer Zeit angesetzt werden,
- sie werden nur angedrückt und ausgerichtet,
- die Fliesen haben eine vollflächige Verbindung mit dem Untergrund,
- es stehen verarbeitungsfertige Klebemörtel in gleichbleibender Qualität zur Verfügung,
- es ist nur ein geringer Aufwand an Material und Arbeitskraft erforderlich.

Für die Verlegung von Fliesen im Dünnbettverfahren sind in der Regel Oberflächen von Porenbeton-Planblockmauerwerken sowie von großformatigen Porenbetonbauteilen geeignet. Kleinere Unebenheiten, die eventuell noch auftreten, werden mit dem Schleifbrett entfernt. Bevor der Dünnbettmörtel aufgezogen wird, muß die Porenbetonoberfläche mit einem scharfen Besen abgefegt werden.

Ein Vornässen oder Vorstreichen des Untergrunds ist in der Regel nicht erforderlich, da die üblichen Dünnbettmörtel mit Zusätzen aus Kunstharzdispersionen versehen sind. Dadurch wird eine hohe Klebewirkung erzielt und das zum Abbinden erforderliche Wasser zurückgehalten.

Die Fliesen sollten so verlegt werden, daß sie nicht kraftschlüssig an andere Bauteile, wie angrenzende Wände, Böden oder Decken, anschließen. Hier sind Dehnungsfugen erforderlich, die bis auf den Untergrund durchgehen und mit elastischen Fugenmassen geschlossen werden. Ebenso sollten Fliesenflächen mit Längen von mehr als 4 m durch Dehnungsfugen unterbrochen werden. Die Verfugung der Fliesenflächen sollte möglichst spät nach der Verlegung erfolgen, um eine gute Austrocknung sicherzustellen.

Das Ansetzen im **normalen Mörtelbett** (»Dickbettverfahren«) ist nur noch beim Ausgleich unebener Untergründe erforderlich. Hier sollte nach dem Abfegen der Oberfläche zunächst eine im Verhältnis 1 : 5 mit Wasser verdünnte Kunstharzdispersion aufgetragen werden, um den Reststaub zu binden und die Saugfähigkeit des Untergrundes herabzusetzen. Anschließend wird der Spritzbewurf aufgebracht. Nach des-

sen Abbinden (mindestens 24 Stunden) können dann die Fliesen vollflächig im Mörtel angesetzt werden. Für die Verfugung und die Anordnung von Dehnungsfugen gilt das gleiche wie beim Dünnbettverfahren.

Bei Wänden mit **besonders starker Feuchtigkeitsbelastung** (z. B. Dusch- und Waschanlagen, Feuchträume in der Industrie) sollte ein Unterputz aus Zementmörtel angeordnet werden, um die wasserabweisenden Eigenschaften des Fliesenbelages noch zu verbessern. Auf einem solchen Unterputz können Fliesen auch im Dünnbettverfahren aufgebracht werden.

Anstriche und Beschichtungen von Porenbetoninnenwandflächen können mit den üblichen Materialien, wie z. B. Kalk-, Leim- oder Kunstharzdispersionsfarben, ausgeführt werden. Auch eine Spachtelung der Porenbetonoberflächen ist möglich. In jedem Fall sollte auf eine fungizide Einstellung des Anstrich- oder Beschichtungsmaterials geachtet werden, um eine Schimmelbildung durch die zunächst noch vorhandene Baufeuchtigkeit zu vermeiden.

Besondere Maßnahmen zum Schutz der Porenbetonoberflächen können durch die Nutzung der Räume erforderlich werden, z. B. bei Feuchträumen oder Räumen, in welchem aggressive Dämpfe auftreten. In diesem Fall muß nicht nur auf die richtige Auswahl des Beschichtungsmaterials geachtet werden (s. Hinweise der Hersteller), sondern auch darauf, daß vor dem Anstrich oder der Beschichtung alle Fugen mit geeigneten Fugenmassen dauerhaft geschlossen werden, damit die Wand selbst frei von der Feuchtigkeit oder den aggressiven Medien bleibt.

Räume, in denen Anstriche oder Beschichtungen durchgeführt werden, sollten ausreichend durchlüftet und ggf. auch beheizt werden.

2.4.5 Abdichtung gegen Bodenfeuchtigkeit

Porenbetonbauteile sind, wie Bauteile aus anderen Materialien, durch **horizontale Abdichtungen** gegen aufsteigende Feuchtigkeit zu schützen. Dies geschieht alternativ mit

- bituminierter Dachpappe,
- bituminösen Spachtelmassen,
- zementgebundenen Spachtelmassen mit wasserabweisenden Zusätzen.

Die Materialien müssen den Bestimmungen der DIN 18195 T. 4 und 5 entsprechen. Die horizontale Feuchtigkeitssperre wird üblicherweise unmittelbar oder bis 10 cm über der (Keller-)Bodenplatte und unterhalb der Kellerdecke bzw. 30 cm oberhalb des Geländes angeordnet.

Eine horizontale Abdichtung der Fußbodenfläche geschieht, falls erforderlich, vollflächig mit Stoßüberdeckungen auf einem standfesten und ebenen Untergrund (z. B. einer Betonschicht).

Die **vertikale Abdichtung** der Außenwandflächen unterhalb des Geländes gegen Sickerwasser geschieht durch heiß oder kalt aufgetragene bituminöse Anstriche oder auch durch Spachtelmassen. Die senkrechten Abdichtungen müssen an die waagerechten Abdichtungen gegen aufsteigende Feuchtigkeit angeschlossen werden.

Die Anstriche werden auf ebenen Flächen aufgetragen. Dies kann abgeriebener Putz sein. Bei vollfugig gemauertem Mauerwerk mit glattgestrichenen Fugen, insbesondere aber bei Plansteinmauerwerk, ist es auch möglich, die Spachtelung unmittelbar auf das Mauerwerk aufzubringen.

Als Spachtelmassen werden Bitumenemulsionen eingesetzt. Sie werden mit oder ohne stabilisierende und hydrophobierende Grundierungen auf den sauberen, fettfreien Untergrund mittels Kelle, Glättspan oder Traufel aufgebracht. Die Trocknungszeit beträgt je nach Lufttemperatur und Feuchtigkeit ca. 1–3 Tage (Herstellerhinweise beachten!).

Die senkrechte Abdichtung gegen Sickerwasser reicht von ca. 30 cm über Erdreich bis zum Fundament (Hohlkehle zwischen Fundament und aufgehendem Mauerwerk!) und wird zweckmäßigerweise auch noch seitlich am Fundament weitergeführt.

Bei höheren Beanspruchungen (z. B. Sickerwasser in bindigen Böden, drückendes Wasser) entsprechen die konstruktiven Abdichtungsmaßnahmen denen, wie sie auch bei anderen Baustoffen angewendet werden.

2.4.6 **Dachabdichtung, Dacheindeckung**

Dächer und Dachkonstruktionen müssen vor schädlicher Durchfeuchtung infolge der auf sie einwirkenden Niederschlagsfeuchtigkeit sowie vor Beschädigungen infolge mechanischer Einflüsse (Reparaturarbeiten) und sonstiger Beanspruchungen klimatischer, chemischer und biologischer Art, geschützt werden. Außerdem wird von der Dachhaut Widerstandsfähigkeit gegen Flugfeuer und strahlende Wärme erwartet. Auch angreifende Windlasten dürfen der Dachhaut nichts anhaben (Sicherung gegen Abheben durch Windsogkräfte).

Die herkömmlichen bekannten Dacheindeckungen erfüllen bei handwerksgerechter Ausführung die entsprechenden Forderungen.

Nach der Dachneigung unterscheidet man:

- Flachdächer mit einer Neigung bis ca. 15°, welche eine Dachdichtung (wasserdicht) erfordern. Sie werden in der Regel als nicht belüftete Dächer (sog. Warmdächer) ausgeführt.
- Geneigte Dächer mit einer Neigung über 15°, welche eine Dachhaut (wasserableitend) erhalten. Sie werden üblicherweise als belüftete Dächer (sog. Kaltdächer) konstruiert.

Beide Grundformen können in Verbindung mit Porenbeton-Dachplatten besonders sinnvoll ausgeführt werden (s. hierzu auch Kap. 2.2 Bauphysik).

Als **Dachdichtungen** für eine wasserdichte Dachhaut werden im wesentlichen bituminöse oder Kunststoff-Dichtungsbahnen eingesetzt.

Bei der Verwendung von Bitumen- oder Kunststoff-Dichtungsbahnen auf Flachdächern ist die Aufbringung einer Kiesschüttung ≥ 5 cm zu empfehlen.

Besonderes Augenmerk ist auf die Ausführung von Dachrandabschlüssen, Anschlüssen an andere Bauteile sowie Metallverwahrungen im Bereich von Dachdurchführungen, Fallrohren, Mauerkronen und Attiken zu legen.

Zwischen Dachabdichtung und Oberfläche der Dachplatten muß grundsätzlich eine Dampfdruckausgleichsschicht vorgesehen werden. Auf den Einbau von Schleppstreifen über den stirnseitigen Plattenstoßfugen ist zu achten. Die Ausführungen eines Voranstrichs auf der Dachplattenoberseite zur Staubbindung und zur Verbesserung der Haftfähigkeit der Klebemittel ist ratsam.

Für die Ausführung von Dachabdichtungen siehe auch Flachdach-Richtlinien des Zentralverbandes des Deutschen Dachdeckerhandwerks sowie VOB DIN 18338. Siehe auch Kapitel 2.3 Konstruktionen. Weitere Hinweise zum Feuchtehaushalt von Flachdächern aus Porenbeton finden sich im Kapitel 2.2.2 Feuchteschutz.

Wird auf geneigten Porenbeton-Massivdächern eine **harte Eindeckung** aus Dachziegeln oder Betondachsteinen auf entsprechender Lattung bzw. Konterlattung verlegt, so sind die Dachlatten bzw. Konterlatten pro Quadratmeter Dachfläche im Untergrund zu verankern. Auf eine ausreichende Belüftung, wie sie nach DIN 4108 gefordert wird, ist zu achten.

Eine Verwendung von Unterspannbahnen bei Dachziegeln, Betondachsteinen oder ähnlichen Dacheindeckungen ist im Einzelfall mit dem Porenbetonlieferwerk zu klären. Grundsätzlich ist die Verwendung von Unterspannbahnen nur dann erforderlich, wenn die Gefahr einer Durchfeuchtung von zusätzlich angebrachten Wärmedämmschichten durch einwirkende Niederschlagsfeuchtigkeit und Flugschnee besteht.

Wird infolge besonderer bauphysikalischer Gegebenheiten eine zusätzliche Wärmedämmschicht aus z. B. PU- oder PS-Schaum oder Mineralfasermatten auf der Oberseite der Dachplatten angeordnet, so darf auf die Dampfsperre zwischen Dachplatten und zusätzlicher Wärmedämmung verzichtet werden. Konstruktive Details für die Ausführung finden sich im Kapitel 2.3 Konstruktionen.

2.4.7 **Befestigungen**

Befestigungen und Verankerungen in Porenbetonbauteilen lassen sich besonders einfach und problemlos ausführen. Das homogene und leicht bearbeitbare tragfähige Material erlaubt – angepaßt an die zu erwartende Belastung – den gezielten Einsatz des geeigneten Verfahrens.

Zur Befestigung stehen – je nach Art und Größe der aufzunehmenden Belastung – unterschiedliche Befestigungsmittel zur Verfügung:

- **Nägel, Spiralnägel** und **Schrauben**, die unmittelbar im Porenbeton befestigt werden,
- **Dübel**,
- **Bolzen** (Gewindestab) bei Durchsteckmontagen.

Dabei müssen die Befestigungsmittel bei Außenbefestigungen rostgeschützt bzw. nichtrostend sein. Die gleiche Ausführung empfiehlt sich auch im Innern von Gebäuden, besonders im Bereich von Feuchträumen. Nägel und Dübel werden sowohl unter Zug- und Schrägzug-, als auch unter Druckbelastung beansprucht. Dübel- und Nagelverbindungen sollen langzeitig belastbare Systeme darstellen, die auch noch weiteren Beanspruchun-

gen, wie z. B. Temperatur, Brand oder Korrosionsangriff, ausgesetzt sein können. Es wird daher zwischen Dübeln, die einer Zulassung in bauaufsichtlichem Sinne unterliegen, und Dübeln und Nägeln, die für untergeordnete Zwecke verwendet werden können, unterschieden.

Für die Befestigung von Außenwandbekleidungen sind die Normen DIN 18516 und 18517 besonders zu beachten, für die Befestigung von Deckenbekleidungen und Unterdecken die DIN 18168.

Für niedrige Verankerungslasten können **Nägel und Schrauben** eingesetzt werden, die unmittelbar in den Poren-

Tab. 2.4.7-1
Auszugswerte für Porenbeton-Vierkantnägel. Die praktischen Werte der Tabelle A sind entsprechend der Festigkeitsklasse des Porenbetons mit den Faktoren der Tabelle B zu multiplizieren.

A

Porenbeton-Nägel		Bruchlast	prakt. Werte
Länge [mm]	Einschlaglänge [mm]	P [kN]	P [kN]
100	90	0,40	0,13
120	110	0,50	0,17
150	140	0,80	0,27

B

Festigkeitsklassen	3,3	4,4
Auszugswerte im Verhältnis zu den Tabellenwerten	1,4	2,4

Tab. 2.4.7-2
Belastungswerte für Porenbeton-Spiralnägel für unterschiedliche Porenbetonfestigkeiten

Nägel			Bruchlast			Praktische Werte		
Länge [mm]	Einschlagtiefe [mm]	Porenbeton Festigkeitsklasse	P_1 [kN]	P_2 [kN]	P_3 [kN]	P_1 [kN]	P_2 [kN]	P_3 [kN]
120	80	3,3*	1,94	2,17	2,08	0,65	0,72	0,69
		4,4	3,31	3,71	3,55	1,10	1,23	1,18
140	100	3,3*	2,32	2,54	2,32	0,77	0,84	0,77
		4,4	3,96	3,34	3,96	1,32	1,11	1,32

* Bruchlasten 3,3 amtlich geprüft (TU Braunschweig)

beton eingetrieben werden. Auf diese Art werden leichte Ausbauteile, wie z. B. Lattungen für Holzbekleidungen, befestigt. Die in den Tabellen angegebenen Belastungswerte setzen eine handwerksgerechte Verarbeitung voraus. Die Belastbarkeit der Nägel ist wesentlich von der Festigkeitsklasse des Porenbetons abhängig, was in den Belastungstabellen eigens berücksichtigt wird.

Dübel mit bauaufsichtlicher Zulassung, wie sie von unterschiedlichen Herstellern angeboten werden, dürfen für die Befestigung von tragenden Konstruktionen eingesetzt werden. Für solche Dübel sind die zulässigen Belastungen Bestandteil der Zulassung. Beispiele für

bauaufsichtlich zugelassene Dübel und ihre technischen Daten sind in den Abbildungen 2.4.7-7 bis 2.4.7-10 dargestellt.

Weitere Dübel, für welche keine allgemeine bauaufsichtliche Zulassung besteht, können für untergeordnete Anwendungsfälle entsprechend den Hinweisen der Dübelhersteller eingesetzt werden. Eine ausführliche Übersicht hierzu findet sich in dem Merkblatt »Dübel in Gasbeton« der Studiengemeinschaft für Fertigbau und des Bundesverbandes Porenbetonindustrie e. V. (s. Literatur).

Für noch schwerere Lasten kann die Befestigung auch als **Durchsteck-**

montage ausgeführt werden. Dabei wird ein Gewindebolzen in geeigneter Abmessung durch das Porenbetonbauteil gesteckt und auf der Gegenseite durch eine Ankerplatte und Verschraubung gesichert:

- Durchbohrung der Wand in Bolzendurchmesser,
- Anlegen einer Vertiefung auf der Gegenseite,
- Gewindebolzen mit dem Befestigungselement an der Vorderseite und einer Ankerplatte (z. B. Unterlegscheibe, Flacheisen) an der Gegenseite verschrauben,
- Verfüllen der Vertiefung an der Gegenseite mit Dämm-Mörtel.

Tab. 2.4.7-3
Belastungswerte für HEMA-Porenbetonnägel. Die praktischen Werte sind für die Anwendung bei unterschiedlichen Porenbetonfestigkeiten mit den Faktoren aus Abb. 2.4.7-1 B zu multiplizieren.

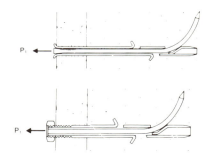

Hülse	Länge	Einschlaglänge	Bruchlast	prakt. Werte
ø [mm]	[mm]	[mm]	P_1 [kN]	P_1 [kN]
5	50	50	0,56	0,20
5	65	65	0,67	0,20
5	85	85	0,77	0,25
5	100	100	0,95	0,30
8	95	95	1,64	0,55
8	115	115	1,83	0,60
8	135	135	2,12	0,70

Tab. 2.4.7-4 **Belastungswerte für LODEN-Porenbeton-Schlagdübel**

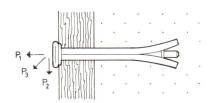

ø [mm]	Länge [mm]	Einbautiefe [mm]	Festigkeitsklasse	Bruchlast [kN*]			prakt. Werte [kN]		
				P_1	P_2	P_3	P_1	P_2	P_3
6,5	90	90	2	0,79	1,51	0,66	0,26	0,50	0,22
			4	2,17	3,22	1,53	0,72	1,07	0,51

nur einschlagen, kein Vorbohren erforderlich

* Haltekräfte durch MPA-Nordr.-Westfalen ermittelt.

Tab. 2.4.7-5
Belastungswerte für Stahlnägel mit Halteblech. Die praktischen Werte sind bei unterschiedlichen Porenbetonfestigkeiten mit den Faktoren aus Abb. 2.4.7-1 B zu multiplizieren.

| Anzahl der Nägel pro Halteblech | Nägel ø 1,2 mm | | | Bruchlast | prakt. Werte |
| | Länge [mm] | Einschlaglänge | | | |
		l_1 [mm]	l_2 [mm]	P_2 [kN]	P_2 [kN]
1	26	17	16	0,11	0,03
1	35	26	25	0,15	0,05
2	26	17	12	0,16	0,05
2	35	26	19	0,30	0,10
3	26	17	14	0,31	0,10
3	35	26	23	0,51	0,15

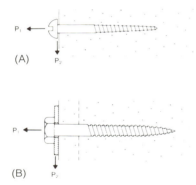

Tab. 2.4.7-6
Belastungswerte für Holzschrauben (A) und Schlüsselschrauben (B) im Porenbeton. Die praktischen Werte sind bei unterschiedlichen Porenbetonfestigkeiten mit den Faktoren aus Abb. 2.4.7-1 B zu multiplizieren.

| Schrauben-abmessung [Zoll] | Bruchlast | | prakt. Werte | |
	P_1 [kN]	P_2 [kN]	P_1 [kN]	P_2 [kN]
$3/4 \times 3$	0,06	0,20	0,02	0,05
1×6	0,22	0,26	0,10	0,10
1×8	0,31	0,30	0,10	0,10
1×10	0,41	0,42	0,10	0,10
$1 1/2 \times 8$	0,51	0,60	0,15	0,15
$1 1/2 \times 10$	0,55	0,75	0,15	0,20
$1 1/2 \times 14$	0,59	0,76	0,20	0,20
2×10	0,71	0,95	0,25	0,25
$2 1/2 \times 10$	0,80	1,28	0,30	0,30

| Schrauben-abmessung [Zoll] | Bruchlast | | prakt. Werte | |
	P_1 [kN]	P_2 [kN]	P_1 [kN]	P_2 [kN]
$3/8 \times 2$	0,65	0,90	0,20	0,25
$3/8 \times 2 1/2$	0,75	1,00	0,25	0,25

Tab. 2.4.7-7

Technische Daten für Dübel mit allgemeiner bauaufsichtlicher Zulassung zur Anwendung in Porenbeton

Dübeltyp	zulässige Belastung je Dübel						Einbaubedingungen		
	für Wände aus: Plan- und Blocksteinen, Wandtafeln und Elementen, Wandplatten sowie für Dach- und Deckenplatten				im Zugzonenbereich von Dach- und Deckenplatten		mind. Bauteil-dicke (1)	mind. Rand-abstand (2)	mind. Achs-abstand (3)
	Festigkeitsklasse								
	2	≥ 4	3,3	4,4	3,3	4,4			
	[kN]				[kN]		[cm]		
Fischer Porenbetondübel Zul.-Nr. Z-21.2-123 nur in Verbindung mit Sicherheitsschraube (s. Abb. 2.4.7-8)									
GB 8	0,2	0,4	0,3	0,4	–	–	7,5	10	15
GB 10	0,3	0,8	0,5	0,8	–	–	10	15	20
GB 14	0,5	1,2	0,8	1,2	0,3	0,3	20[1]	20	30
Fischer Injektions-Anker spreizdruckfrei Zul.-Nr. Z-21.3-61 (s. Abb. 2.4.7-9)									
FIM 8	0,7	1,2	1,0	1,2	0,5	0,8	10	20	10
FIM 10	0,8	1,4	1,2	1,4	0,8	0,8	10	20	20
FIM 12	1,0	1,6	1,4	1,6	0,8	0,8	10	30	25
FIM 10 L	0,8	1,4	1,2	1,4	0,8	0,8	12,5	20	20
FIM 12 L	1,0	1,6	1,4	1,6	0,8	0,8	15	30	25
Hilti Porenbetondübel spreizdruckfrei Zul.-Nr. Z-21.2-235 (s. Abb. 2.4.7-10)									
HGS M 6	0,4	0,8	0,6	0,8	–	0,3	24/10[2]	15	15
HGS M 8	0,5	1,0	0,8	1,0	0,3	0,5	24/15[2]	20	20
HGS M 10	0,8	1,5	1,2	1,5	0,5	0,8	24/20[2]	24	30

[1] bei Verwendung in der Zugzone ≥ 150 mm
[2] bewehrte Bauteile

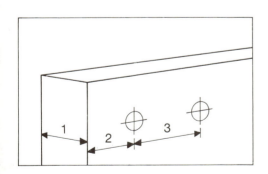

1 = Bauteildicke (d)
2 = Randabstand
3 = Achsabstand

Fischer

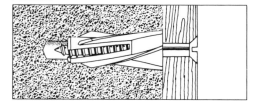

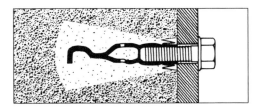

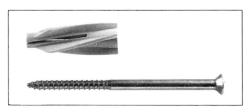

FIM

Abb. 2.4.7-8
Fischer Porenbetondübel

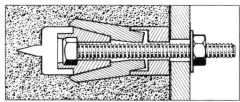

Abb. 2.4.7-9
Fischer Injektionsanker, spreizdruckfrei

Hilti

HGS

Abb. 2.4.7-10
Hilti Porenbetondübel, spreizdruckfrei

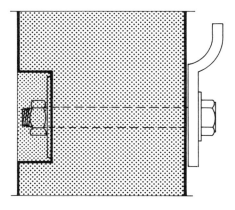

Abb. 2.4.7-11
Durchsteckmontage zur Befestigung besonders schwerer oder dynamischer Lasten

3 Beispiele für das Bauen und Gestalten mit Porenbeton

Architektur entsteht immer als eine Synthese aus unterschiedlichen Einflüssen, die der Architekt in seiner Planung zu berücksichtigen hat.

Primär schafft er ein Gehäuse für eine bestimmte **Funktion**, die aus der Bauaufgabe vorgegeben ist. Häufig ist diese Funktion eindeutig, eine ganz bestimmte, festgelegte Nutzung. Oft aber auch ist sie gerade dadurch gekennzeichnet, daß sie wechselt, daß der Wechsel, die Flexibilität zur Funktion wird und sich das Gebäude dieser Forderung nach Flexibilität anpassen muß.

Die **Form** wird ebenfalls aus der Bauaufgabe abgeleitet. Dies betrifft sowohl die Gestaltung des äußeren Baukörpers als auch seiner Räume und der Durchdringung von außen und innen. Aber sie entsteht auch im Wechselspiel mit der Konstruktion und den Materialien, nicht zuletzt auch als bewußte Formgebung durch den Architekten im Sinne eines bestimmten gestalterischen Konzeptes.

Konstruktion und Materialwahl wiederum entsprechen zunächst der Bauaufgabe. Bestimmte Spannweiten oder bestimmte bauphysikalische Eigenschaften müssen mit wirtschaftlich vertretbarem Aufwand erreicht werden. Aber es bleibt dennoch ein weiterer Spielraum, innerhalb dessen etwas scheinbar so Rationelles wie eine Konstruktion anderen Einflußfaktoren, wie z. B. einem gestalterischen Konzept, angepaßt werden kann.

Schließlich hat auch der **Herstellungsprozeß** des Gebäudes in der Form der Bauteilherstellung und der Montage einen bestimmenden Einfluß – nicht nur für die Wirtschaftlichkeit, sondern z. B. auch für die Materialwahl. Jeder dieser Einflußfaktoren hat sein Gewicht bei der Konzeption und der Ausführung des Gebäudes. Und jeder steht mit den übrigen in einer engen Wechselbeziehung. Aufgabe des Planers ist es, für

diese Wechselbeziehungen die angemessene Synthese zu finden. So wird in der Praxis durchaus einmal der eine, ein anderes Mal ein anderer Faktor das größere Gewicht haben und von seiner Logik her das Gebäude mehr prägen, aber immer bleiben auch die übrigen mit bestimmend.

Aus der Vielfalt der Gebäude, die mit Hilfe von Porenbeton realisiert wurden, ist auch dies erkennbar. Hier finden sich Gebäude mit einer sehr bewußten Gestaltung aus dem formalen Konzept heraus ebenso wie solche, bei welchen die Konstruktion zur Initiative für die Gestaltung wurde. Die Funktion kommt als prägender Einflußfaktor und deutlich ablesbar ebenso vor wie der rationelle Herstellungsprozeß, aus dem dann die Motive für die übrigen Faktoren abgeleitet sind.

Im folgenden sind einige Beispiele dargestellt, die die unterschiedlichen Möglichkeiten des Bauens mit einem besonders vielseitigen Material, dem Porenbeton, zeigen sollen. Auch hier ist dargestellt, wie Funktion, Form, Konstruktion und Herstellungsprozeß mit unterschiedlichem Gewicht bei unterschiedlicher Aufgabenstellung wirksam werden. Diese lockere Folge ließe sich beliebig fortsetzen.

Verdichtete Bebauung am Hang Terrassenhäuser Kiel-Möltenort

Architekt: Dr.-Ing. Thomas F. Hansen, Kiel

Wertvolle Grundstücke im stadtnahen Bereich erfordern verdichtete Bebauungen. Nicht nur hohe Grundstückspreise führen zu dieser Forderung. Oft sind verdichtete Bauformen allein aus der Tatsache erforderlich, daß entsprechende Grundstücke nur in sehr geringer Zahl zur Verfügung stehen. Dies gilt ganz besonders für solche Lagen, die z. B. wegen der Topographie oder der Aussicht ausgezeichnet sind.

Möltenort mit seinem Hang und der Aussicht auf die Kieler Förde ist ein Beispiel dafür. Eine verdichtete Bebauung hier zu planen, stellt besonders hohe Anforderungen. Die zehn Terrassenhäuser, die hier auf einem ca. 3.300 m² großen, nach Westen zur Förde hin abfallenden Hanggrundstück realisiert wurden, haben alle Qualitäten eines Einfamilienhauses, haben jedes für sich Teil an der Aussicht auf die Förde und sind zudem so gruppiert, daß die Großzügigkeit des Grundstückes mit entsprechender Bepflanzung noch betont werden konnte.

Die dichte Bebauung konnte dadurch realisiert werden, daß die Häuser mit Split-Level-Aufteilung terrassenförmig unmittelbar hintereinander angeordnet wurden und daß ein Teil des Daches jeweils die Terrasse des darüberliegenden Hauses bildet. Selbstverständlich erfordert eine solche Anordnung ganz besondere Sorgfalt in der Planung und Ausführung eines jeden Details. Besonderer Wert muß z. B. darauf gelegt werden, daß keine akustischen Belästigungen durch die Bewohner der angrenzenden Häuser entstehen können.

201

Dies gilt vor allem in bezug auf die Decken, die Außenwände und die Haustrennwände. Porenbeton mit einem hervorragenden Wärmedämmwert und seinen guten bauakustischen Eigenschaften war auch in diesem Fall das Material, dem der Vorzug gegeben wurde.

Abb. 3.1-1 und 2
Terrassenhaus Kiel-Möltenort.

Landschaftsgebundenes, ökologisches Bauen Gärtnersiedlung Neutraubling

Planung: Landschaftsgebundenes
Bauen GmbH, Erlangen
Dipl.-Ing. (FH) Werner Matzeit
Dipl.-Ing. (FH) Claus Uhl

Die Aufgabe, in unmittelbarer Nähe einer Autobahn eine ruhige, in sich geschlossene Wohnanlage zu schaffen, stellt an den planenden Architekten besonders hohe Anforderungen. Sie ist nicht allein mit technischen Mitteln zu lösen, sondern erfordert darüber hinaus auch ein besonderes städtebauliches Konzept. Wenn dann zusätzlich auch noch ökologische Gesichtspunkte beachtet werden, kann für die Bewohner ein Lebensraum entstehen, der in besonderem Maße wertvoll ist.

Parallel zu der Lärmquelle, der Autobahn Regensburg-Passau, wurde zunächst eine Kombination aus begrüntem Lärmschutzwall und Lärmschutzwand angelegt, hinter der wie bei einer mittelalterlichen Stadt ein mit Nebenfunktionen genutzter »Stadtgraben« liegt. Die dann folgende erste Häuserzeile ist völlig geschlossen, so daß sie eine zweite Barriere gegen den Lärm bildet. Die Bewohner dieser Häuserzeile selbst sind dadurch geschützt, daß an der lärmexponierten Seite der Häuser lediglich lärmunempfindliche Nebenräume angeordnet sind, wie z. B. Küche und Bad, während die Wohn- und Schlafräume sich an der schallgeschützten Südseite befinden.

Als Baumaterial wurde weitgehend Porenbeton eingesetzt, und zwar für Außenwände (300 mm 2/0,5), tragende Innenwände und für die Dachkonstruktion. Daraus ergaben sich weitere Vorteile:

- die bei gutem Wärmeschutz vergleichsweise dünnen Außenwände ($k = 0,415\ W/(m^2 \cdot K)$) bei einer Dicke

Abb. 3.2-1 und 2
Gärtnersiedlung Neutraubling.

von 300 mm) haben bei gleichen Außenabmessungen eine größere nutzbare Fläche zur Folge - und das mit den zusätzlichen konstruktiven und bauphysikalischen Vorteilen einer in sich homogenen Ausführung,

• die Gesamtkosten konnten vor allem durch kurze Arbeitszeiten und eine kurze Gesamtbauzeit niedrig gehalten werden,

• trotz der kurzen Bauzeit waren die fertiggestellten Wohnungen praktisch »trocken«, sie konnten unmittelbar bezogen werden und waren auch dadurch besonders wirtschaftlich,

• die Qualität der Bauausführung wird auch in Zukunft bewirken, daß Reparatur und Wartungskosten besonders gering bleiben,

• das Konzept ermöglichte darüber hinaus, daß auch von handwerklich unerfahrenen Bauherren umfangreiche Bauarbeiten als Eigenleistung realisiert werden konnten - bis hin zur Erstellung des gesamten Rohbaus für ein Eigenheim in nur zwanzig Tagen, was zusammen mit den Ausbauarbeiten zu Einsparungen von mehr als 40.000 DM führte.

Abb. 3.2-3
Gärtnersiedlung Neutraubling.

Die Bemühungen um ökologisches Bauen sollten sich nicht nur auf die Anwendung nicht gesundheitsgefährdender Baustoffe, auf umweltfreundliche Heizsysteme und auf den Schutz vor Lärm und Abgasen beziehen. Dies erfaßt sicher einen wichtigen Aspekt. Doch darüber hinaus müssen auch die sozialen und ästhetischen Bedürfnisse der Bewohner berücksichtigt und zum Kernpunkt der städtebaulichen und architektonischen Planung gemacht werden.

Abb. 3.2-4 **Gärtnersiedlung Neutraubling.**

Abb. 3.3-1 und 2 **Einfamilienhaus in Mainz-Laubenheim.**

Ökonomische Reihenhäusersiedlung in Hennef-Edgoven

Architekten: J. Taetz,
R. Wittek, Düsseldorf

Differenziertes Wohnen auf kleiner Wohnfläche zu vertretbaren Kosten zu ermöglichen, gehört sicher zu den schwierigsten Entwurfs- und Bauaufgaben. Hier kommt es nicht nur darauf an, die zur Verfügung stehende Wohnfläche rationell zu nutzen. Dies ist eine selbstverständliche Forderung. Vielmehr gewinnt darüber hinaus das Gebäude mit seinen Besonderheiten, mit der Großzügigkeit des räumlichen Konzeptes und seine Zuordnungen.

Die 17 Reihenhäuser in Hennef-Edgoven sind an einem Hang so angeordnet, daß sie zur Eingangsseite zweigeschossig, zur Gartenseite hin dreigeschossig sind. Wohnen im Untergeschoß zur Gartenseite, Küche und Eßplatz im Erdgeschoß und Schlafen im Obergeschoß – diese Zuordnung ermöglicht einen Wohnraum, der an der Gartenseite über zwei Geschosse reicht.

Alle Wände – tragende und nichttragende Außen- und Innenwände – sind einheitlich aus Porenbeton hergestellt.

Abb. 3.4-1
Reihenhäuser in Hennef-Edgoven.

Je nach konstruktiven und bauphysikalischen Anforderungen liegen die Dicken bei 100 bis 375 mm. Die Haustrennwände sind zweischalig mit einer Dicke von 2 x 250 mm und einer durchgehenden Fuge ausgeführt. Die ebene Oberfläche des Porenbetonmauerwerks erlaubt in den Wohnräumen einen Dünnputz als Unterlage für die Tapete, in den Sanitärräumen das Aufkleben der Fliesen unmittelbar auf die unverputzte Wand.

Abb. 3.4-2 **Reihenhäuser in Hennef-Edgoven.**

Abb. 3.5 **Mehrfamilienhaus in Göppingen.**

Abb. 3.6 **Studentenwohnheim in Essen. Architekt: Dipl.-Ing. Männel**

Abb. 3.7
Wohnhaus in Leipzig

Abb. 3.8
Einfamilienhaus mit Grasdach in Nordenham.
Architekten: G. u. H. Bayrhammer

Abb. 3.9 **Mehrfamilienhaus in Pforzheim.**

Abb. 3.10 **Reihenhausanlage in Deggendorf.**

Anspruchsvolle Sanierung Glandorpshof, Glandorpsgang, Illhornstift und Zerrentiens Armenhaus, Lübeck

Architekten:
Dipl.-Ing. E. G. Höfler,
H. Hamann
Helmut-E. Schumacher,
Lübeck

Sanierungs- und Modernisierungsaufgaben stellen besonders hohe Ansprüche – nicht nur an das Einfühlungsvermögen und die Phantasie des planenden Architekten, sondern auch an die Qualifikation und die Anpaßlichkeit der eingesetzten Materialien.

Die Anlage Glandorpshof/Glandorpsgang stammt aus dem früheren 17. Jahrhundert. Sie besteht aus einem langgestreckten dreigeschossigen Backsteinhaus, zwei Flügelgebäuden mit je sieben zweigeschossigen Häusern und dreizehn sogenannten Gangbuden. Das benachbarte Illhornstift ist ein zwei-geschossiges Hofgebäude aus der Mitte des 16. Jahrhunderts mit einem Vorhaus. Unweit davon liegt der aus drei Wohnhäusern bestehende Komplex des Zerrentiens Armenhauses.

Im Rahmen der Sanierung wurden Wohnungen unterschiedlicher Größe, zum Teil auch für alte und behinderte Menschen geschaffen.

Die vorhandenen Konstruktionen der Häuser mit massiven Wänden wurden weitgehend erhalten. Die erforderlichen Änderungen der historischen Grundrisse machten jedoch viele Umbauten im Inneren erforderlich, aber auch an der zum Teil schlechten tragenden Bausubstanz mußten erhebliche Sanierungsarbeiten bis hin zum Ersatz ganzer Wandteile vorgenommen werden.

Der gesamte innere Kern der Gebäude wurde aus Gründen der Konstruktion und der Anpaßbarkeit mit Porenbetonsteinen erneuert. Die alten Außenwände erhielten an ihren Innenseiten Vorsatzschalen aus Porenbeton.

Abb. 3.11-1 **Glandorpshof**.

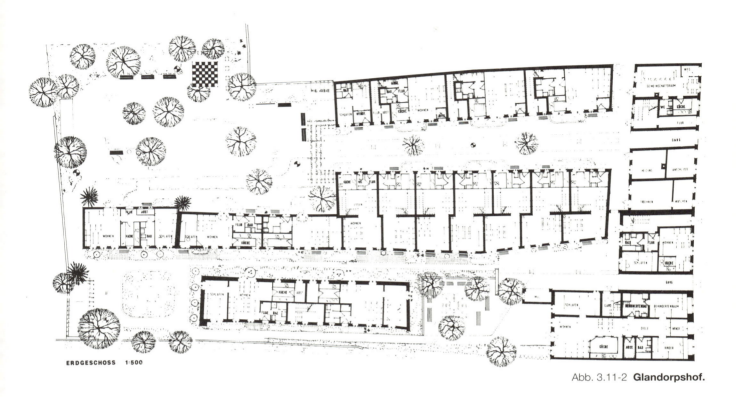

ERDGESCHOSS 1:500

Abb. 3.11-2 **Glandorpshof.**

Abb. 3.11-3 **Glandorpshof.**

Abb. 3.11-4 **Glandorpshof.**

Abb. 3.11-5 **Glandorpshof.**

Abb. 3.12 **Haus Bungart, Linz.**

Abb. 3.13
Die Glocke in Hennef.

Abb. 3.14
Wohnhaus in der Türkei.

Abb. 3.15
Wohnhaus in München.

Innenstädtischer Gewerbebau Straßenbahnremise, Graz/Österreich

Architekt: Gerhard Haidvogel, Graz

Gewerbliche Bauten im innenstädtischen Bereich sind schwierige Planungs- und Bauaufgaben: Einerseits müssen auch hier wie bei allen Wirtschaftsbauten strenge Maßstäbe an die Wirtschaftlichkeit bei der Errichtung und der Unterhaltung des Gebäudes gestellt werden. Andererseits gibt es aber auch besonders hohe Ansprüche an die Einbindung in das städtische Umfeld. Sie betreffen sowohl die gestalterische Einbindung in bezug auf Formen, Farben und Materialien als auch den Schutz vor akustischen und anderen Immissionen für die umliegende Bebauung.

Die an die Straßenbahnremise angrenzende Wohnbebauung ist bis zu sieben Geschosse hoch, so daß die Dachfläche – insgesamt ca. 7.200 m² – von dort aus eingesehen werden kann. Diese Dachfläche wurde aus Porenbeton-Dachplatten in einer Dicke von 240 mm hergestellt. Das Material Porenbeton, die Begrenzung der Belichtungsöffnungen auf ein Mindestmaß und eine schalldämmende Ausführung aller Durchbrüche gewährleisten, daß die Anwohner von Emissionen weitgehend verschont bleiben. Die Dachfläche selbst ist gegliedert durch unterschiedliche Höhen, durch ein Sheddach in einem Teilbereich und durch besonders gestaltete Oberlichte in einem anderen. Dabei war wichtig, daß nicht nur die bis

Abb. 3.16-1 und 2 **Straßenbahnremise Graz/Österreich.**

zu 6,0 m überspannenden Porenbeton-Dachplatten zügig und rationell verlegt werden konnten, sondern daß sie
auch eine Ausführung der differenzierten Dachformen aus einem einheitlichen Material erlaubt. Außerdem ist
durch eine Bepflanzung dafür gesorgt,
daß sie mit dem Rhythmus der Jahres-
zeiten ein wechselndes Aussehen erhält.

Die Porenbeton-Dachplatten erlauben
es, oberhalb der Stahlkonstruktion eine
monolithische Außenhaut mit gleichbleibenden bauphysikalischen Eigenschaften auch bei differenzierten
Formen und Sonderzuschnitten herzustellen. Auch Abmauerungen und
Attikaanschlüsse konnten aus dem
gleichen Material als Porenbetonmauerwerk hergestellt werden.

Abb. 3.17 **Hofbräuhaus, München.**

Abb. 3.18
Büro- und Fabrikgebäude, Kronach-Neuses.

Plastische Fassaden-Gestaltung WIDAR-Schule, Bochum-Wattenscheid

Architekt: Klaus Rennert, Kassel

Besondere Bauaufgaben erfordern besondere Bauformen. Die Verbindung von Technik und Kunst in der Architektur entspricht dem baulichen Rahmen, welcher der Waldorf-Pädagogik angemessen ist, sie in besonderem Maße unterstützt. Das bauliche Konzept für die WIDAR-Schule in Wattenscheid wurde in einem sehr gründlichen Planungsprozeß mit den am Bau Beteilig-ten entwickelt. Dabei war die Realisie-rung plastischer Formen ein besonde-res Anliegen.

Die einzelnen Gebäudeteile – wie z. B. Wände, Decken, Stürze, Durchgänge, Türen, Fensteröffnungen – wurden ent-sprechend den konstruktiven Anforde-rungen bemessen und plastisch ausge-formt. Das Mauerwerk aus Porenbeton wurde unterschiedlich dick, zum Teil auch etwas geneigt ausgeführt und anschließend durch teilweises Abtra-gen geformt. So konnten z. B. für die Musiksäle Raumformen geschaffen werden, in denen sich ohne zusätzliche akustische Maßnahmen der Klang von Instrumenten und menschlichen Stim-men besonders gut entwickelt. Auch dem Äußeren des Baukörpers wurde mit dieser Technik eine prägnante, un-verwechselbare Form gegeben – Mau-erwerk als Bildhauermaterial!

Abb. 3.19-1 und 2 **WIDAR-Schule, Bochum-Wattenscheid.**

Abb. 3.20
Mehrfamilienhaus in Kirchheim.

Abb. 3.21
Mehrfamilienhaus in Bielefeld.

Konstruktion und Gestaltung im Gewerbebau

Architekt: Planungsbüro
Schwieger, Göttingen

Der Neubau der Werkhallen und des Verwaltungsgebäudes, die hier dargestellt sind, können als gutes Beispiel dafür gelten, wie aus einer vorgegebenen Funktion ein konstruktives Konzept entwickelt wurde, das dann in seiner Klarheit sehr bewußt als Basis für die Gestaltung des ganzen Gebäudes akzeptiert und weiter ausgeformt wurde.

Ein vergleichsweise einfacher Hallenbau erhält sein Gesicht durch die Lichtbänder im Dach und in der Fassade, aber ganz besonders auch durch die rationale und doch elegante Proportionierung seiner Teile. So wurde diese Proportionierung auch aus der Abmessung der Porenbeton-Wandplatten durch die bewußte Betonung der Fugen unterstützt.

Abb. 3.22-1 **Büro- und Gewerbebau, Göttingen.**

Abb. 3.22-2, 3 und 4
Büro- und Gewerbebau, Göttingen.

Architektur als Ausdruck von Arbeitsstil und Kreativität Werbeagentur »Das Team«, Amberg

Architekt: Planungsbüro Harth & Flierl GmbH, Amberg

Die Ausgangsform des Büro- und Ateliergebäudes ist ein eingeschossiger, im Grundriß quadratischer Baukörper. Auch die Innenraumaufteilung und die Gestaltung der Fenster basiert auf dem Quadrat.

Die Stahlbeton-Skelettkonstruktion mit Trägern, Stützen und Verspannungen wurde bewußt sichtbar gelassen. Die Wände aus stehend angeordneten Porenbeton-Wandplatten erhalten durch die senkrechten Fugen im Abstand von 62,5 cm eine interessante Struktur. Die verglasten Gebäudeecken, ein großzügiges Vordach und die farbliche Differenzierung einzelner Bereiche setzen eigenständige Akzente.

Abb. 3.23-1 und 2
Werbeagentur Das Team, Amberg.

Anspruchsvolle Architektur und hohe Funktionalität Metallwarenfabrik König GmbH, Gaggenau

Entwurf/Design: Dominik Dreiner, Gaggenau
Planung: Dipl.-Ing. Thomas Lauster, Karlsruhe

Zwei Hallen mit den Fertigkeitsbereichen sind verbunden durch einen Lagertrakt, der auch die Haustechnik sowie Verwaltungs- und Sozialräume aufnimmt. Die Portalelemente in den Längsfassaden gliedern das Gebäude und sind gleichzeitig Anschlußpunkte für die quer zur Halle verlaufenden Lichtbänder. Die Tragkonstruktion mit weitgespannten Fachwerkbindern ist mit Porenbeton-Montagebauteilen ausgefacht. Bei diesem Betrieb der metallverarbeitenden Industrie kam es besonders darauf an, den Geräuschpegel im Innern der Hallen niedrig zu halten – der Porenbeton mit seiner guten Schallabsorption leistet hier den entscheidenden Beitrag.

Abb. 3.24-1 und 2
Metallwarenfabrik König GmbH, Gaggenau.

Abb. 3.25
Teppich Heckmann, Saarwellingen.

Abb. 3.26
Nagel Baumarkt, Stade.

Abb. 3.27
Diskothek in Hof.

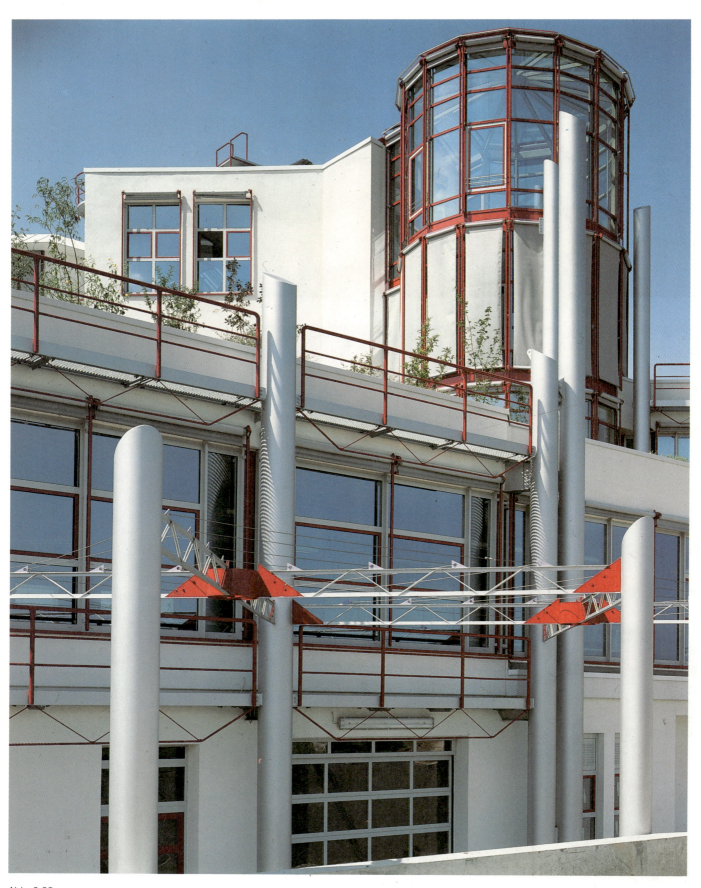

Abb. 3.28
Lauer GmbH, Nürtingen. Architekten: Kolb und Prassel.

1 Literatur

Beckert, J.:
Wirkung von Verunreinigungen der Raumluft auf den Menschen
In: Beckert, J. (Hrsg.): Gesundes Wohnen
Düsseldorf: Beton-Verlag, 1986

Beckert, J. (Hrsg.):
Gesundes Wohnen: Wechselbeziehungen zwischen Mensch und gebauter Umwelt; ein Kompendium
Düsseldorf: Beton-Verlag, 1986

Berndt, Kurt:
Dächer aus Gasbeton
In: BBauBl, April 1985

Brandt, J.; Krieger, R.; Moritz, H.:
Wärmeschutz nach Maß
Düsseldorf: Beton-Verlag, 1983

Bresch, Carl-M.:
Sanierung von Gasbeton
In: DBZ 7/89

Bundesverband Porenbetonindustrie e. V. (Hrsg.):
Ermittlung von Arbeitszeitrichtwerten für das Mauern mit Gasbeton-Plansteinen
In: Magazin für Bauunternehmer 7/79

Bundesverband Porenbetonindustrie e. V. (Hrsg.):
Untersuchungen über die Feuchtigkeitsverhältnisse in Dächern aus Gasbeton (Bericht 1)
Wiesbaden, 1986

Bundesverband Porenbetonindustrie e. V. (Hrsg.):
Untersuchungen über die Feuchtigkeitsverhältnisse in Außenwänden aus Gasbeton (Bericht 2)
Wiesbaden, 1985

Bundesverband Porenbetonindustrie e. V. (Hrsg.):
Untersuchungen über die thermische Beanspruchung von Flachdächern aus Gasbeton (Bericht 3)
Wiesbaden, 1985

Bundesverband Porenbetonindustrie e. V. (Hrsg.):
Kordina, K.; Meyer-Ottens, C.:
Brandverhalten von Gasbetonbauteilen
Erläuterungen zu DIN 4102, T. 4 (Bericht 4)
Wiesbaden, 1986

Bundesverband Porenbetonindustrie e. V. (Hrsg.):
Rohn, Gerhard: Hosser, Dietmar:
Berechnung und Ausführung von Dachscheiben aus Porenbetonplatten (Bericht 5)
Wiesbaden, 1993

Bundesverband Porenbetonindustrie e. V. (Hrsg.):
Merkblatt für die Fugenausbildungen bei bewehrten Wandplatten aus Porenbeton (Bericht 6)
Wiesbaden, 1993

Bundesverband Porenbetonindustrie e. V. (Hrsg.):
Merkblatt für die Montage von bewehrten Wandbauteilen aus Gasbeton (Bericht 8)
Wiesbaden, 1986

Bundesverband Porenbetonindustrie e. V. (Hrsg.):
Merkblatt zur Ausmauerung von Holzfachwerken mit Porenbeton (Bericht 9)
Wiesbaden, 1991

Bundesverband Porenbetonindustrie e. V. (Hrsg.):
Das Porenbetondach
Aufbau – Tragverhalten – Bauphysik (Bericht 10)
Wiesbaden, 1991

Bundesverband Porenbetonindustrie e. V. (Hrsg.):
Kiesewetter, A.:
Nachweis des Wärmeschutzes im Wirtschaftsbau . . .
Wiesbaden 1994

Bundesverband Porenbetonindustrie e. V. (Hrsg.):
Künzel, H.:
Porenbeton – Wärme- und Feuchteschutz (Bericht 11)
Wiesbaden, 1994

Bundesverband Porenbetonindustrie e. V. (Hrsg.):
Fugendichtstoffe auf Dispersionsbasis für Porenbetonbauteile (Bericht 12)
Wiesbaden, 1991

Bundesverband Porenbetonindustrie e. V. (Hrsg.):
Gösele, K.:
Schallschutz mit Porenbeton (Bericht 13)
Wiesbaden, 1994

Bundesverband Porenbetonindustrie e. V. (Hrsg.):
Technische Daten für Dach-, Wand- und Deckenplatten aus Gasbeton
In: Schriftenreihe »Bauen mit Gasbeton-Bauteilen im Industriebau« Nr. 1,
Wiesbaden, o. J.

Bundesverband Porenbetonindustrie e. V. (Hrsg.):
Überall, wo hohe Anforderungen gestellt werden, ist es obenauf . . .
In: Schriftenreihe »Bauen mit Gasbeton-Bauteilen im Industriebau« Nr. 1,
Wiesbaden, o. J.

Bundesverband Porenbetonindustrie e. V. (Hrsg.):
Berndt, Kurt:
Bauen mit Gasbeton-Bauteilen im Industriebau
In: Schriftenreihe »Bauen mit Gasbeton-Bauteilen im Industriebau« Nr. 2,
Wiesbaden, o. J.

Bundesverband Porenbetonindustrie e. V. (Hrsg.):
Künzel, Helmut:
Richtiger Feuchtigkeitsschutz zur Vermeidung von Bauschäden
In: Schriftenreihe »Bauen mit Gasbeton-Bauteilen im
Industriebau« Nr. 3,
Wiesbaden, o. J.

Bundesverband Porenbetonindustrie e. V. (Hrsg.):
Gruschka, Heinz Dieter:
Innerbetrieblicher Schallschutz am Arbeitsplatz und
Immissionsschutz benachbarter Gebiete
In: Schriftenreihe »Bauen mit Gasbeton-Bauteilen im
Industriebau« Nr. 4,
Wiesbaden, o. J.

Bundesverband Porenbetonindustrie e. V. (Hrsg.):
Gertis, Karl A.:
Energiesparender Wärmeschutz und nutzungsspezifisches
Raumklima im Industriebau
In: Schriftenreihe »Bauen mit Gasbeton-Bauteilen im
Industriebau« Nr. 5,
Wiesbaden, o. J.

Bundesverband Porenbetonindustrie e. V. (Hrsg.):
Achilles, Ernst:
Vorbeugender und wirtschaftlicher Brandschutz mit
Gasbeton
In: Schriftenreihe »Bauen mit Gasbeton-Bauteilen im
Industriebau« Nr. 6,
Wiesbaden, o. J.

Bundesverband Porenbetonindustrie e. V. (Hrsg.):
Gesundes Bauen und Wohnen – Anforderungen,
Wechselwirkungen, Lösungen
Statusseminar der Gasbetonindustrie, Hamburg, 21. 11. 1988

Bundesverband Porenbetonindustrie e. V. (Hrsg.):
Wittkowski, L.:
Rechtliche Aspekte der Wärmeschutzverordnung
Wiesbaden 1994

Comité Euro-International du Béton (CEB) (Hrsg.):
Autoclaved Aerated Concrete,
CEB – Manual of Design and Technology
Lancaster, London, New York:
The Construction Press, 1978

Feist, Wolfgang:
Primärenergie und Emissionsbilanz von Dämmstoffen
Darmstadt, IWV 1986

Frey, E.; Briesemann, D.:
Neuere Berechnungen zum Primärenergiegehalt von
Gasbeton
In: Betonwerk + Fertigteil-Technik 7/1985

Gertis, Karl A.:
Bauen und Gesundheit – Beitrag zur Bauphysik
In: Statusseminar der Gasbetonindustrie,
Hamburg, 21. 11. 1988

Gertis, Karl A.:
Passive Solarenergienutzung – Umsetzung von
Forschungsergebnissen
In: Bauphysik 5/1983, Heft 6, S. 183–194

Gertis, K. A.; Nannen, D.:
Thermische Spannungen in Wärmedämmverbundsystemen
Berlin: Verlag Wilhelm Ernst & Sohn, 1984

Gösele, Karl:
Die neue DIN 4109 – Anforderungen und Lösungen mit
Gasbeton
In: Statusseminar der Gasbetonindustrie,
Hamburg, 21. 11. 1988

Grunau, Edv.:
Gasbetonsteine für Kelleraußenwände
In: TIS 8/1984

Grunau, Edv.:
Schutzbeschichtung von Gasbetonwänden
In: Baumarkt 4/1989

Gundlach, H.:
Dampfgehärtete Baustoffe
Wiesbaden und Berlin: Bau-Verlag GmbH, 1973

Hauf, Rudolf:
Gesundheitliche Aspekte zur Wirkung
energietechnischer Felder
In: Beckert, J. (Hrsg.): Gesundes Wohnen,
Düsseldorf: Beton-Verlag, 1986

Hauser, Gerd:
Probleme mit Wärmebrücken
In: DBZ 2/1989

Hauser, Gerd:
Einfluß von Baustoff und Baukonstruktion auf den
Heizwärmeverbrauch
In: Statusseminar der Gasbetonindustrie,
Hamburg, 21. 11. 1988

Hebel GmbH (Hrsg.):
Hebel Handbuch für den Wirtschaftsbau, 5. Aufl.
Emmering-Fürstenfeldbruck: Hebel GmbH, 1993

Hebel GmbH (Hrsg.):
Hebel Handbuch für den Wohnbau, 5. Aufl.
Emmering-Fürstenfeldbruck: Hebel GmbH, 1993

Helming, B.:
Die Zementherstellung
Neubeckum: Polysius, 1980, Bd. 5, S. 320–411

Hildebrand, H.; Sielaff, M.:
Reduzierung des Wasserverbrauchs und Wiederverwen-
dung von Abwasser bei der Gasbetonherstellung
In: Betontechnik 4/1987

Hönmann, W.; Sprenger, E. (Hrsg.):
Recknagel · Sprenger · Hönmann
Taschenbuch für Heizung und Klimatechnik, 63. Aufl.
München, Wien: R. Oldenbourg, Verlag, 1985

Hullmann, Heinz; Wiedenhoff, Rolf:
Heizsystem, Bauweise und Raumnutzung
Eschborn: RG-Bau, Merkblatt 78, 1986

Hullmann, Heinz:
Fassaden-Gestaltung bei Neubau- und
Modernisierungsmaßnahmen
VDI-Berichte 710, Tagung Essen, 31. 1. 1989

Keller, G.; Muth, H.:
Natürliche Radioaktivität
In: Beckert, J. (Hrsg.): Gesundes Wohnen,
Düsseldorf: Beton-Verlag, 1986

Künzel, Helmut:
Gasbeton
Wärme- und Feuchtigkeitsverhalten
Wiesbaden, Berlin: Bauverlag GmbH, 1971

Landesinstitut für Bauwesen und angewandte Forschung
(LBB) (Hrsg.):
Umweltbewußte Bauteil- und Baustoffauswahl
Forschungsbericht
Aachen: LBB, 1993

Leimböck, Rudolf:
Designfassaden für universelle Gestaltungsmöglichkeiten
In: Betonwerk + Fertigteiltechnik 8/1985

N. N.:
Gütegesicherte Recycling-Baustoffe
In: Baugewerbe 9/1985, S. 46, 48

N. N.:
Mauerwerk aus großformatigen Steinen
Gasbeton-Blocksteine
Gasbeton-Plansteine
In: Handbuch Arbeitsorganisation Bau
Frankfurt/Main: Zeittechnik-Verlag, 1984

Reichel, Wolfgang:
YTONG-Handbuch
Gasbeton. Planung, Konstruktion und Anwendung
Wiesbaden, Berlin: Bauverlag GmbH, 1970

Reinsdorf, Siegfried:
Leichtbeton
Bd. II Porenbetone
Berlin: VEB Verlag für Bauwesen, 1963

Reiter, Reinhold:
Elektrische und elektromagnetische Felder im Freien
und in Räumen
In: Beckert, J. (Hrsg.): Gesundes Wohnen,
Düsseldorf: Beton-Verlag, 1986

RWE Energie AG (Hrsg.):
RWE Bau-Handbuch
11. Ausgabe
Heidelberg: Energie-Verlag GmbH, o. J.

Schramm, Reinhard:
Innenwände aus Gasbeton
In: BBauBl 12/1987

Sälzer, E.; Gothe, U. (Hrsg.):
Bauphysik-Taschenbuch 1986/87
Wiesbaden, Berlin: Bauverlag GmbH, 1986

Steiger, Peter:
Recycling – ein falscher Trost
In: Der Architekt 03/1989

Terhaag, Ludwig:
Thermische Behaglichkeit – Grundlagen
In: Beckert, J. (Hrsg.): Gesundes Wohnen,
Düsseldorf: Beton-Verlag, 1986

Vinkeloe, Reinhard:
Radioaktivität von Baustoffen
In: Beton-Informationen 1/1987

Vögele, Josef:
Chancen nutzen – aus der Rezession lernen
In: Betonwerk + Fertigteiltechnik 1/1989

Weber, Helmut:
Dach und Wand
Düsseldorf: Aluminium-Verlag, 1982

Weber, Helmut:
Energiebewußt planen
München: Verlag Georg D. W. Callwey, 1983

Weber, Helmut; Willkomm, Wolfgang:
Baustoff-Recycling
In: DBZ 5/1988

Willkomm, Wolfgang:
Recyclinggerechtes Konstruieren im Hochbau
Eschborn: RKW-Verl.; Köln: Verl. TÜV Rheinland, 1990

Willmann, Folker H. (Hrsg.):
Autoclaved Aerated Concrete,
Moisture and Properties
In: Developments in Civil Engineering, 6
Amsterdam, Oxford, New York:
Elsevier Scientific Company, 1983

YTONG AG (Hrsg.):
YTONG-Ausführungsbeispiele
Typenprüfung über Wärmeschutz, Schallschutz, Brandschutz
München: YTONG AG; 1988

YTONG AG (Hrsg.)
Planungsunterlagen Wohnbau
München: YTONG AG; 02/94

YTONG AG (Hrsg.)
Planungsunterlagen Wirtschaftsbau
München: YTONG AG; 05/94

YTONG AG (Hrsg.)
Ausführungsbeispiele
Typenprüfung über Wärmeschutz, Schallschutz,
Brandschutz
München: YTONG AG; 08/93

Zapke, Wilfried:
Ökologische Beurteilung gebräuchlicher Baustoffe und
alternativer Baustoffe
In: Mitteilung der Heimstätten und Landesentwicklungs-
gesellschaft
NILEG Nr. 4, 1985, Hamburg

2 Normen, Zulassungen

Normen zur Beachtung bei Herstellung und Anwendung von Porenbetonbauteilen

DIN	488	Betonstahl; Teile 1, 3, 4, 5 und 6
DIN	1045	Beton und Stahlbeton; Bemessung und Ausführung
DIN	1053	Mauerwerk; Teile 1, 2 und 3
DIN	1054	Baugrund; Zulässige Belastung des Baugrundes
DIN	1055	Lastannahmen für Bauten; Teile 1, 3, 4 und 5
DIN	4102	Brandverhalten von Baustoffen und Bauteilen
DIN	4103	Nichttragende innere Trennwände; Teil 1
DIN	4108	Wärmeschutz im Hochbau; Teile 1, 2, 3, 4 und 5 und Beiblatt
DIN	4109	Schallschutz im Hochbau
DIN	4165	Porenbeton-Blocksteine und Porenbeton-Plansteine
DIN	4166	Porenbeton-Bauplatten und Porenbeton-Planbauplatten
DIN	4223	Bewehrte Dach- und Deckenplatten aus dampfgehärtetem Gas- und Schaumbeton
DIN	18 000	Modulordnung im Bauwesen
DIN	18 195	Bauwerksabdichtung; Teile 1, 2, 3, 4, 5 und 6
DIN	18 200	Güteüberwachung
DIN	18 550	Putz; Teile 1 und 2
DIN	18 800	Stahlbauten; Teile 1 und 7
DIN	18 801	Stahlhochbau
DIN	55 928	Korrosionsschutz von Stahlbauten durch Beschichtungen und Überzüge; Teile 5 und 8

Neben den Normen sind die jeweils geltenden Zulassungen der Hersteller für folgende Produkte zu beachten:

– Bewehrte Dachplatten aus dampfgehärtetem Porenbeton der Festigkeitsklassen 3,3 und 4,4
– Bewehrte Dachplatten aus dampfgehärtetem Porenbeton der Festigkeitsklassen 3,3 und 4,4 mit Nut- und Feder-Verbindung ohne Vermörtelung
– Dachscheiben aus bewehrten Dachplatten aus dampfgehärtetem Porenbeton der Festigkeitsklassen 3,3 und 4,4
– Bewehrte Deckenplatten aus dampfgehärtetem Porenbeton der Festigkeitsklasse 3,3 und 4,4
– Bewehrte Wandplatten aus dampfgehärtetem Porenbeton der Festigkeitsklassen 3,3 und 4,4 zur Wandausfachung
– Nagellaschenverbindung (Zug- und Hakenlaschen) zur punktförmigen Befestigung von bewehrten Wandplatten aus dampfgehärtetem Porenbeton der Festigkeitsklassen 3,3 und 4,4 zur Wandausfachung
– Geschoßhohe tragende Wandtafeln aus unbewehrtem, dampfgehärtetem Porenbeton
– Bewehrte geschoßhohe tragende Wandtafeln aus dampfgehärtetem Porenbeton der Festigkeitsklassen 3,3 und 4,4
– Mauerwerk aus Planelementen
– Mauerwerk aus Planelementen W
– Bewehrte Stürze aus dampfgehärtetem Porenbeton 4,4 ohne Schrägbewehrung

3 Sachwortregister

Zur Pflege der Grippekranken empfehlen wir

Spanische Influenza